经济数学基础

U0329349

线性代数

乔小燕　柳伟　林西芹　杜萍　郭洪杰　编著

清華大学出版社
北京

内 容 简 介

本书根据教育部关于高等学校财经类专业线性代数教学大纲的要求，按照由浅入深的原则，分6章讲授线性代数的基本内容：行列式、矩阵、线性方程组、向量空间、矩阵的特征值与特征向量、二次型，涵盖了非数学专业所开设的线性代数课程的主要内容.本书适当降低理论推导的要求，注重基本方法的训练和在实际问题中的应用，以适应培养应用型院校学生开设线性代数课程的需要.

图书在版编目（CIP）数据

线性代数 / 乔小燕等编著. -- 北京 ：清华大学出版社，2024. 7. --（经济数学基础）. -- ISBN 978-7-302-66499-4

Ⅰ. O151.2

中国国家版本馆 CIP 数据核字第 20243BX737 号

责任编辑：刘　颖
封面设计：傅瑞学
责任校对：王淑云
责任印制：刘　菲

出版发行：清华大学出版社
网　　址：https://www.tup.com.cn，https://www.wqxuetang.com
地　　址：北京清华大学学研大厦 A 座　　**邮　　编**：100084
社 总 机：010-83470000　　**邮　　购**：010-62786544
投稿与读者服务：010-62776969，c-service@tup.tsinghua.edu.cn
质量反馈：010-62772015，zhiliang@tup.tsinghua.edu.cn
印 装 者：三河市东方印刷有限公司
经　　销：全国新华书店
开　　本：185mm×260mm　　**印　　张**：11　　**字　　数**：266 千字
版　　次：2024 年 7 月第 1 版　　**印　　次**：2024 年 7 月第1次印刷
定　　价：35.00 元

产品编号：106173-01

前言

FOREWORD

线性代数是理工科专业学生的一门必修课，而且线性代数的知识应用广泛. 在教材的编写过程中融入课程思政的内容，坚持知识传授和价值引领相结合，培养学生的专业修养和爱国情怀.

本书是线性代数编写小组的老师们根据教育部关于高等学校财经类专业线性代数教学大纲的要求，同时也兼顾到本院线性代数教学的实际情况编写的. 教材内容的编排及处理方面，参考了大量教科书，博采众长，并有自己的独到见解. 本书的主要内容有：行列式、矩阵、线性方程组、向量空间、矩阵的特征值与特征向量、二次型. 写作中尽量采用内容上容易理解，表达上简明的语言，以减轻课程的抽象程度. 对于重点内容，加入应用型案例，注重学科之间的交叉融合，培养学生的数学实践能力和创新能力.

习题包括课后习题、总复习题及综合提升题. 课后习题、总复习题主要是为复习巩固教材内容而配备. 综合提升题包括难题和考研题，在重基础的同时，为有兴趣考研的学生打好基础，培养具有一定科研能力的人才.

由于编写组的老师都是在教学之余从事编写工作的，时间仓促，书中的问题一定不少. 我们希望大家在使用的过程中不断提出意见，以便今后再版时写出高质量的教材.

教材审查组的老师对本书提出了不少宝贵意见，我们在此表示衷心感谢.

线性代数编写组

2024 年 3 月 24 日

目录

CONTENTS

第1章

行列式

历史上线性代数的第一个问题是关于解线性方程组的问题，这类问题的求解和研究最早出现在《九章算术》中(参见图 1.1). 线性方程组理论的不断发展促进了作为工具的行列式和矩阵理论的创立与发展，行列式主要是解决方程的个数与未知量的个数相等时的线性方程组的解的问题，其基本概念和相关理论是线性代数课程的主要内容之一，同时也是研究线性代数其他内容的重要工具.

行列式(determinant)是一个数，最早由日本数学家关孝和及德国数学家莱布尼茨(Leibniz)分别在 1683 年和 1693 年独立提出(参见图 1.2)，比形成独立体系的矩阵理论大约早了 160 年.

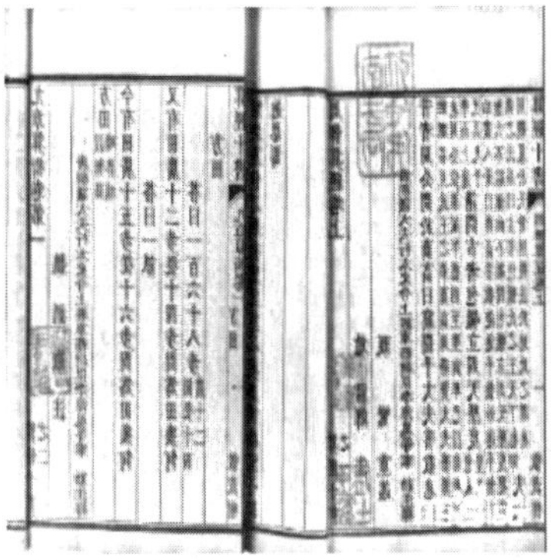

图 1.1　九章算术

图 1.2　莱布尼茨

1750 年，瑞士数学家克莱姆(G. Cramer)在他的《线性代数分析导言》中(参见图 1.3)，发表了求解线性系统方程的重要公式——克莱姆法则，给出了当方程的个数和未知数的个数相等的情况下，求解 n 元线性方程组的方法. 法国数学家范德蒙德(A-T. Vandermonde)是第一个把行列式理论与线性方程组求解分离开来的人(参见图 1.4)，提出了用二阶子式和它的余子式来展开行列式的法则，完善了行列式的概念，被公认为是行列式理论的奠基人. 1772 年，拉普拉斯(Laplace)证明并推广了范德蒙德行列式展开的方法. 1815 年，法国数学家柯西(Cauchy)给出了行列式的乘法定理，另外，他第一个把行列式的元素排成方阵，采用双足标记法，并改进了拉普拉斯的行列式展开定理. 德国数学家雅可比(J. Jacobi)引进了“雅可比行列式”，给出了函数行列式的导数公式，他的论文《论行列式的形成和性质》标志着行列式系统理论的建成.

图 1.3 克莱姆

图 1.4 范德蒙德

行列式是线性代数中一种重要的数学工具和概念，它广泛应用于数学、物理和工程等领域. 本章主要讨论行列式的定义、性质、计算及其在线性方程组求解中的应用.

1.1 排列

线性代数的许多问题在不同的数集内讨论会得到不同的结论. 为了深入讨论线性代数中的某些问题，我们先引入数域的概念.

1.1.1 数域

定义 1.1 如果数集 F 满足：

(1) $0\in F, 1\in F$.

(2) 数集 F 对于数的四则运算是封闭的，即 F 中的任意两个数的和、差、积、商(除数不为零)仍然在 F 中，则称数集 F 是一个**数域**.

用上述定义容易验证，有理数集$\mathbb{Q}$、实数集$\mathbb{R}$、复数集$\mathbb{C}$都是数域，今后称它们为有理数域$\mathbb{Q}$、实数域$\mathbb{R}$、复数域$\mathbb{C}$.

1.1.2 排列

在 n 阶行列式的定义中，要用到排列的相关知识，为此先介绍排列的一些基本内容.

定义 1.2 由数 $1,2,\cdots,n$ 组成一个有序数组，称为一个 n 级**排列**. 特别地，数字由小到大的 n 级排列 $1234\cdots n$ 称为自然序排列.

例如，4321 是一个 4 级排列.

由 n 个数组成的排列共有 $n!$ 个，如数 1,2,3 组成的所有 3 级排列为：123,132,213,231,312,321，共有 $3!=6$ 个.

定义 1.3 在一个 n 级排列 $i_1 i_2 \cdots i_n$ 中,如果有较大的数 i_t 排在较小的数 i_s 的前面($i_s < i_t$),则称 i_t 与 i_s 构成一个**逆序**,一个 n 级排列中每个数形成逆序数之和,称为这个排列的**逆序数**,记作 $N(i_1 i_2 \cdots i_n)$.

例如,在 5 级排列 53421 中,53,54,52,51,32,31,42,41,21,各构成一个逆序,所以,排列 53421 的逆序数为 $N(53421)=9$.

自然序排列的逆序数为 0,即 $N(12\cdots n)=0$.

求逆序数的方法:

(1) 分别计算出排列中每个元素前面比它大的数码的个数之和,即算出排列中每个元素的逆序数,则每个元素的逆序数之总和即为所求排列的逆序数.

(2) 分别计算出排列中每个元素后面比它小的数码的个数之和,即算出排列中每个元素的逆序数,则每个元素的逆序数之总和即为所求排列的逆序数.

定义 1.4 若排列 $i_1 i_2 \cdots i_n$ 的逆序数 $N(i_1 i_2 \cdots i_n)$ 是奇数,则称此排列为**奇排列**,逆序数是偶数的排列则称为**偶排列**.

于是,排列 53421 是奇排列. 自然序排列是偶排列.

定义 1.5 在一个 n 级排列 $i_1 \cdots i_s \cdots i_t \cdots i_n$ 中,如果其中某两个数 i_s 与 i_t 对调位置,其余各数的位置不变,就得到另一个新的 n 级排列 $i_1 \cdots i_t \cdots i_s \cdots i_n$,这样的变换称为一个**对换**,记作 (i_s, i_t).

如在排列 3124 中,将 1 与 4 对换,得到新的排列 3421. 显然,$N(3124)=2$,$N(3421)=5$,就是说,偶排列 3124 经过 1 与 4 对换后,变成了奇排列 3421. 反之,也可以说奇排列 3421 经过 1 与 4 的对换后,变成了偶排列 3124.

一般地,关于排列有如下定理.

定理 1.1 任一排列经过一次对换后,其奇偶性改变.

定理 1.2 在所有的 n 级排列中($n \geqslant 2$),奇排列与偶排列的个数相等,各为 $\frac{n!}{2}$ 个.

如数 1,2,3 组成的所有 3 级排列 123,132,213,231,312,321 中,$N(123)=0$,$N(132)=1$,$N(213)=1$,$N(231)=2$,$N(312)=2$,$N(321)=3$,也就是说奇排列和偶排列的个数相等.

定理 1.3 任一 n 级排列 $i_1 i_2 \cdots i_n$ 都可通过一系列对换与 n 级自然序排列 $12\cdots n$ 互变,且所作对换的次数与这个 n 级排列有相同的奇偶性.

如排列 321,$N(321)=3$,经过一次对换 (1,3),成为自然序排列 123,所作对换的次数与排列 321 的逆序数具有相同的奇偶性,反之亦然.

习题 1.1

一、填空题

对换一次______排列的奇偶性,对换 $2n$ 次________排列的奇偶性.

二、选择题

1. 5 级排列有(　　)种排列方式.

A. 5!　　B. 25　　C. 9　　D. 16

2. 下列排列是 5 级偶排列的是(　　).

A. 24315　　B. 14325　　C. 41523　　D. 24351

三、计算下列排列的逆序数

1. 75863241;

2. $n(n-1)\cdots 321$;

3. $135\cdots(2n-1)246\cdots(2n)$.

1.2 行列式的基本概念

行列式的概念起源于解线性方程组,它是从二元与三元线性方程组的解的公式引出来的.本节主要通过介绍二阶、三阶行列式的定义,引出 n 阶行列式的定义.

1.2.1 二阶行列式

设有关于未知元 x_1,x_2 的一般形式的二元线性方程组

$$\begin{cases} a_{11}x_1+a_{12}x_2=b_1, \\ a_{21}x_1+a_{22}x_2=b_2. \end{cases} \tag{1.1}$$

当方程组的系数满足 $a_{11}a_{22}-a_{12}a_{21}\neq 0$ 时,通过加减消元法可求出未知量 x_1,x_2 的值

$$\begin{cases} x_1=\dfrac{b_1a_{22}-a_{12}b_2}{a_{11}a_{22}-a_{12}a_{21}}, \\ x_2=\dfrac{a_{11}b_2-b_1a_{21}}{a_{11}a_{22}-a_{12}a_{21}}. \end{cases} \tag{1.2}$$

这就是一般二元线性方程组的公式解.我们引入新的符号来表示解(1.2)中的这个结果,这就是行列式的起源.

定义 1.6 用 4 个数组成的符号 $\begin{vmatrix} a_{11} & a_{12} \\ a_{21} & a_{22} \end{vmatrix}$ 表示代数和 $a_{11}a_{22}-a_{12}a_{21}$,称为**二阶行列式**,即

$$\begin{vmatrix} a_{11} & a_{12} \\ a_{21} & a_{22} \end{vmatrix}=a_{11}a_{22}-a_{12}a_{21}.$$

它含有两行两列,横的称为行,纵的称为列.行列式中的数 $a_{11},a_{12},a_{21},a_{22}$ 称为行列式的元素.元素 a_{ij} 的第一个下标 i 称为行标,表示该元素在 i 行,元素 a_{ij} 的第二个下标 j 称为列标,表示该元素在 j 列.特别地,此行列式是线性方程组(1.1)中未知数的系数按其原有的相对位置而排成的,故也称为**系数行列式**.

从定义 1.6 可知,二阶行列式是这样两项的代数和:一个是从左上角到右下角的对角线(又称为行列式的主对角线)上两个元素的乘积,取正号;另一个是从右上角到左下角的对角线(又称为行列式的次对角线)上两个元素的乘积,取负号,也就是说二阶行列式等于位于不同行不同列元素乘积的代数和.

$$\begin{vmatrix} a_{11} & a_{12} \\ a_{21} & a_{22} \end{vmatrix} = a_{11}a_{22} - a_{12}a_{21}.$$

于是,二阶行列式等于主对角线两元素之积减去次对角线两元素之积,这个记忆法则称为**"对角线法则"**.

类似地,根据二阶行列式的定义,容易得知,解(1.2)中的两个分子可分别写成

$$b_1a_{22} - a_{12}b_2 = \begin{vmatrix} b_1 & a_{12} \\ b_2 & a_{22} \end{vmatrix}, \quad a_{11}b_2 - b_1a_{21} = \begin{vmatrix} a_{11} & b_1 \\ a_{21} & b_2 \end{vmatrix}.$$

若记

$$D = \begin{vmatrix} a_{11} & a_{12} \\ a_{21} & a_{22} \end{vmatrix}, \quad D_1 = \begin{vmatrix} b_1 & a_{12} \\ b_2 & a_{22} \end{vmatrix}, \quad D_2 = \begin{vmatrix} a_{11} & b_1 \\ a_{21} & b_2 \end{vmatrix},$$

则当 $D \neq 0$ 时,方程组(1.1)的解(1.2)可以表示成

$$x_1 = \frac{D_1}{D} = \frac{\begin{vmatrix} b_1 & a_{12} \\ b_2 & a_{22} \end{vmatrix}}{\begin{vmatrix} a_{11} & a_{12} \\ a_{21} & a_{22} \end{vmatrix}}, \quad x_2 = \frac{D_2}{D} = \frac{\begin{vmatrix} a_{11} & b_1 \\ a_{21} & b_2 \end{vmatrix}}{\begin{vmatrix} a_{11} & a_{12} \\ a_{21} & a_{22} \end{vmatrix}}. \tag{1.3}$$

这样用行列式来表示解,形式简便整齐,便于记忆.分子中的行列式,x_1 的分子是把系数行列式中的第 1 列换成方程组(1.1)的常数项得到的,而 x_2 的分子则是把系数行列式的第 2 列换成方程组(1.1)的常数项而得到的.

例 1.1 在《九章算术》第七卷"盈不足"中有记载:"今有共买物,人出八,盈三;人出七,不足四.问人数、物价几何?"题意:有几个人一起去买一件物品,每人出 8 钱,则多 3 钱,每人出 7 钱,则缺 4 钱,问有多少人?物品多少钱?试用行列式计算.

解 设有 x_1 人,物价为 x_2 钱,由题意列出线性方程组

$$\begin{cases} 8x_1 - x_2 = 3, \\ 7x_1 - x_2 = -4. \end{cases}$$

得系数行列式

$$D = \begin{vmatrix} 8 & -1 \\ 7 & -1 \end{vmatrix} = 8 \times (-1) - 7 \times (-1) = -1 \neq 0,$$

而

$$D_1 = \begin{vmatrix} 3 & -1 \\ -4 & -1 \end{vmatrix} = 3 \times (-1) - (-1) \times (-4) = -7,$$

$$D_2 = \begin{vmatrix} 8 & 3 \\ 7 & -4 \end{vmatrix} = 8 \times (-4) - 7 \times 3 = -53,$$

因此,方程组的解是

$$x_1=\frac{D_1}{D}=\frac{-7}{-1}=7,\quad x_2=\frac{D_2}{D}=\frac{-53}{-1}=53.$$

所以总共有 7 人，物品价值为 53 钱.

1.2.2 三阶行列式

我们引入三阶行列式的概念，称符号

$$\begin{vmatrix} a_{11} & a_{12} & a_{13} \\ a_{21} & a_{22} & a_{23} \\ a_{31} & a_{32} & a_{33} \end{vmatrix}=a_{11}a_{22}a_{33}+a_{12}a_{23}a_{31}+a_{13}a_{21}a_{32}-a_{11}a_{23}a_{32}-a_{12}a_{21}a_{33}-a_{13}a_{22}a_{31}$$

为**三阶行列式**，它有三行三列，是六项的代数和，每一项等于位于不同行不同列元素的乘积. 这六项的和也可用对角线法则来记忆：从左上角到右下角三个元素的乘积取正号，从右上角到左下角三个元素的乘积取负号. 这个记忆法则称为"**对角线法则**"，如图 1.5 所示.

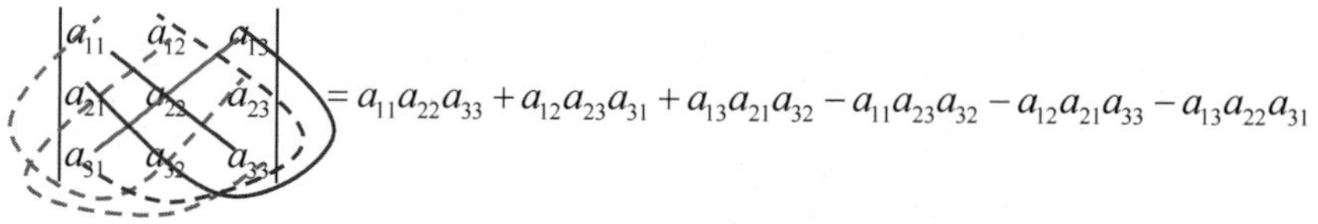

图 1.5 对角线法则示意图

为了方便记忆，法国数学家萨吕(Sarrus)引入了三阶行列式展开式记忆的萨吕法则，如图 1.6 所示.

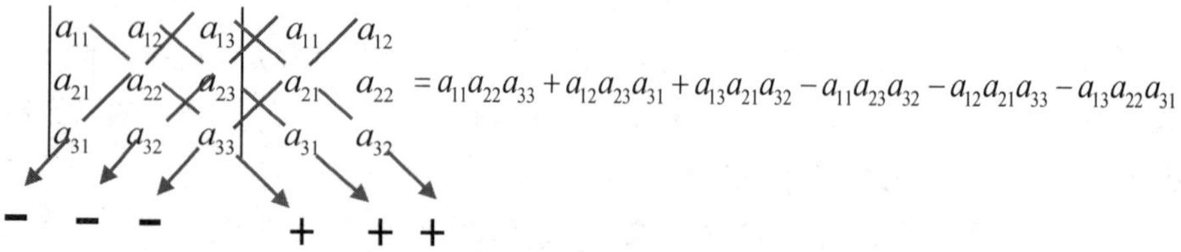

图 1.6 萨吕法则示意图

注 对角线法则只适用于二阶和三阶行列式的展开式记忆，而萨吕法则只适用于三阶行列式的展开式记忆.

例 1.2 计算三阶行列式 $D=\begin{vmatrix} 1 & 1 & 0 \\ -2 & 1 & 1 \\ 1 & 3 & 4 \end{vmatrix}$.

解 根据三阶行列式的萨吕(对角线)法则，得

$$D=1\times1\times4+1\times1\times1+0\times(-2)\times3-0\times1\times1-1\times3\times1-4\times1\times(-2)=10.$$

1.2.3 *n* 阶行列式

根据二阶及三阶行列式的定义，行列式等于位于不同行和不同列元素乘积的代数和，类似地，我们引入 n 阶行列式的概念.

定义 1.7 由排成 n 行 n 列的 n^2 个元素 $a_{ij}(i,j=1,2,\cdots,n)$ 组成的符号

$$\begin{vmatrix} a_{11} & a_{12} & \cdots & a_{1n} \\ a_{21} & a_{22} & \cdots & a_{2n} \\ \vdots & \vdots & & \vdots \\ a_{n1} & a_{n2} & \cdots & a_{nn} \end{vmatrix}$$

称为 **n 阶行列式**. 它是 $n!$ 项的代数和,每一项是取自不同行和不同列的 n 个元素的乘积,各项的符号是: 每一项中各元素的行标排成自然序排列,若列标的排列为偶排列时,则取正号; 若为奇排列,则取负号. 于是得

$$\begin{vmatrix} a_{11} & a_{12} & \cdots & a_{1n} \\ a_{21} & a_{22} & \cdots & a_{2n} \\ \vdots & \vdots & & \vdots \\ a_{n1} & a_{n2} & \cdots & a_{nn} \end{vmatrix} = \sum_{j_1 j_2 \cdots j_n} (-1)^{N(j_1 j_2 \cdots j_n)} a_{1j_1} a_{2j_2} \cdots a_{nj_n},$$

其中 $\sum\limits_{j_1 j_2 \cdots j_n}$ 表示对所有的 n 级排列 $j_1 j_2 \cdots j_n$ 求和.

注 (1) n 阶行列式的展开式为 $n!$ 项的代数和,每一项都是 n 个元素的乘积,这 n 个元素位于 n 阶行列式的不同行不同列.

(2) n 阶行列式是一个数值或代数和.

(3) 若 n 阶行列式某一行(列)元素均为 0,则行列式的值为 0.

(4) 特别地,一阶行列式 $|a_{11}|=a_{11}$.

n 阶行列式还可用如下形式表示:

$$D=\begin{vmatrix} a_{11} & a_{12} & \cdots & a_{1n} \\ a_{21} & a_{22} & \cdots & a_{2n} \\ \vdots & \vdots & & \vdots \\ a_{n1} & a_{n2} & \cdots & a_{nn} \end{vmatrix} = \sum_{i_1 i_2 \cdots i_n} (-1)^{N(i_1 i_2 \cdots i_n)} a_{i_1 1} a_{i_2 2} \cdots a_{i_n n},$$

$$D=\begin{vmatrix} a_{11} & a_{12} & \cdots & a_{1n} \\ a_{21} & a_{22} & \cdots & a_{2n} \\ \vdots & \vdots & & \vdots \\ a_{n1} & a_{n2} & \cdots & a_{nn} \end{vmatrix} = \sum_{\substack{i_1 i_2 \cdots i_n \\ j_1 j_2 \cdots j_n}} (-1)^{N(i_1 i_2 \cdots i_n)+N(j_1 j_2 \cdots j_n)} a_{i_1 j_1} a_{i_2 j_2} \cdots a_{i_n j_n}.$$

例 1.3 计算下列行列式:

(1) $\begin{vmatrix} a_{11} & 0 & \cdots & 0 \\ 0 & a_{22} & \cdots & 0 \\ \vdots & \vdots & \ddots & \vdots \\ 0 & 0 & \cdots & a_{nn} \end{vmatrix}$; (2) $\begin{vmatrix} 0 & 0 & \cdots & 0 & a_{1n} \\ 0 & 0 & \cdots & a_{2,n-1} & 0 \\ \vdots & \vdots & ⋰ & \vdots & \vdots \\ 0 & a_{n-1,2} & \cdots & 0 & 0 \\ a_{n1} & 0 & \cdots & 0 & 0 \end{vmatrix}$.

解 (1)由于 n 阶行列式展开式中各项的一般形式为 $(-1)^{N(p_1 p_2 \cdots p_n)} a_{1p_1} a_{2p_2} \cdots a_{np_n}$, 根据题意取 $p_1=1, p_2=2, \cdots, p_n=n$, 得不为零的项 $a_{11} a_{22} \cdots a_{nn}$, 所以

$$\begin{vmatrix} a_{11} & 0 & \cdots & 0 \\ 0 & a_{22} & \cdots & 0 \\ \vdots & \vdots & \ddots & \vdots \\ 0 & 0 & \cdots & a_{nn} \end{vmatrix} = (-1)^{N(12\cdots n)} a_{11}a_{22}\cdots a_{nn} = a_{11}a_{22}\cdots a_{nn} = \prod_{i=1}^{n} a_{ii}.$$

(2) 由于 n 阶行列式展开式中各项的一般形式为$(-1)^{N(p_1p_2\cdots p_n)}a_{1p_1}a_{2p_2}\cdots a_{np_n}$,根据题意取 $p_1=n,p_2=n-1,\cdots,p_n=1$,得不为零的项 $a_{1n}a_{2,n-1}\cdots a_{n1}$,所以

$$\begin{vmatrix} 0 & 0 & \cdots & 0 & a_{1n} \\ 0 & 0 & \cdots & a_{2,n-1} & 0 \\ \vdots & \vdots & \iddots & \vdots & \vdots \\ 0 & a_{n-1,2} & \cdots & 0 & 0 \\ a_{n1} & 0 & \cdots & 0 & 0 \end{vmatrix} = (-1)^{N(n(n-1)\cdots 1)} a_{1n}a_{2,n-1}\cdots a_{n1}$$

$$= (-1)^{\frac{n(n-1)}{2}} a_{1n}a_{2,n-1}\cdots a_{n1}.$$

进一步地,有如下结论:

$$\begin{vmatrix} a_{11} & a_{12} & \cdots & a_{1n} \\ 0 & a_{22} & \cdots & a_{2n} \\ \vdots & \vdots & \ddots & \vdots \\ 0 & 0 & \cdots & a_{nn} \end{vmatrix} = a_{11}a_{22}\cdots a_{nn}, \tag{1.4}$$

$$\begin{vmatrix} a_{11} & 0 & \cdots & 0 \\ a_{21} & a_{22} & \cdots & 0 \\ \vdots & \vdots & \ddots & \vdots \\ a_{n1} & a_{n2} & \cdots & a_{nn} \end{vmatrix} = a_{11}a_{22}\cdots a_{nn}. \tag{1.5}$$

$$\begin{vmatrix} a_{11} & a_{12} & \cdots & a_{1,n-1} & a_{1n} \\ a_{21} & a_{22} & \cdots & a_{2,n-1} & 0 \\ \vdots & \vdots & \iddots & \vdots & \vdots \\ a_{n-1,1} & a_{n-1,2} & \cdots & 0 & 0 \\ a_{n1} & 0 & \cdots & 0 & 0 \end{vmatrix} = \begin{vmatrix} 0 & 0 & \cdots & 0 & a_{1n} \\ 0 & 0 & \cdots & a_{2,n-1} & a_{2n} \\ \vdots & \vdots & \iddots & \vdots & \vdots \\ 0 & a_{n-1,2} & \cdots & a_{n-1,n-1} & a_{n-1,n} \\ a_{n1} & a_{n2} & \cdots & a_{n,n-1} & a_{nn} \end{vmatrix}$$

$$= (-1)^{\frac{n(n-1)}{2}} a_{1n}a_{2,n-1}\cdots a_{n-1,2}a_{n1}.$$

形如(1.4)式的行列式称为**上三角行列式**,形如(1.5)式的行列式称为**下三角行列式**.

习题 1.2

一、填空题

1. 线性方程组$\begin{cases} 2x_1+5x_2=4, \\ 3x_1-x_2=7 \end{cases}$的系数行列式为________,其展开后的值为________.

2. 在以 a_{ij} 为元素的 6 阶行列式 D 的展开式中，$a_{12}a_{23}a_{45}a_{34}a_{56}a_{61}$ 的符号为________.

3. 在以 a_{ij} 为元素的 4 阶行列式 D 的展开式中，含有因子 $a_{11}a_{23}$ 带正号的项为________.

4. $\dfrac{\mathrm{d}}{\mathrm{d}x}\begin{vmatrix} 9 & 45 & 79 & -1 \\ 0 & 10 & -1 & 64 \\ 37 & 1 & 23 & -1 \\ 35 & 89 & 1 & 46 \end{vmatrix}=$________.

二、选择题

1. 已知 $\begin{vmatrix} 1 & -2 & 2 \\ -2 & -1 & -k \\ 3 & k & 1 \end{vmatrix}=0$，则 $k=$(　　).

A. 0　　B. 1　　C. -1　　D. 2

2. $\begin{vmatrix} 0 & 0 & 1 & 0 \\ 0 & 1 & 0 & 0 \\ 0 & 0 & 0 & 1 \\ 1 & 0 & 0 & 0 \end{vmatrix}=$(　　).

A. 0　　B. -1　　C. 1　　D. 2

三、计算下列行列式：

1. $\begin{vmatrix} 1 & 2 & 3 \\ 4 & 5 & 6 \\ 7 & 8 & 9 \end{vmatrix}$；

2. $\begin{vmatrix} 1 & a & b \\ -a & 1 & -c \\ -b & c & 1 \end{vmatrix}$；

3. $\begin{vmatrix} 0 & 0 & \cdots & 0 & 1 & 0 \\ 0 & 0 & \cdots & 2 & 0 & 0 \\ \vdots & \vdots & \iddots & \vdots & \vdots & \vdots \\ 0 & 2023 & \cdots & 0 & 0 & 0 \\ 2024 & 0 & \cdots & 0 & 0 & 0 \\ 0 & 0 & \cdots & 0 & 0 & 2025 \end{vmatrix}$.

四、 设有关于未知元 x_1,x_2,x_3 的三元线性方程组 $\begin{cases} a_{11}x_1+a_{12}x_2+a_{13}x_3=b_1, \\ a_{21}x_1+a_{22}x_2+a_{23}x_3=b_2, \\ a_{31}x_1+a_{32}x_2+a_{33}x_3=b_3. \end{cases}$

当系数行列式 $D=\begin{vmatrix} a_{11} & a_{12} & a_{13} \\ a_{21} & a_{22} & a_{23} \\ a_{31} & a_{32} & a_{33} \end{vmatrix}\neq 0$ 时，验证 $x_1=\dfrac{D_1}{D}$，$x_2=\dfrac{D_2}{D}$，$x_3=\dfrac{D_3}{D}$ 为此方程组的解，其中 $D_i(i=1,2,3)$ 是常数项 b_1,b_2,b_3 替换系数行列式 D 中第 i 列元素所得的行列式.

1.3 行列式的性质及应用

根据行列式的定义展开低阶行列式是可行的，当行列式的阶数较高时，计算量非常大，本节将介绍行列式的基本性质，把复杂的行列式转化为较易展开的行列式.

1.3.1 行列式的性质

定义 1.8 将行列式 D 的行列互换后得到的行列式称为行列式 D 的转置行列式，记作 D^{T}，即若

$$D=\begin{vmatrix} a_{11} & a_{12} & \cdots & a_{1n} \\ a_{21} & a_{22} & \cdots & a_{2n} \\ \vdots & \vdots & & \vdots \\ a_{n1} & a_{n2} & \cdots & a_{nn} \end{vmatrix}, \quad 则\ D^{\mathrm{T}}=\begin{vmatrix} a_{11} & a_{21} & \cdots & a_{n1} \\ a_{12} & a_{22} & \cdots & a_{n2} \\ \vdots & \vdots & & \vdots \\ a_{1n} & a_{2n} & \cdots & a_{nn} \end{vmatrix}.$$

显然，行列式 D 也是行列式 D^{T} 的**转置行列式**，即$(D^{\mathrm{T}})^{\mathrm{T}}=D$，行列式 D 与行列式 D^{T} 互为转置行列式.

性质 1.1 行列式 D 与它的转置行列式 D^{T} 相等.

证明 根据行列式的定义，D 与 D^{T} 的展开式均有 $n!$ 项，在 D 中任取一项，不妨设为 $a_{1j_1}a_{2j_2}\cdots a_{nj_n}$，其中各元素取自不同的行及不同的列，符号为$(-1)^{N(j_1j_2\cdots j_n)}$，这 n 个元素的乘积在 D^{T} 中对应于取自不同的列及不同的行元素的乘积 $a_{j_11}a_{j_22}\cdots a_{j_nn}$，符号也为$(-1)^{N(j_1j_2\cdots j_n)}$，因此 D 与 D^{T} 是有相同项的行列式，所以 $D=D^{\mathrm{T}}$.

这一性质表明，行列式中的行、列的地位是对称的，即对于“行”成立的性质，对“列”也同样成立，反之亦然.

如，$D=\begin{vmatrix} 1 & 3 \\ 2 & 8 \end{vmatrix}=2$，$D^{\mathrm{T}}=\begin{vmatrix} 1 & 2 \\ 3 & 8 \end{vmatrix}=2$，所以 $D=D^{\mathrm{T}}$.

性质 1.2 交换行列式的两行(列)，行列式变号.

证明 设有行列式

$$D=\begin{vmatrix} a_{11} & a_{12} & \cdots & a_{1n} \\ \vdots & \vdots & & \vdots \\ a_{i1} & a_{i2} & \cdots & a_{in} \\ \vdots & \vdots & & \vdots \\ a_{s1} & a_{s2} & \cdots & a_{sn} \\ \vdots & \vdots & & \vdots \\ a_{n1} & a_{n2} & \cdots & a_{nn} \end{vmatrix} \begin{matrix} \\ \\ (i\ 行) \\ \\ (s\ 行) \\ \\ \\ \end{matrix},$$

将第 i 行与第 s 行$(1\leqslant i<s\leqslant n)$互换后，得到行列式

$$D_1=\begin{vmatrix} a_{11} & a_{12} & \cdots & a_{1n} \\ \vdots & \vdots & & \vdots \\ a_{s1} & a_{s2} & \cdots & a_{sn} \\ \vdots & \vdots & & \vdots \\ a_{i1} & a_{i2} & \cdots & a_{in} \\ \vdots & \vdots & & \vdots \\ a_{n1} & a_{n2} & \cdots & a_{nn} \end{vmatrix}\begin{matrix} \\ \\ (i\text{ 行}) \\ \\ (s\text{ 行}) \\ \\ \\ \end{matrix}.$$

在 D 中任取一项，不妨设为 $a_{1j_1}\cdots a_{ij_i}\cdots a_{sj_s}\cdots a_{nj_n}$，其中各元素取自不同的行及不同的列，其符号为 $(-1)^{N(1\cdots i\cdots s\cdots n)+N(j_1\cdots j_i\cdots j_s\cdots j_n)}$，此项在 D_1 中对应于 $a_{1j_1}\cdots a_{ij_s}\cdots a_{sj_i}\cdots a_{nj_n}$，其符号为 $(-1)^{N(1\cdots i\cdots s\cdots n)+N(j_1\cdots j_s\cdots j_i\cdots j_n)}$，显然

$$(-1)^{N(1\cdots i\cdots s\cdots n)+N(j_1\cdots j_i\cdots j_s\cdots j_n)}=-(-1)^{N(1\cdots i\cdots s\cdots n)+N(j_1\cdots j_s\cdots j_i\cdots j_n)},$$

即 D_1 中的任意一项都是 D 中的对应项的相反数，所以 $D=-D_1$.

如，$\begin{vmatrix} 2 & 1 & 3 \\ 0 & 1 & 4 \\ 0 & 0 & 5 \end{vmatrix}=10$，交换行列式的第 2，3 行得 $\begin{vmatrix} 2 & 1 & 3 \\ 0 & 0 & 5 \\ 0 & 1 & 4 \end{vmatrix}=-10$.

推论 若行列式有两行(列)的对应元素相同，则此行列式的值等于零.

如，$\begin{vmatrix} 5 & 4 & 9 & -1 \\ 7 & 10 & -1 & 6 \\ 4 & 1 & 3 & -1 \\ 4 & 1 & 3 & -1 \end{vmatrix}=0$.

性质 1.3 行列式某一行(列)所有元素的公因子可以提到行列式符号的外面，即

$$\begin{vmatrix} a_{11} & a_{12} & \cdots & a_{1n} \\ \vdots & \vdots & & \vdots \\ ka_{i1} & ka_{i2} & \cdots & ka_{in} \\ \vdots & \vdots & & \vdots \\ a_{n1} & a_{n2} & \cdots & a_{nn} \end{vmatrix}=k\begin{vmatrix} a_{11} & a_{12} & \cdots & a_{1n} \\ \vdots & \vdots & & \vdots \\ a_{i1} & a_{i2} & \cdots & a_{in} \\ \vdots & \vdots & & \vdots \\ a_{n1} & a_{n2} & \cdots & a_{nn} \end{vmatrix}.$$

根据行列式的定义，很容易证明，请读者自行证明.

此性质也可以表述为：用数 k 乘行列式的某一行(列)的所有元素，等于用数 k 乘此行列式.

若行列式元素有分数时，可以先乘某数 k，化为整数进行计算，如，

$$\begin{vmatrix} \frac{1}{2} & 1 & 3 \\ 0 & 1 & \frac{1}{5} \\ 0 & 0 & 2 \end{vmatrix}=\frac{1}{10}\begin{vmatrix} \frac{1}{2}\times 2 & 1\times 2 & 3\times 2 \\ 0\times 5 & 1\times 5 & \frac{1}{5}\times 5 \\ 0 & 0 & 2 \end{vmatrix}=\frac{1}{10}\begin{vmatrix} 1 & 2 & 6 \\ 0 & 5 & 1 \\ 0 & 0 & 2 \end{vmatrix}=1.$$

特别地，$\begin{vmatrix} ka_{11} & ka_{12} & \cdots & ka_{1n} \\ \vdots & \vdots & & \vdots \\ ka_{i1} & ka_{i2} & \cdots & ka_{in} \\ \vdots & \vdots & & \vdots \\ ka_{n1} & ka_{n2} & \cdots & ka_{nn} \end{vmatrix}=k^n\begin{vmatrix} a_{11} & a_{12} & \cdots & a_{1n} \\ \vdots & \vdots & & \vdots \\ a_{i1} & a_{i2} & \cdots & a_{in} \\ \vdots & \vdots & & \vdots \\ a_{n1} & a_{n2} & \cdots & a_{nn} \end{vmatrix}$.

推论 如果行列式中有两行(列)的对应元素成比例,则此行列式的值等于零.

证明 由性质 1.3 和性质 1.2 的推论即可得到.

性质 1.4 如果行列式的某一行 (列)的各元素都是两个数的和,则此行列式等于两个相应的行列式的和,即

$$D=\begin{vmatrix} a_{11} & a_{12} & \cdots & a_{1n} \\ \vdots & \vdots & & \vdots \\ b_{i1}+c_{i1} & b_{i2}+c_{i2} & \cdots & b_{in}+c_{in} \\ \vdots & \vdots & & \vdots \\ a_{n1} & a_{n2} & \cdots & a_{nn} \end{vmatrix}=\begin{vmatrix} a_{11} & a_{12} & \cdots & a_{1n} \\ \vdots & \vdots & & \vdots \\ b_{i1} & b_{i2} & \cdots & b_{in} \\ \vdots & \vdots & & \vdots \\ a_{n1} & a_{n2} & \cdots & a_{nn} \end{vmatrix}+\begin{vmatrix} a_{11} & a_{12} & \cdots & a_{1n} \\ \vdots & \vdots & & \vdots \\ c_{i1} & c_{i2} & \cdots & c_{in} \\ \vdots & \vdots & & \vdots \\ a_{n1} & a_{n2} & \cdots & a_{nn} \end{vmatrix}.$$

根据行列式的定义,很容易证明,请读者自行证明.

如,$\begin{vmatrix} 1 & 1 & 1 \\ 2 & 4 & 1 \\ 1 & 3 & 0 \end{vmatrix}=\begin{vmatrix} 1 & 1 & 1 \\ 1+1 & 1+3 & 1+0 \\ 1 & 3 & 0 \end{vmatrix}=\begin{vmatrix} 1 & 1 & 1 \\ 1 & 1 & 1 \\ 1 & 3 & 0 \end{vmatrix}+\begin{vmatrix} 1 & 1 & 1 \\ 1 & 3 & 0 \\ 1 & 3 & 0 \end{vmatrix}=0.$

性质 1.5 把行列式的某一行(列)的所有元素乘以数 k 加到另一行(列)的相应元素上,行列式的值不变. 即

$$D=\begin{vmatrix} a_{11} & a_{12} & \cdots & a_{1n} \\ \vdots & \vdots & & \vdots \\ a_{i1} & a_{i2} & \cdots & a_{in} \\ \vdots & \vdots & & \vdots \\ a_{s1} & a_{s2} & \cdots & a_{sn} \\ \vdots & \vdots & & \vdots \\ a_{n1} & a_{n2} & \cdots & a_{nn} \end{vmatrix} \xlongequal[\text{到第 } s \text{ 行}]{i\text{ 行}\times k\text{ 加}} \begin{vmatrix} a_{11} & a_{12} & \cdots & a_{1n} \\ \vdots & \vdots & & \vdots \\ a_{i1} & a_{i2} & \cdots & a_{in} \\ \vdots & \vdots & & \vdots \\ ka_{i1}+a_{s1} & ka_{i2}+a_{s2} & \cdots & ka_{in}+a_{sn} \\ \vdots & \vdots & & \vdots \\ a_{n1} & a_{n2} & \cdots & a_{nn} \end{vmatrix}.$$

证明 由性质 1.3 和性质 1.4 得

$$\begin{vmatrix} a_{11} & a_{12} & \cdots & a_{1n} \\ \vdots & \vdots & & \vdots \\ a_{i1} & a_{i2} & \cdots & a_{in} \\ \vdots & \vdots & & \vdots \\ ka_{i1}+a_{s1} & ka_{i2}+a_{s2} & \cdots & ka_{in}+a_{sn} \\ \vdots & \vdots & & \vdots \\ a_{n1} & a_{n2} & \cdots & a_{nn} \end{vmatrix}=\begin{vmatrix} a_{11} & a_{12} & \cdots & a_{1n} \\ \vdots & \vdots & & \vdots \\ a_{i1} & a_{i2} & \cdots & a_{in} \\ \vdots & \vdots & & \vdots \\ ka_{i1} & ka_{i2} & \cdots & ka_{in} \\ \vdots & \vdots & & \vdots \\ a_{n1} & a_{n2} & \cdots & a_{nn} \end{vmatrix}+\begin{vmatrix} a_{11} & a_{12} & \cdots & a_{1n} \\ \vdots & \vdots & & \vdots \\ a_{i1} & a_{i2} & \cdots & a_{in} \\ \vdots & \vdots & & \vdots \\ a_{s1} & a_{s2} & \cdots & a_{sn} \\ \vdots & \vdots & & \vdots \\ a_{n1} & a_{n2} & \cdots & a_{nn} \end{vmatrix}$$

$$=0+D=D.$$

1.3.2 行列式性质的简单应用

在行列式的展开过程中,常常用行列式的性质,将其化为上(下)三角行列式,再进一步展开.

化上三角行列式的步骤:

(1) 若第 1 列第一个元素(a_{11})为 0,先看第 1 列元素是否全为零,若是,则行列式的值为零;若不是将第 1 行与其他行交换,使得第 1 列第一个元素非零,若第 1 列第一个元素不

为零,则省略此步;

(2) 把第 1 行元素分别乘以适当的数加到其他各行对应的元素,使得第 1 列第 1 个元素下方的元素全为零;

(3) 用同样的方法处理第 2 列第 2 个元素,使得第 2 列第 2 个元素下方的元素全为零;

(4) 如此继续做下去,直至使它成为上三角行列式,这时主对角线上元素的乘积就是行列式的值.

类似地,可以将行列式化为下三角行列式,然后进行简化展开.

例 1.4 计算行列式 $D=\begin{vmatrix}1&2&4\\0&3&1\\0&1&0\end{vmatrix}$.

解 根据行列式的性质 1.2,将第 2、3 列互换,得上三角行列式,即

$$D=\begin{vmatrix}1&2&4\\0&3&1\\0&1&0\end{vmatrix}=-\begin{vmatrix}1&4&2\\0&1&3\\0&0&1\end{vmatrix}=-1.$$

例 1.5 计算行列式 $D=\begin{vmatrix}2&1&1&1\\1&2&1&1\\1&1&2&1\\1&1&1&2\end{vmatrix}$.

解 这个行列式的特点是各行 4 个数的和都是 5,即行和相等. 应用性质 1.5,把第 2,3,4 各列的 1 倍同时加到第 1 列,应用性质 1.3,把第 1 列的公因子 5 提出,再应用性质 1.5,把第 1 行的 −1 倍加到第 2,3,4 行,得一个上三角行列式,即

$$D=\begin{vmatrix}2&1&1&1\\1&2&1&1\\1&1&2&1\\1&1&1&2\end{vmatrix}=\begin{vmatrix}5&1&1&1\\5&2&1&1\\5&1&2&1\\5&1&1&2\end{vmatrix}=5\begin{vmatrix}1&1&1&1\\1&2&1&1\\1&1&2&1\\1&1&1&2\end{vmatrix}=5\begin{vmatrix}1&1&1&1\\0&1&0&0\\0&0&1&0\\0&0&0&1\end{vmatrix}=5\times1^3=5.$$

例 1.6 计算行列式 $D=\begin{vmatrix}x_1&-x_1&0&0\\0&x_2&-x_2&0\\0&0&x_3&-x_3\\1&2&3&4\end{vmatrix}$.

解 根据行列式的特点,应用性质 1.5,把行列式的第 1 列加到第 2 列,然后把新的第 2 列加到第 3 列,新的第 3 列加到第 4 列,得到一个下三角行列式,即

$$D=\begin{vmatrix}x_1&-x_1&0&0\\0&x_2&-x_2&0\\0&0&x_3&-x_3\\1&2&3&4\end{vmatrix}=\begin{vmatrix}x_1&0&0&0\\0&x_2&-x_2&0\\0&0&x_3&-x_3\\1&3&3&4\end{vmatrix}$$

$$=\begin{vmatrix} x_1 & 0 & 0 & 0 \\ 0 & x_2 & 0 & 0 \\ 0 & 0 & x_3 & -x_3 \\ 1 & 3 & 6 & 4 \end{vmatrix}=\begin{vmatrix} x_1 & 0 & 0 & 0 \\ 0 & x_2 & 0 & 0 \\ 0 & 0 & x_3 & 0 \\ 1 & 3 & 6 & 10 \end{vmatrix}=10x_1x_2x_3.$$

例 1.7 若 $D=\begin{vmatrix} a_{11} & a_{12} & a_{13} \\ a_{21} & a_{22} & a_{23} \\ a_{31} & a_{32} & a_{33} \end{vmatrix}$,则 $D_1=\begin{vmatrix} 9a_{11} & 3a_{13} & -3a_{12} \\ 3a_{21} & a_{23} & -a_{22} \\ 3a_{31} & a_{33} & -a_{32} \end{vmatrix}$ 为多少?

解 根据行列式的性质 1.3 和性质 1.2,先提出第 1 行公因子 3,再提出第 1 列公因子 3 和第 3 列公因子-1,最后交换第 2 列和第 3 列,即

$$D_1=\begin{vmatrix} 9a_{11} & 3a_{13} & -3a_{12} \\ 3a_{21} & a_{23} & -a_{22} \\ 3a_{31} & a_{33} & -a_{32} \end{vmatrix}=3\begin{vmatrix} 3a_{11} & a_{13} & -a_{12} \\ 3a_{21} & a_{23} & -a_{22} \\ 3a_{31} & a_{33} & -a_{32} \end{vmatrix}$$

$$=-9\begin{vmatrix} a_{11} & a_{13} & a_{12} \\ a_{21} & a_{23} & a_{22} \\ a_{31} & a_{33} & a_{32} \end{vmatrix}=9\begin{vmatrix} a_{11} & a_{12} & a_{13} \\ a_{21} & a_{22} & a_{23} \\ a_{31} & a_{32} & a_{33} \end{vmatrix}=9D.$$

例 1.8 计算行列式 $D=\begin{vmatrix} 1 & 2 & 4 \\ 101 & 204 & 297 \\ 4 & 6 & 3 \end{vmatrix}$.

解 根据行列式的性质 1.4,将第 2 行元素写成两个元素之和的形式,即

$$D=\begin{vmatrix} 1 & 2 & 4 \\ 101 & 204 & 397 \\ 4 & 6 & 3 \end{vmatrix}=\begin{vmatrix} 1 & 2 & 4 \\ 100 & 200 & 400 \\ 4 & 6 & 3 \end{vmatrix}+\begin{vmatrix} 1 & 2 & 4 \\ 1 & 4 & -3 \\ 4 & 6 & 3 \end{vmatrix}$$

$$=\begin{vmatrix} 1 & 2 & 4 \\ 1 & 4 & -3 \\ 4 & 6 & 3 \end{vmatrix}=\begin{vmatrix} 1 & 2 & 4 \\ 0 & 2 & -7 \\ 0 & -2 & -13 \end{vmatrix}=\begin{vmatrix} 1 & 2 & 4 \\ 0 & 2 & -7 \\ 0 & 0 & -20 \end{vmatrix}=-40.$$

例 1.9 形如 $\begin{vmatrix} a_1 & a_2 & \cdots & a_n \\ c_2 & b_2 & \cdots & 0 \\ \vdots & & \ddots & \\ c_n & 0 & \cdots & b_n \end{vmatrix}$ $(b_2\cdots b_n\neq 0)$的行列式,称为爪形行列式,展开方式为将第 $i(i=2,\cdots,n)$列的$-\dfrac{c_i}{b_i}$倍加到第 1 列,化为上三角行列式进行展开,即

$$\begin{vmatrix} a_1 & a_2 & \cdots & a_n \\ c_2 & b_2 & \cdots & 0 \\ \vdots & \vdots & \ddots & \vdots \\ c_n & 0 & \cdots & b_n \end{vmatrix}=\begin{vmatrix} a_1-\dfrac{a_2c_2}{b_2}-\cdots-\dfrac{a_nc_n}{b_n} & a_2 & \cdots & a_n \\ 0 & b_2 & \cdots & 0 \\ \vdots & \vdots & \ddots & \vdots \\ 0 & 0 & \cdots & b_n \end{vmatrix}$$

$$=\left(a_1-\frac{a_2c_2}{b_2}-\cdots-\frac{a_nc_n}{b_n}\right)b_2\cdots b_n.$$

如，

$$D=\begin{vmatrix}1&3&5&\cdots&2n-1\\1&2&0&\cdots&0\\1&0&3&\cdots&0\\\vdots&\vdots&\vdots&\ddots&\vdots\\1&0&0&\cdots&n\end{vmatrix}=\begin{vmatrix}1-\frac{3}{2}-\cdots-\frac{2n-1}{n}&3&5&\cdots&2n-1\\0&2&0&\cdots&0\\0&0&3&\cdots&0\\\vdots&\vdots&\vdots&\ddots&\vdots\\0&0&0&\cdots&n\end{vmatrix}$$

$$=\left(1-\sum_{i=2}^{n}\frac{2n-1}{n}\right)n!.$$

习题 1.3

一、填空题

1. 若 $D=\begin{vmatrix}a_{11}&a_{12}&a_{13}\\a_{21}&a_{22}&a_{23}\\a_{31}&a_{32}&a_{33}\end{vmatrix}$，则 $D_1=\begin{vmatrix}-2a_{11}&3a_{11}-a_{12}&a_{13}\\-2a_{21}&3a_{21}-a_{22}&a_{23}\\-2a_{31}&3a_{31}-a_{32}&a_{33}\end{vmatrix}=$ ____.

2. 若 $D=\begin{vmatrix}a_{11}&a_{12}&a_{13}\\a_{21}&a_{22}&a_{23}\\a_{31}&a_{32}&a_{33}\end{vmatrix}$，则 $D_1=\begin{vmatrix}-6a_{11}&9a_{12}&3a_{13}\\-2a_{21}&3a_{22}&a_{23}\\-2a_{31}&3a_{32}&a_{33}\end{vmatrix}=$ ____.

3. 已知某 5 阶行列式的展开值为 5，将其第 1 行与第 5 行交换并转置，再用 2 乘所有元素，则所得的新行列式的展开值为____.

二、选择题

1. 若 $\begin{vmatrix}a_{11}&a_{12}\\a_{21}&a_{22}\end{vmatrix}=a$，则 $\begin{vmatrix}a_{12}&ka_{22}\\a_{11}&ka_{21}\end{vmatrix}=$（　　）.

A. ka　　B. $-ka$　　C. k^2a　　D. $-k^2a$

2. 行列式 $\begin{vmatrix}a&1&1&1\\1&a&1&1\\1&1&a&1\\1&1&1&a\end{vmatrix}$ 的展开值为（　　）.

A. $a+3$　　B. 2　　C. 0　　D. $(a+3)(a-1)^3$

三、计算下列行列式：

1. $\begin{vmatrix}1&2&3\\102&198&301\\4&5&6\end{vmatrix}$；

2. $\begin{vmatrix}a&b&\cdots&b\\b&a&\cdots&b\\\vdots&\vdots&\ddots&\vdots\\b&b&\cdots&a\end{vmatrix}$（$n$ 阶行列式）；

3. $\begin{vmatrix} 1 & \frac{1}{2} & 1 & 1 \\ -\frac{1}{3} & 1 & 2 & 1 \\ \frac{1}{3} & 1 & -1 & \frac{1}{2} \\ -1 & 1 & 0 & \frac{1}{2} \end{vmatrix}$；　　4. $\begin{vmatrix} 1 & a_1 & a_2 & \cdots & a_n \\ 1 & a_1+b_1 & a_2 & \cdots & a_n \\ 1 & a_1 & a_2+b_2 & \cdots & a_n \\ \vdots & \vdots & \vdots & \ddots & \vdots \\ 1 & a_1 & a_2 & \cdots & a_n+b_n \end{vmatrix}$；

5. $\begin{vmatrix} 1 & 3 & 5 & \cdots & 2n-1 \\ 1 & 2 & 0 & \cdots & 0 \\ 1 & 0 & 2 & \cdots & 0 \\ \vdots & \vdots & \vdots & \ddots & \vdots \\ 1 & 0 & 0 & \cdots & 2 \end{vmatrix}$；　　6. $\begin{vmatrix} a^2 & (a-1)^2 & (a+2)^2 & (a+3)^2 \\ b^2 & (b-1)^2 & (b+2)^2 & (b+3)^2 \\ c^2 & (c-1)^2 & (c+2)^2 & (c+3)^2 \\ d^2 & (d-1)^2 & (d+2)^2 & (d+3)^2 \end{vmatrix}$.

1.4 行列式的展开定理

为了进一步简化行列式的计算，本节引入行列式的展开定理，学习一种将较高阶的行列式转化为较低阶的行列式的方法. 为此，先介绍余子式和代数余子式的概念.

1.4.1 余子式和代数余子式

定义 1.9 在 n 阶行列式中，划去元素 a_{ij} 所在的第 i 行和第 j 列后，余下的元素按原来的排列顺序构成一个 $n-1$ 阶行列式，称为元素 a_{ij} 的**余子式**，记作 M_{ij}. 元素 a_{ij} 的余子式 M_{ij} 前面添上符号 $(-1)^{i+j}$ 称为元素 a_{ij} 的**代数余子式**，记作 A_{ij}，即 $A_{ij}=(-1)^{i+j}M_{ij}$.

例如，在 4 阶行列式

$$D=\begin{vmatrix} a_{11} & a_{12} & a_{13} & a_{14} \\ a_{21} & a_{22} & a_{23} & a_{24} \\ a_{31} & a_{32} & a_{33} & a_{34} \\ a_{41} & a_{42} & a_{43} & a_{44} \end{vmatrix}$$

中，元素 a_{34} 的余子式 M_{34} 和代数余子式 A_{34} 分别是

$$M_{34}=\begin{vmatrix} a_{11} & a_{12} & a_{13} \\ a_{21} & a_{22} & a_{23} \\ a_{41} & a_{42} & a_{43} \end{vmatrix},\quad A_{34}=(-1)^{3+4}M_{34}=-M_{34}=-\begin{vmatrix} a_{11} & a_{12} & a_{13} \\ a_{21} & a_{22} & a_{23} \\ a_{41} & a_{42} & a_{43} \end{vmatrix}.$$

从余子式和代数余子式的定义可知：元素的余子式和代数余子式与元素本身无关，与元素所在位置有关，即与其他行元素有关.

1.4.2 行列式的展开

在讲解行列式的展开定理之前，先观察二阶和三阶行列式的展开情况.

$$\begin{vmatrix} a_{11} & a_{12} \\ a_{21} & a_{22} \end{vmatrix} = a_{11}a_{22} - a_{12}a_{21} = a_{11}A_{11} + a_{12}A_{12};$$

$$\begin{aligned}\begin{vmatrix} a_{11} & a_{12} & a_{13} \\ a_{21} & a_{22} & a_{23} \\ a_{31} & a_{32} & a_{33} \end{vmatrix} &= a_{11}(a_{22}a_{33} - a_{23}a_{32}) + a_{12}(a_{23}a_{31} - a_{21}a_{33}) + \\ &\quad a_{13}(a_{21}a_{32} - a_{22}a_{31}) \\ &= a_{11}\begin{vmatrix} a_{22} & a_{23} \\ a_{32} & a_{33} \end{vmatrix} - a_{12}\begin{vmatrix} a_{21} & a_{23} \\ a_{31} & a_{33} \end{vmatrix} + a_{13}\begin{vmatrix} a_{21} & a_{22} \\ a_{31} & a_{32} \end{vmatrix} \\ &= a_{11}A_{11} + a_{12}A_{12} + a_{13}A_{13}.\end{aligned}$$

由此可以得到，二阶和三阶行列式的展开式都可以写成第 1 行的元素与其对应的代数余子式乘积之和，可以验证，行列式也可以写成其他行元素与其对应的代数余子式乘积之和的形式，上面的表述对列也成立. 进一步地，对于 n 阶行列式，我们有如下的定理.

定理 1.4 n 阶行列式 D 等于它的任意一行(列)的元素与其对应的代数余子式的乘积之和，即

$$D = a_{i1}A_{i1} + a_{i2}A_{i2} + \cdots + a_{in}A_{in}, \quad i = 1, 2, \cdots, n,$$

或

$$D = a_{1j}A_{1j} + a_{2j}A_{2j} + \cdots + a_{nj}A_{nj}, \quad j = 1, 2, \cdots, n.$$

证明 只需证明按行展开的情形，按列展开的情形同理可证.

(1) 先证按第一行展开的情形. 根据性质 1.4 有

$$\begin{aligned} D &= \begin{vmatrix} a_{11} & a_{12} & \cdots & a_{1n} \\ a_{21} & a_{22} & \cdots & a_{2n} \\ \vdots & \vdots & & \vdots \\ a_{n1} & a_{n2} & \cdots & a_{nn} \end{vmatrix} \\ &= \begin{vmatrix} a_{11} + 0 + \cdots + 0 & 0 + a_{12} + 0 + \cdots + 0 & \cdots & 0 + \cdots + 0 + a_{1n} \\ a_{21} & a_{22} & \cdots & a_{2n} \\ \vdots & \vdots & & \vdots \\ a_{n1} & a_{n2} & \cdots & a_{nn} \end{vmatrix} \\ &= \begin{vmatrix} a_{11} & 0 & \cdots & 0 \\ a_{21} & a_{22} & \cdots & a_{2n} \\ \vdots & \vdots & & \vdots \\ a_{n1} & a_{n2} & \cdots & a_{nn} \end{vmatrix} + \begin{vmatrix} 0 & a_{12} & \cdots & 0 \\ a_{21} & a_{22} & \cdots & a_{2n} \\ \vdots & \vdots & & \vdots \\ a_{n1} & a_{n2} & \cdots & a_{nn} \end{vmatrix} + \cdots + \begin{vmatrix} 0 & 0 & \cdots & a_{1n} \\ a_{21} & a_{22} & \cdots & a_{2n} \\ \vdots & \vdots & & \vdots \\ a_{n1} & a_{n2} & \cdots & a_{nn} \end{vmatrix}. \end{aligned}$$

按行列式的定义

$$\begin{vmatrix} a_{11} & 0 & \cdots & 0 \\ a_{21} & a_{22} & \cdots & a_{2n} \\ \vdots & \vdots & & \vdots \\ a_{n1} & a_{n2} & \cdots & a_{nn} \end{vmatrix} = \sum_{j_1 j_2 \cdots j_n} (-1)^{N(j_1 j_2 \cdots j_n)} a_{1j_1} a_{2j_2} \cdots a_{nj_n}$$

$$=\sum_{1j_2\cdots j_n}(-1)^{N(1j_2\cdots j_n)}a_{11}a_{2j_2}\cdots a_{nj_n}=a_{11}M_{11}=a_{11}(-1)^{1+1}M_{11}=a_{11}A_{11}.$$

同理

$$\begin{vmatrix} 0 & a_{12} & \cdots & 0 \\ a_{21} & a_{22} & \cdots & a_{2n} \\ \vdots & \vdots & & \vdots \\ a_{n1} & a_{n2} & \cdots & a_{nn} \end{vmatrix}=(-1)\begin{vmatrix} a_{12} & 0 & \cdots & 0 \\ a_{22} & a_{21} & \cdots & a_{2n} \\ \vdots & \vdots & & \vdots \\ a_{n2} & a_{n1} & \cdots & a_{nn} \end{vmatrix}$$

$$=(-1)a_{12}M_{12}=a_{12}(-1)^{1+2}M_{12}=a_{12}A_{12},$$

$$\cdots$$

$$\begin{vmatrix} 0 & 0 & \cdots & a_{1n} \\ a_{21} & a_{22} & \cdots & a_{2n} \\ \vdots & \vdots & & \vdots \\ a_{n1} & a_{n2} & \cdots & a_{nn} \end{vmatrix}=(-1)^{n-1}\begin{vmatrix} a_{1n} & 0 & \cdots & 0 \\ a_{2n} & a_{21} & \cdots & a_{2n-1} \\ \vdots & \vdots & & \vdots \\ a_{nn} & a_{n1} & \cdots & a_{nn-1} \end{vmatrix}$$

$$=(-1)^{n-1}a_{1n}M_{1n}=a_{1n}(-1)^{n+1}M_{1n}=a_{1n}A_{1n}.$$

所以 $D=a_{11}A_{11}+a_{12}A_{12}+\cdots+a_{1n}A_{1n}$.

(2) 再证按第 i 行展开的情形

将第 i 行分别与第 $i-1$ 行,第 $i-2$ 行,…,第 1 行进行交换,把第 i 行换到第 1 行,然后再按(1)的情形,即有

$$D=(-1)^{i-1}\begin{vmatrix} a_{i1} & a_{i2} & \cdots & a_{in} \\ a_{11} & a_{12} & \cdots & a_{1n} \\ \vdots & \vdots & & \vdots \\ a_{n1} & a_{n2} & \cdots & a_{nn} \end{vmatrix}=(-1)^{i-1}a_{i1}(-1)^{1+1}M_{i1}+(-1)^{i-1}a_{i2}(-1)^{1+2}M_{i2}$$

$$+\cdots+(-1)^{i-1}a_{in}(-1)^{1+n}M_{in}=a_{i1}A_{i1}+a_{i2}A_{i2}+\cdots+a_{in}A_{in}.$$

定理 1.4 表明,n 阶行列式可以用 $n-1$ 阶行列式来展开,因此该定理又称行列式的降阶展开定理.一般情况下,结合行列式的性质,进行行列式的展开,可以大大简化计算.

行列式展开步骤:

(1) 利用行列式的性质将某一行(列)化简为仅有一个非零元素;

(2) 按照定理 1.4 对这一行(列)展开,将原行列式变为低一阶的行列式,或零;

(3) 如此继续下去,直到将行列式化为二阶或三阶行列式进行计算.

例 1.10 计算行列式 $D=\begin{vmatrix} 5 & 0 & 3 & b \\ 4 & 0 & c & 0 \\ 1 & c & 4 & 5 \\ a & 0 & 0 & 0 \end{vmatrix}$.

解 由于第 4 行元素有 3 个为 0,先按第 4 行展开(在进行行列式展开时,由于 $0\cdot A_{42}$,$0\cdot A_{43}$,$0\cdot A_{44}$ 都为 0,所以这些项也可以省略不写),即

$$D=\begin{vmatrix}5&0&3&b\\4&0&c&0\\1&c&4&5\\a&0&0&0\end{vmatrix}=a\cdot(-1)^{4+1}\begin{vmatrix}0&3&b\\0&c&0\\c&4&5\end{vmatrix}+0\cdot A_{42}+0\cdot A_{43}+0\cdot A_{44}$$

$$=-a\begin{vmatrix}0&3&b\\0&c&0\\c&4&5\end{vmatrix},$$

由于新的三阶行列式的第 1 列有 2 个 0，再按照第 1 列展开，得

$$D=-a\cdot c\cdot(-1)^{3+1}\begin{vmatrix}3&b\\c&0\end{vmatrix}=abcd.$$

例 1.11 计算行列式 $\begin{vmatrix}3&-1&-1&0\\1&2&3&4\\1&2&0&5\\1&0&1&2\end{vmatrix}$.

解 行列式的第 4 行已有一个元素是 0，利用行列式的性质 1.5，将第 1 列的 −1 倍、−2 倍，分别加到第 3 列、第 4 列，然后按照第 4 行展开，即

$$\begin{vmatrix}3&-1&-1&0\\1&2&3&4\\1&2&0&5\\1&0&1&2\end{vmatrix}=\begin{vmatrix}3&-1&-4&-6\\1&2&2&2\\1&2&-1&3\\1&0&0&0\end{vmatrix}=(-1)^{4+1}\begin{vmatrix}-1&-4&-6\\2&2&2\\2&-1&3\end{vmatrix},$$

将第 1 行的 2 倍分别加到第 2 行、第 3 行，再按照第 1 列展开，即

$$\text{原行列式}=-\begin{vmatrix}-1&-4&-6\\0&-6&-10\\0&-9&-9\end{vmatrix}=-(-1)\cdot(-1)^{1+1}\begin{vmatrix}-6&-10\\-9&-9\end{vmatrix}=-36.$$

定理 1.5 n 阶行列式 D 中某一行(列)的各元素与另一行(列)对应元素的代数余子式的乘积之和等于零，即

$$a_{i1}A_{s1}+a_{i2}A_{s2}+\cdots+a_{in}A_{sn}=0,\quad i\neq s,$$

或

$$a_{1j}A_{1t}+a_{2j}A_{2t}+\cdots+a_{nj}A_{nt}=0,\quad j\neq t.$$

证明 只证行的情形，列的情形同理可证. 将 n 阶行列式 D 的第 s 行的元素换为第 i 行对应的元素，得行列式 D_1，即

$$D_1=\begin{vmatrix}a_{11}&a_{12}&\cdots&a_{1n}\\\vdots&\vdots&&\vdots\\a_{i1}&a_{i2}&\cdots&a_{in}\\\vdots&\vdots&&\vdots\\a_{i1}&a_{i2}&\cdots&a_{in}\\\vdots&\vdots&&\vdots\\a_{n1}&a_{n2}&\cdots&a_{nn}\end{vmatrix}\begin{matrix}\\\\(i\text{ 行})\\\\(s\text{ 行})\\\\\\\end{matrix}.$$

显然，D_1 的第 i 行与第 s 行的对应元素相同，所以 $D_1=0$，由定理 1.4 将 D_1 按第 s 行展开，有 $D_1=a_{i1}A_{s1}+a_{i2}A_{s2}+\cdots+a_{in}A_{sn}=0(i\neq s)$，所以

$$a_{i1}A_{s1}+a_{i2}A_{s2}+\cdots+a_{in}A_{sn}=0 \quad (i\neq s).$$

1.4.3 关于行列式展开的运算

例 1.12 已知 $D=\begin{vmatrix}1&-5&1&3\\1&1&3&4\\1&1&2&3\\2&2&3&4\end{vmatrix}$，求：

(1) $A_{41}-5A_{42}+A_{43}+3A_{44}$，(2)$A_{41}+A_{42}+A_{43}+A_{44}$.

解 (1) $A_{41}-5A_{42}+A_{43}+3A_{44}$ 可以看成是行列式 D 中第 1 行的元素与第 4 行元素对应的代数余子式乘积之和，根据定理 1.5 知，$A_{41}-5A_{42}+A_{43}+3A_{44}=0$.

(2) 根据行列式的展开定理，$A_{41}+A_{42}+A_{43}+A_{44}$ 的值相当于重新构造一个行列式 D_1，D_1 第 4 行的元素为 $a_{41}=a_{42}=a_{43}=a_{44}=1$，其他行元素与 D 中第 1 行至第 3 行的元素相同，所以

$$A_{41}+A_{42}+A_{43}+A_{44}=D_1=\begin{vmatrix}1&-5&1&3\\1&1&3&4\\1&1&2&3\\1&1&1&1\end{vmatrix}.$$

将第 4 行的 -1 倍分别加到第 1,2,3 行，按照第 1 列展开化为三阶行列式，再按照第 1 列展开，得

$$D_1=\begin{vmatrix}0&-6&0&2\\0&0&2&3\\0&0&1&2\\1&1&1&1\end{vmatrix}=-\begin{vmatrix}-6&0&2\\0&2&3\\0&1&2\end{vmatrix}=6\begin{vmatrix}2&3\\1&2\end{vmatrix}=6.$$

例 1.13 试证范德蒙德行列式

$$D_n=\begin{vmatrix}1&1&1&\cdots&1\\a_1&a_2&a_3&\cdots&a_n\\a_1^2&a_2^2&a_3^2&\cdots&a_n^2\\\vdots&\vdots&\vdots&&\vdots\\a_1^{n-1}&a_2^{n-1}&a_3^{n-1}&\cdots&a_n^{n-1}\end{vmatrix}=\prod_{1\leqslant j<i\leqslant n}(a_i-a_j).$$

证明 用数学归纳法证明.

当 $n=2$ 时，有

$$D_2=\begin{vmatrix}1&1\\a_1&a_2\end{vmatrix}=a_2-a_1=\prod_{1\leqslant j<i\leqslant 2}(a_i-a_j).$$

结论成立.

假设对于 $n-1$ 阶范德蒙德行列式结论成立，现证 n 阶范德蒙德行列式的情况：把第 $n-1$ 行的 $-a_1$ 倍加到第 n 行，再把第 $n-2$ 行的 $-a_1$ 倍加到第 $n-1$ 行，如此继续，最后把

第 1 行的 $-a_1$ 倍加到第 2 行得

$$D_n=\begin{vmatrix}1&1&1&\cdots&1\\a_1&a_2&a_3&\cdots&a_n\\a_1^2&a_2^2&a_3^2&\cdots&a_n^2\\\vdots&\vdots&\vdots&&\vdots\\a_1^{n-2}&a_2^{n-2}&a_3^{n-2}&\cdots&a_n^{n-2}\\a_1^{n-1}&a_2^{n-1}&a_3^{n-1}&\cdots&a_n^{n-1}\end{vmatrix}$$

$$=\begin{vmatrix}1&1&1&\cdots&1\\0&a_2-a_1&a_3-a_1&\cdots&a_n-a_1\\0&a_2^2-a_1a_2&a_3^2-a_1a_3&\cdots&a_n^2-a_1a_n\\\vdots&\vdots&\vdots&&\vdots\\0&a_2^{n-1}-a_1a_2^{n-2}&a_3^{n-1}-a_1a_3^{n-2}&\cdots&a_n^{n-1}-a_1a_n^{n-2}\end{vmatrix}$$

按照第 1 列展开,并提取公因式得

$$=\begin{vmatrix}a_2-a_1&a_3-a_1&\cdots&a_n-a_1\\a_2(a_2-a_1)&a_3(a_3-a_1)&\cdots&a_n(a_n-a_1)\\\vdots&\vdots&&\vdots\\a_2^{n-2}(a_2-a_1)&a_3^{n-2}(a_3-a_1)&\cdots&a_n^{n-2}(a_n-a_1)\end{vmatrix}$$

$$=(a_2-a_1)(a_3-a_1)\cdots(a_n-a_1)\begin{vmatrix}1&1&\cdots&1\\a_2&a_3&\cdots&a_n\\\vdots&\vdots&&\vdots\\a_2^{n-2}&a_3^{n-2}&\cdots&a_n^{n-2}\end{vmatrix}$$

上式的行列式是 $n-1$ 阶范德蒙德行列式,由归纳假设得

$$\begin{vmatrix}1&1&\cdots&1\\a_2&a_3&\cdots&a_n\\\vdots&\vdots&&\vdots\\a_2^{n-2}&a_3^{n-2}&\cdots&a_n^{n-2}\end{vmatrix}=\prod_{2\leqslant j<i\leqslant n}(a_i-a_j)$$

从而上述 n 阶范德蒙德行列式等于

$$D_n=(a_2-a_1)(a_3-a_1)\cdots(a_n-a_1)\prod_{2\leqslant j<i\leqslant n}(a_i-a_j)=\prod_{1\leqslant j<i\leqslant n}(a_i-a_j).$$

根据数学归纳法原理,对一切 $n\geqslant 2$ 命题成立.

例 1.14 计算行列式 $D=\begin{vmatrix}a_1^3&a_1^2&a_1&1\\a_2^3&a_2^2&a_2&1\\a_3^3&a_3^2&a_3&1\\a_4^3&a_4^2&a_4&1\end{vmatrix}$.

解 将行列式第 4 列依次与第 3 列、第 2 列、第 1 列交换,新的第 4 列依次与第 3 列、第 2 列交换,最后交换新得的第 4 列与第 3 列,再转置化为范德蒙德行列式的形式,再进行计

算，即

$$D=\begin{vmatrix} a_1^3 & a_1^2 & a_1 & 1 \\ a_2^3 & a_2^2 & a_2 & 1 \\ a_3^3 & a_3^2 & a_3 & 1 \\ a_4^3 & a_4^2 & a_4 & 1 \end{vmatrix}=-\begin{vmatrix} 1 & a_1^3 & a_1^2 & a_1 \\ 1 & a_2^3 & a_2^2 & a_2 \\ 1 & a_3^3 & a_3^2 & a_3 \\ 1 & a_4^3 & a_4^2 & a_4 \end{vmatrix}=\begin{vmatrix} 1 & a_1 & a_1^2 & a_1^3 \\ 1 & a_2 & a_2^2 & a_2^3 \\ 1 & a_3 & a_3^2 & a_3^3 \\ 1 & a_4 & a_4^2 & a_4^3 \end{vmatrix}=\begin{vmatrix} 1 & 1 & 1 & 1 \\ a_1 & a_2 & a_3 & a_4 \\ a_1^2 & a_2^2 & a_3^2 & a_4^2 \\ a_1^3 & a_2^3 & a_3^3 & a_4^3 \end{vmatrix}$$

$$=(a_2-a_1)(a_3-a_1)(a_4-a_1)(a_3-a_2)(a_4-a_2)(a_4-a_3).$$

例 1.15 证明 $\begin{vmatrix} a_{11} & a_{12} & 0 & 0 \\ a_{21} & a_{22} & 0 & 0 \\ c_{11} & c_{12} & b_{11} & b_{12} \\ c_{21} & c_{22} & b_{21} & b_{22} \end{vmatrix}=\begin{vmatrix} a_{11} & a_{12} \\ a_{21} & a_{22} \end{vmatrix}\cdot\begin{vmatrix} b_{11} & b_{12} \\ b_{21} & b_{22} \end{vmatrix}$.

证明 将上面等式左端的行列式按第一行展开，得

$$\begin{vmatrix} a_{11} & a_{12} & 0 & 0 \\ a_{21} & a_{22} & 0 & 0 \\ c_{11} & c_{12} & b_{11} & b_{12} \\ c_{21} & c_{22} & b_{21} & b_{22} \end{vmatrix}=a_{11}\begin{vmatrix} a_{22} & 0 & 0 \\ c_{12} & b_{11} & b_{12} \\ c_{22} & b_{21} & b_{22} \end{vmatrix}-a_{12}\begin{vmatrix} a_{21} & 0 & 0 \\ c_{11} & b_{11} & b_{12} \\ c_{21} & b_{21} & b_{22} \end{vmatrix}$$

$$=a_{11}a_{22}\begin{vmatrix} b_{11} & b_{12} \\ b_{21} & b_{22} \end{vmatrix}-a_{12}a_{21}\begin{vmatrix} b_{11} & b_{12} \\ b_{21} & b_{22} \end{vmatrix}$$

$$=(a_{11}a_{22}-a_{12}a_{21})\begin{vmatrix} b_{11} & b_{12} \\ b_{21} & b_{22} \end{vmatrix}=\begin{vmatrix} a_{11} & a_{12} \\ a_{21} & a_{22} \end{vmatrix}\cdot\begin{vmatrix} b_{11} & b_{12} \\ b_{21} & b_{22} \end{vmatrix}.$$

特别地，例 1.15 的结论可以继续推广：

(1) $$\begin{vmatrix} a_{11} & a_{12} & \cdots & a_{1k} & 0 & 0 & \cdots & 0 \\ \vdots & \vdots & & \vdots & \vdots & \vdots & & \vdots \\ a_{k1} & a_{k2} & \cdots & a_{kk} & 0 & 0 & \cdots & 0 \\ c_{11} & c_{12} & \cdots & c_{1k} & b_{11} & b_{12} & \cdots & b_{1m} \\ \vdots & \vdots & & \vdots & \vdots & \vdots & & \vdots \\ c_{m1} & c_{m2} & \cdots & c_{mk} & b_{m1} & b_{m2} & \cdots & b_{mm} \end{vmatrix}$$

$$=\begin{vmatrix} a_{11} & a_{12} & \cdots & a_{1k} \\ \vdots & \vdots & & \vdots \\ a_{k1} & a_{k2} & \cdots & a_{kk} \end{vmatrix}\cdot\begin{vmatrix} b_{11} & b_{12} & \cdots & b_{1m} \\ \vdots & \vdots & & \vdots \\ b_{m1} & b_{m2} & \cdots & b_{mm} \end{vmatrix};$$

(2) $$\begin{vmatrix} a_{11} & a_{12} & \cdots & a_{1k} & c_{11} & c_{12} & \cdots & c_{1m} \\ \vdots & \vdots & & \vdots & \vdots & \vdots & & \vdots \\ a_{k1} & a_{k2} & \cdots & a_{kk} & c_{k1} & c_{k2} & \cdots & c_{km} \\ 0 & 0 & \cdots & 0 & b_{11} & b_{12} & \cdots & b_{1m} \\ \vdots & \vdots & & \vdots & \vdots & \vdots & & \vdots \\ 0 & 0 & \cdots & 0 & b_{m1} & b_{m2} & \cdots & b_{mm} \end{vmatrix}$$

$$=\begin{vmatrix} a_{11} & a_{12} & \cdots & a_{1k} \\ \vdots & \vdots & & \vdots \\ a_{k1} & a_{k2} & \cdots & a_{kk} \end{vmatrix}\cdot\begin{vmatrix} b_{11} & b_{12} & \cdots & b_{1m} \\ \vdots & \vdots & & \vdots \\ b_{m1} & b_{m2} & \cdots & b_{mm} \end{vmatrix};$$

(3) $$\begin{vmatrix} c_{11} & c_{12} & \cdots & c_{1k} & b_{11} & b_{12} & \cdots & b_{1m} \\ \vdots & \vdots & & \vdots & \vdots & \vdots & & \vdots \\ c_{m1} & c_{m2} & \cdots & c_{mk} & b_{m1} & b_{m2} & \cdots & b_{mm} \\ a_{11} & a_{12} & \cdots & a_{1k} & 0 & 0 & \cdots & 0 \\ \vdots & \vdots & & \vdots & \vdots & \vdots & & \vdots \\ a_{k1} & a_{k2} & \cdots & a_{kk} & 0 & 0 & \cdots & 0 \end{vmatrix}$$

$$=(-1)^{km}\begin{vmatrix} a_{11} & a_{12} & \cdots & a_{1k} \\ \vdots & \vdots & & \vdots \\ a_{k1} & a_{k2} & \cdots & a_{kk} \end{vmatrix}\cdot\begin{vmatrix} b_{11} & b_{12} & \cdots & b_{1m} \\ \vdots & \vdots & & \vdots \\ b_{m1} & b_{m2} & \cdots & b_{mm} \end{vmatrix};$$

(4) $$\begin{vmatrix} 0 & 0 & \cdots & 0 & b_{11} & b_{12} & \cdots & b_{1m} \\ \vdots & \vdots & & \vdots & \vdots & \vdots & & \vdots \\ 0 & 0 & \cdots & 0 & b_{m1} & b_{m2} & \cdots & b_{mm} \\ a_{11} & a_{12} & \cdots & a_{1k} & c_{11} & c_{12} & \cdots & c_{1m} \\ \vdots & \vdots & & \vdots & \vdots & \vdots & & \vdots \\ a_{k1} & a_{k2} & \cdots & a_{kk} & c_{k1} & c_{k2} & \cdots & c_{km} \end{vmatrix}$$

$$=(-1)^{km}\begin{vmatrix} a_{11} & a_{12} & \cdots & a_{1k} \\ \vdots & \vdots & & \vdots \\ a_{k1} & a_{k2} & \cdots & a_{kk} \end{vmatrix}\cdot\begin{vmatrix} b_{11} & b_{12} & \cdots & b_{1m} \\ \vdots & \vdots & & \vdots \\ b_{m1} & b_{m2} & \cdots & b_{mm} \end{vmatrix}.$$

习题 1.4

一、填空题

1. 行列式 $\begin{vmatrix} 1 & 1 & 1 & 0 \\ 0 & 1 & 0 & 1 \\ 0 & 1 & 1 & 1 \\ 0 & 0 & 1 & 0 \end{vmatrix}=$________.

2. 若 $\begin{vmatrix} 1 & 1 & 3 & 1 \\ 1 & 0 & 0 & 0 \\ 2 & 1 & 0 & 3 \\ 4 & 5 & 1 & 2 \end{vmatrix}$，则 $A_{41}+A_{42}=$____.

3. 若 $\begin{vmatrix} 3 & 2 & -4 & 5 \\ 1 & -3 & 0 & -6 \\ 0 & 2 & -1 & 2 \\ 1 & 4 & -7 & 6 \end{vmatrix}$，则 $A_{11}+4A_{12}-7A_{13}+6A_{14}=$____.

4. 设 4 阶行列式 D_4 的第 3 行元素分别为 $-1,0,2,4$.

① 当 $D_4=4$ 时,第 3 行元素所对应的代数余子式依次为 $5,10,a,4$,则 $a=$____.

② 当第 4 行元素对应的余子式依次为 $5,10,a,4$ 时,$a=$____.

二、选择题

1. 4 阶行列式 $\begin{vmatrix} a_1 & 0 & 0 & b_1 \\ 0 & a_2 & b_2 & 0 \\ 0 & b_3 & a_3 & 0 \\ b_4 & 0 & 0 & a_4 \end{vmatrix}$ 的展开值等于(　　).

A. $a_1a_2a_3a_4-b_1b_2b_3b_4$　　B. $a_1a_2a_3a_4+b_1b_2b_3b_4$

C. $(a_1a_2-b_1b_2)(a_3a_4-b_3b_4)$　　D. $(a_2a_3-b_2b_3)(a_1a_4-b_1b_4)$

2. 行列式 $\begin{vmatrix} 3 & 4 & 6 \\ 2 & 5 & 7 \\ y & x & 8 \end{vmatrix}$ 中元素 x 的余子式和代数余子式分别为(　　).

A. -9; -9　　B. -9; 9　　C. 9; -9　　D. 9; 9

3. 若 $D=\begin{vmatrix} -8 & 7 & 4 & 3 \\ 6 & -2 & 3 & -1 \\ 1 & 1 & 1 & 1 \\ 4 & 3 & -7 & 5 \end{vmatrix}$,则 D 中第一行元素的代数余子式的和为(　　).

A. -1　　B. -2　　C. -3　　D. 0

4. 已知行列式 $D=\begin{vmatrix} 1 & 3 & 5 & \cdots & 2n-1 \\ 1 & 2 & 0 & \cdots & 0 \\ 1 & 0 & 3 & \cdots & 0 \\ \vdots & \vdots & \vdots & \ddots & \vdots \\ 1 & 0 & 0 & \cdots & n \end{vmatrix}$,$D$ 中第一行元素的代数余子式的和为(　　).

A. $\left(1-\sum\limits_{i=1}^{n}\dfrac{1}{i}\right)n!$　　B. $\left(1-\sum\limits_{i=2}^{n}\dfrac{1}{i}\right)n!$　　C. $n!$　　D. 0

三、计算下列行列式:

1. $\begin{vmatrix} \lambda-6 & 2 & -2 \\ 2 & \lambda-3 & -4 \\ -2 & -4 & \lambda-3 \end{vmatrix}$;

2. $\begin{vmatrix} x & y & x+y \\ y & x+y & x \\ x+y & x & y \end{vmatrix}$;

3. $\begin{vmatrix} 1 & 0 & a & 1 \\ 0 & -1 & b & -1 \\ -1 & -1 & c & -1 \\ -1 & 1 & d & 0 \end{vmatrix}$;

4. $\begin{vmatrix} x & y & 0 & \cdots & 0 & 0 \\ 0 & x & y & \cdots & 0 & 0 \\ 0 & 0 & x & \ddots & 0 & 0 \\ \vdots & \vdots & \vdots & \ddots & \ddots & \vdots \\ 0 & 0 & 0 & \cdots & x & y \\ y & 0 & 0 & \cdots & 0 & x \end{vmatrix}$($n$ 阶);

5. $\begin{vmatrix} 1 & 1 & 1 & 1 & 1 \\ 2 & 3 & 4 & 5 & 6 \\ 2^2 & 3^2 & 4^2 & 5^2 & 6^2 \\ 2^3 & 3^3 & 4^3 & 5^3 & 6^3 \\ 2^4 & 3^4 & 4^4 & 5^4 & 6^4 \end{vmatrix}$；

6. $\begin{vmatrix} -a_1 & a_1 & 0 & \cdots & 0 & 0 \\ 0 & -a_2 & a_2 & \cdots & 0 & 0 \\ 0 & 0 & -a_3 & \ddots & 0 & 0 \\ \vdots & \vdots & \vdots & \ddots & \ddots & \vdots \\ 0 & 0 & 0 & \cdots & -a_n & a_n \\ 1 & 1 & 1 & \cdots & 1 & 1 \end{vmatrix}$.

1.5 克莱姆法则

本节主要介绍行列式在解 n 元线性方程组求解中的应用——克莱姆法则.

由 1.2 节习题四可知：设有关于未知元 x_1,x_2,x_3 三元线性方程组

$$\begin{cases} a_{11}x_1+a_{12}x_2+a_{13}x_3=b_1, \\ a_{21}x_1+a_{22}x_2+a_{23}x_3=b_2, \\ a_{31}x_1+a_{32}x_2+a_{33}x_3=b_3. \end{cases}$$

当系数行列式 $D=\begin{vmatrix} a_{11} & a_{12} & a_{13} \\ a_{21} & a_{22} & a_{23} \\ a_{31} & a_{32} & a_{33} \end{vmatrix}\neq 0$ 时，有解

$$x_1=\frac{D_1}{D},\quad x_2=\frac{D_2}{D},\quad x_3=\frac{D_3}{D}.$$

其中 $D_i(i=1,2,3)$ 是常数项 b_1,b_2,b_3 替换系数行列式 D 中第 i 列元素所得的行列式.

将这个结论推广至 n 元线性方程组的情形，就是著名的克莱姆法则，在讲这个法则之前，先引入 n 元线性方程组的概念.

1.5.1 克莱姆法则

设含有 n 个未知量 n 个方程的线性方程组为

$$\begin{cases} a_{11}x_1+a_{12}x_2+\cdots+a_{1n}x_n=b_1, \\ a_{21}x_1+a_{22}x_2+\cdots+a_{2n}x_n=b_2, \\ \quad\vdots \\ a_{n1}x_1+a_{n2}x_2+\cdots+a_{nn}x_n=b_n. \end{cases} \tag{1.6}$$

当 $b_1,b_2,\cdots,b_n$ 不全为零时，称方程组(1.6)为**非齐次线性方程组**，当 $b_1,b_2,\cdots,b_n$ 全为零时，则有

$$\begin{cases} a_{11}x_1+a_{12}x_2+\cdots+a_{1n}x_n=0, \\ a_{21}x_1+a_{22}x_2+\cdots+a_{2n}x_n=0, \\ \quad\vdots \\ a_{n1}x_1+a_{n2}x_2+\cdots+a_{nn}x_n=0. \end{cases} \tag{1.7}$$

称方程组(1.7)为**齐次线性方程组**. 未知量的系数 a_{ij} 构成的行列式

$$D=\begin{vmatrix} a_{11} & a_{12} & \cdots & a_{1n} \\ a_{21} & a_{22} & \cdots & a_{2n} \\ \vdots & \vdots & & \vdots \\ a_{n1} & a_{n2} & \cdots & a_{nn} \end{vmatrix}$$

称为方程组(1.6)及方程组(1.7)的**系数行列式**.

定理 1.6(克莱姆法则) 如果非齐次线性方程组(1.6)的系数行列式 $D\neq 0$,则方程组(1.6)有唯一解

$$x_1=\frac{D_1}{D},\quad x_2=\frac{D_2}{D},\cdots,x_n=\frac{D_n}{D}, \tag{1.8}$$

其中 $D_j\,(j=1,2,\cdots,n)$ 是 D 中第 j 列元素换成常数项 $b_1,b_2,\cdots,b_n$,其余各列不变而得到的行列式.

证明略.

定理 1.7 如果齐次线性方程组(1.7)的系数行列式 $D\neq 0$,则它有唯一零解.

证明 齐次线性方程组是非齐次线性方程组的 $b_1,b_2,\cdots,b_n$ 全为 0 的情况,由于 $D\neq 0$,根据定理 1.6,故方程组(1.7)有唯一解,显然 $D_j=0(j=1,2,\cdots,n)$,所以方程组(1.7)有唯一零解.

推论 如果齐次线性方程组(1.7)有非零解,那么它的系数行列式 $D=0$.

证明 利用反证法,若系数行列式 $D\neq 0$,根据定理 1.7,齐次线性方程组(1.7)有唯一零解,与已知条件矛盾,因此 $D=0$.

1.5.2 克莱姆法则的应用

例 1.16 《九章算术》第八卷"方程"篇:今有武马一匹,中马两匹,下马三匹,皆载四十石至阪,皆不能上.武马借中马一匹,中马借下马一匹,下马借武马一匹,乃皆上.问:武、中、下马一匹各力引几何?题意:假设有上等马 1 匹,中等马 2 匹,下等马 3 匹,分别拉 40 石的货物上一斜坡,都上不去,若这匹上等马借 1 匹中等马,这些中等马借 1 匹下等马,这些下等马借一匹上等马,则都能上去.问:1 匹上等马、中等马、下等马的拉力各是多少?试用克莱姆法则进行计算.

解 设上等马的拉力是 x_1 石,中等马的拉力是 x_2 石,下等马的拉力是 x_3 石,由题意列出线性方程组

$$\begin{cases} x_1+x_2=40, \\ 2x_2+x_3=40, \\ x_1+3x_3=40. \end{cases}$$

由于系数行列式

$$D=\begin{vmatrix} 1 & 1 & 0 \\ 0 & 2 & 1 \\ 1 & 0 & 3 \end{vmatrix}=\begin{vmatrix} 1 & 1 & 0 \\ 0 & 2 & 1 \\ 0 & -1 & 3 \end{vmatrix}=\begin{vmatrix} 2 & 1 \\ -1 & 3 \end{vmatrix}=7\neq 0,$$

因此方程组有唯一解,且

$$D_1=\begin{vmatrix} 40 & 1 & 0 \\ 40 & 2 & 1 \\ 40 & 0 & 3 \end{vmatrix}=160,\quad D_2=\begin{vmatrix} 1 & 40 & 0 \\ 0 & 40 & 1 \\ 1 & 40 & 3 \end{vmatrix}=120,\quad D_3=\begin{vmatrix} 1 & 1 & 40 \\ 0 & 2 & 40 \\ 1 & 0 & 40 \end{vmatrix}=40,$$

由克莱姆法则有

$$x_1=\frac{D_1}{D}=22\frac{6}{7},\quad x_2=\frac{D_2}{D}=17\frac{1}{7},\quad x_3=\frac{D_3}{D}=5\frac{5}{7}.$$

所以,上等马的拉力是 $22\frac{6}{7}$ 石,中等马的拉力是 $17\frac{1}{7}$ 石,下等马的拉力 $5\frac{5}{7}$ 石.

例 1.17(**多项式插值问题**) 已知某二次曲线过三个点(2,3),(3,1),(6,5),求二次曲线的函数表达式.

解 设二次曲线的函数表达式为 $y=ax^2+bx+c$,根据题意,可以列出线性方程组

$$\begin{cases}3=4a+2c+c,\\1=9a+3b+c,\\5=36a+6b+c.\end{cases}$$

则系数行列式为范德蒙德行列式

$$D=\begin{vmatrix}4&2&1\\9&3&1\\36&6&1\end{vmatrix}=D^{\mathrm{T}}=\begin{vmatrix}4&9&36\\2&3&6\\1&1&1\end{vmatrix}=-\begin{vmatrix}1&1&1\\2&3&6\\4&9&36\end{vmatrix}$$
$$=-(6-3)(6-2)(3-2)=-12\neq 0,$$

因此方程组有唯一解,且

$$D_1=\begin{vmatrix}3&2&1\\1&3&1\\5&6&1\end{vmatrix}=-10,\quad D_2=\begin{vmatrix}4&3&1\\9&1&1\\36&5&1\end{vmatrix}=74,\quad D_3=\begin{vmatrix}4&2&3\\9&3&1\\36&6&5\end{vmatrix}=-144,$$

由克莱姆法则的结论有

$$a=\frac{D_1}{D}=\frac{5}{6},\quad b=\frac{D_2}{D}=-\frac{37}{6},\quad c=\frac{D_3}{D}=12.$$

所以二次函数的表达式为 $y=\frac{5}{6}x^2-\frac{37}{6}x+12$.

例 1.18 求解齐次方程组 $\begin{cases}x_1+x_2+x_3=0,\\x_1+2x_2+3x_3=0,\\x_1+3x_2+6x_3=0.\end{cases}$

解 由于

$$D=\begin{vmatrix}1&1&1\\1&2&3\\1&3&6\end{vmatrix}=\begin{vmatrix}1&1&1\\0&1&2\\0&2&5\end{vmatrix}=1\neq 0,$$

由定理 1.6 可知,方程组有唯一解——零解.

例 1.19 λ 为何值时,关于 x_1,x_2,x_3 的线性方程组

$$\begin{cases}(1-\lambda)x_1-2x_2+4x_3=0,\\2x_1+(3-\lambda)x_2+x_3=0,\\x_1+x_2+(1-\lambda)x_3=0\end{cases}$$

有非零解?

解 根据线性齐次方程组解的结论,若存在非零解,则其系数行列式 $D=0$,即

$$D=\begin{vmatrix}1-\lambda & -2 & 4\\ 2 & 3-\lambda & 1\\ 1 & 1 & 1-\lambda\end{vmatrix}=\begin{vmatrix}0 & \lambda-3 & -(\lambda-1)^2+4\\ 0 & 1-\lambda & 2\lambda-1\\ 1 & 1 & 1-\lambda\end{vmatrix}$$

$$=\begin{vmatrix}\lambda-3 & -(\lambda^2-2\lambda-3)\\ 1-\lambda & 2\lambda-1\end{vmatrix}=\begin{vmatrix}\lambda-3 & -(\lambda-3)(1+\lambda)\\ 1-\lambda & 2\lambda-1\end{vmatrix}$$

$$=(\lambda-3)\begin{vmatrix}1 & -(1+\lambda)\\ 1-\lambda & 2\lambda-1\end{vmatrix}=\lambda(\lambda-3)(2-\lambda)=0.$$

从而得 $\lambda=0$ 或 $\lambda=2$ 或 $\lambda=3$，即当 $\lambda=0$ 或 $\lambda=2$ 或 $\lambda=3$ 时，方程组有非零解.

例 1.20 设 a_1,a_2,a_3 互不相同，证明对任意的 b_1,b_2,b_3，线性方程组

$$\begin{cases}x_1+x_2+x_3=b_1,\\ a_1x_1+a_2x_2+a_3x_3=b_2,\\ a_1^2x_1+a_2^2x_2+a_3^2x_3=b_3\end{cases}$$

有唯一解.

证明 讨论方程组解的唯一性问题，可以归结为求其系数行列式 D，当 $D\neq0$ 时，方程组必有唯一解. 由于

$$D=\begin{vmatrix}1 & 1 & 1\\ a_1 & a_2 & a_3\\ a_1^2 & a_2^2 & a_3^2\end{vmatrix}=(a_3-a_2)(a_3-a_1)(a_2-a_1),$$

且 a_1,a_2,a_3 互不相同，因此 $D\neq0$，从而对任意的 b_1,b_2,b_3，方程组有唯一解.

习题 1.5

一、求线性方程组 $\begin{cases}x_1+x_2+x_3=1,\\ x_1+2x_2+3x_3=0,\\ 4x_1+8x_2+10x_3=1\end{cases}$ 的解.

二、求线性方程组 $\begin{cases}x_1+x_2+x_3=0,\\ x_1-x_2+2x_3=0,\\ x_1-3x_2-x_3=0\end{cases}$ 的解.

三、试讨论当 λ 为何值时，关于 x_1,x_2,x_3 的线性方程组 $\begin{cases}x_1+2x_2-x_3=4,\\ x_2+x_3=2,\\ (\lambda-2)x_3=\lambda\end{cases}$ 有唯一解，并求出解.

四、试讨论当 k 为何值时，关于 x_1,x_2,x_3 的线性方程组 $\begin{cases}kx_1+2x_2+x_3=0,\\ 2x_1+kx_2=0,\\ x_1-x_2+x_3=0\end{cases}$ 只有零解，有非零解.

第 1 章总复习题

一、填空题

1. 若 $a_{12}a_{3i}a_{2j}a_{51}a_{44}$ 是 5 阶行列式中带负号的项,则 $i=$____,$j=$____.

2. 已知 4 阶行列式中,第 2 列元素依次为 1,2,3,4,其对应的余子式依次为 3,2,1,0,则该行列式的值为________.

3. 设 a,b 为实数,且 $\begin{vmatrix} a & b & 0 \\ -b & a & 0 \\ 100 & 0 & -1 \end{vmatrix}=0$,则 $a=$______,$b=$______.

4. n 阶行列式 $|a_{ij}|$ 展开式中,含 $a_{11}a_{22}$ 的项共______项.

5. 若一个 n 阶行列式中至少有 n^2-n+1 个元素等于 0,则这个行列式的值等于______.

6. 设 $D=\begin{vmatrix} 3 & -1 & 2 & 4 \\ 1 & 1 & 1 & 1 \\ -2 & 7 & 5 & 3 \\ 0 & 2 & 6 & 2 \end{vmatrix}$,则 $A_{31}+A_{32}+A_{33}+A_{34}=$______.

7. 设 $\begin{vmatrix} 1 & 2 & 3 & 4 & 5 \\ 2 & 2 & 2 & 1 & 1 \\ 3 & 1 & 2 & 3 & 4 \\ 1 & 1 & 1 & 2 & 2 \\ 4 & 3 & 1 & 5 & 0 \end{vmatrix}$,则 $A_{31}+A_{32}+A_{33}=$______,$A_{34}+A_{35}=$______.

8. 若 $\begin{vmatrix} a & b & c & d \\ 0 & a_{11} & a_{12} & a_{13} \\ 0 & a_{21} & a_{22} & a_{23} \\ 0 & a_{31} & a_{32} & a_{33} \end{vmatrix}=1(a\neq 0)$,则 $\begin{vmatrix} 0 & a_{11} & a_{12} & a_{13} \\ 0 & a_{21} & a_{22} & a_{23} \\ 0 & a_{31} & a_{32} & a_{33} \\ a & b & c & d \end{vmatrix}=$______,

$\begin{vmatrix} a_{11} & a_{12} & a_{13} \\ a_{21} & a_{22} & a_{23} \\ a_{31} & a_{32} & a_{33} \end{vmatrix}=$______.

二、单项选择题

1. 已知排列 $1r46s97t3$ 为奇排列,则 r,s,t 分别为______.

A. $r=2,s=5,t=8$　　B. $r=2,s=8,t=5$

C. $r=5,s=2,t=8$　　D. $r=8,s=5,t=2$

2. 对于以 a_{ij} 为元素的 n 阶行列式,则 $a_{12}a_{23}a_{34}\cdots a_{n-1,n}a_{n1}$ 在行列式展开式中的符号为______.

A. 正　　B. 负　　C. $(-1)^n$　　D. $(-1)^{n-1}$

3. 设 $D=\begin{vmatrix}1&0&1&2\\-1&1&0&3\\1&1&1&0\\-1&2&5&4\end{vmatrix}$，则 $D=$______.

A. $A_{31}+A_{32}+A_{33}+A_{34}$　　B. $-A_{31}+2A_{32}+5A_{33}+4A_{34}$

C. $A_{13}+A_{33}+5A_{43}$

D. $(-1)^{1+4}M_{14}+(-1)^{2+4}M_{24}+(-1)^{3+4}M_{34}+(-1)^{4+4}M_{44}$

4. 设 $D=\begin{vmatrix}a_{11}&a_{12}&a_{13}&a_{14}\\a_{21}&a_{22}&a_{23}&a_{24}\\a_{31}&a_{32}&a_{33}&a_{34}\\a_{41}&a_{42}&a_{43}&a_{44}\end{vmatrix}$，则下列各式中______不一定与 D 相等.

A. $\begin{vmatrix}a_{41}&a_{42}&a_{43}&a_{44}\\a_{31}&a_{32}&a_{33}&a_{34}\\a_{21}&a_{22}&a_{23}&a_{24}\\a_{11}&a_{12}&a_{13}&a_{14}\end{vmatrix}$　　B. $\begin{vmatrix}a_{11}+1&a_{12}+1&a_{13}+1&a_{14}+1\\a_{21}+1&a_{22}+1&a_{23}+1&a_{24}+1\\a_{31}+1&a_{32}+1&a_{33}+1&a_{34}+1\\a_{41}+1&a_{42}+1&a_{43}+1&a_{44}+1\end{vmatrix}$

C. $\begin{vmatrix}-a_{11}&-a_{12}&-a_{13}&-a_{14}\\-a_{21}&-a_{22}&-a_{23}&-a_{24}\\-a_{31}&-a_{32}&-a_{33}&-a_{34}\\-a_{41}&-a_{42}&-a_{43}&-a_{44}\end{vmatrix}$　　D. $\begin{vmatrix}a_{11}&a_{21}&a_{31}&a_{41}\\a_{12}&a_{22}&a_{32}&a_{42}\\a_{13}&a_{23}&a_{33}&a_{43}\\a_{14}&a_{24}&a_{34}&a_{44}\end{vmatrix}$

5. 设 $f(x)=\begin{vmatrix}1&1&1\\3-x&5-3x^2&3x^2-1\\2x^2-1&3x^5-1&7x^8-1\end{vmatrix}$，则 $f(x)$ 满足罗尔定理的区间为______.

A. $[-1,0]$　　B. $(-1,0)$　　C. $[0,1]$　　D. $(0,1)$

三、计算下列行列式：

1. $\begin{vmatrix}1&2&3&4&5\\1&1&2&3&4\\1&x&1&2&3\\1&x&x&1&2\\1&x&x&x&1\end{vmatrix}$；　　2. $\begin{vmatrix}a&b&c&d\\a^2&b^2&c^2&d^2\\a^3&b^3&c^3&d^3\\b+c+d&a+c+d&a+b+d&a+b+c\end{vmatrix}$；

3. $\begin{vmatrix}1&2&2&\cdots&2\\2&2&2&\cdots&2\\2&2&3&\cdots&2\\\vdots&\vdots&\vdots&&\vdots\\2&2&2&\cdots&n\end{vmatrix}$.

四、求线性方程组 $\begin{cases}3x_1-x_2+5x_3=2,\\x_1-x_2+2x_3=1,\\x_1-2x_2-x_3=5\end{cases}$ **的解.**

五、问 a,b 取什么值时，关于 x_1,x_2,x_3 的线性方程组 $\begin{cases}ax_1+x_2+x_3=0,\\x_1+bx_2+x_3=0,\\x_1+2bx_2+x_3=0\end{cases}$ 只有零解？有非零解？

六、设行列式 $D=\begin{vmatrix}1&2&3&4\\3&3&4&4\\1&5&6&7\\1&1&2&2\end{vmatrix}=-6$，$A_{4j}$ 为 $a_{4j}(j=1,2,3,4)$ 的代数余子式，求 $A_{41}+A_{42}$ 和 $A_{43}+A_{44}$ 的值.

第1章综合提升题

1. 行列式 $\begin{vmatrix}0&a&b&0\\a&0&0&b\\0&c&d&0\\c&0&0&d\end{vmatrix}=(\quad)$.

A. $(ad-bc)^2$　　B. $-(ad-bc)^2$　　C. $a^2d^2-b^2c^2$　　D. $b^2c^2-a^2d^2$

2. 多项式 $f(x)=\begin{vmatrix}x&x&1&2x\\1&x&2&-1\\2&1&x&1\\2&-1&1&x\end{vmatrix}$ 的 x^3 项的系数为________.

3. 行列式 $\begin{vmatrix}\lambda&-1&0&0\\0&\lambda&-1&0\\0&0&\lambda&-1\\4&3&2&\lambda+1\end{vmatrix}=$________.

4. 行列式 $\begin{vmatrix}a&0&-1&1\\0&a&1&-1\\-1&1&a&0\\1&-1&0&a\end{vmatrix}=$________.

5. n 阶行列式 $\begin{vmatrix}2&0&\cdots&0&2\\-1&2&\cdots&0&2\\\vdots&\ddots&\ddots&\vdots&\vdots\\0&0&\ddots&2&2\\0&0&\cdots&-1&2\end{vmatrix}=$________.

6. 求 $\begin{vmatrix}246&427&327\\1014&543&443\\-342&721&621\end{vmatrix}$.

7. 问 a,b 满足什么条件时,关于 $x_1,x_2,\cdots,x_5$ 的线性方程组

$$\begin{cases} ax_1+ax_2+ax_3+ax_4+bx_5=0, \\ ax_1+ax_2+ax_3+bx_4+ax_5=0, \\ ax_1+ax_2+bx_3+ax_4+ax_5=0, \\ ax_1+bx_2+ax_3+ax_4+ax_5=0, \\ bx_1+ax_2+ax_3+ax_4+ax_5=0 \end{cases}$$

只有零解?

第2章

矩 阵

在数学中，矩阵(matrix)是一个按照长方阵排列的复数或实数集合，是数学中的一个重要概念，也是数学研究和应用的一个重要工具.

“矩阵”这个词是由英国数学家西尔维斯特(Sylvester)首先使用的(参见图 2.1)，他是为了将数字的矩形阵列区别于行列式而发明了这个术语.后来，英国数学家凯莱(Cayley)首先把矩阵作为一个独立的数学概念提出来(参见图 2.2)，并首先发表了关于这个题目的一系列文章.1858 年，他发表了关于这一课题的第一篇论文《矩阵论的研究报告》，系统地阐述了关于矩阵的理论，定义了矩阵的相等、矩阵的运算法则、矩阵的转置以及矩阵的逆等一系列基本概念，指出了矩阵加法的可交换性与可结合性.另外，凯莱还给出了方阵的特征方程和特征根(特征值)以及有关矩阵的一些基本结果.他被公认为矩阵论的奠基人.

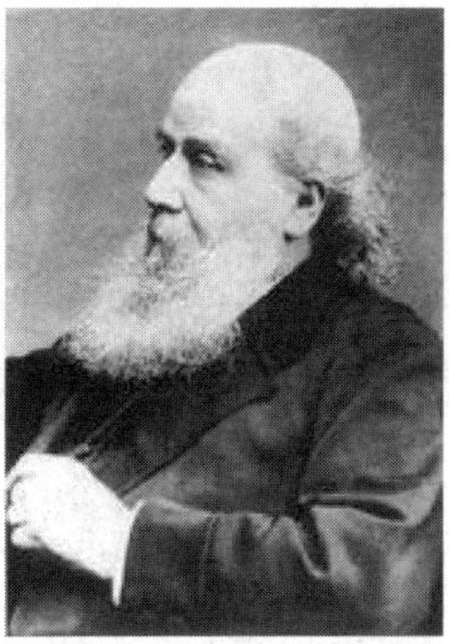

图 2.1　西尔维斯特

图 2.2　凯莱

1855 年，法国数学家埃尔米特(C. Hermite)证明了一些矩阵的特征根的特殊性质，如埃尔米特矩阵(Hermitian matrix)的特征根性质.泰伯(H. Taber)引入矩阵的迹的概念并给出了一些有关的结论.1879 年，德国数学家弗罗贝尼乌斯(Frobenius)引入矩阵秩的概念，并给出了最小度向量不变因子和初等因子的正交矩阵、相似矩阵等概念，为矩阵理论的发展做出了重要贡献.若尔当(C. Jordan)研究了矩阵化为标准型的问题，进一步扩展了矩阵理论的应用.

矩阵是线性代数研究的主要内容之一，作为一种工具在 20 世纪得到了进一步的发展，矩阵及其理论现已广泛地应用于现代科技的各个领域，成为物理、数据处理、人工智能、系统控制、信息处理、通信、生物制药、统计、经济学等多个学科中的重要工具.

本章主要讨论矩阵、逆矩阵、分块矩阵、初等矩阵的运算及性质和矩阵的秩.

2.1 矩阵的基本概念

2.1.1 矩阵的概念

矩阵是从许多实际问题中抽象出来的一个数学概念,应用范围广泛.

引例 某班级统计前4名参加数学竞赛的高数、线代、概率的成绩,结果如表2.1所列.

表 2.1 成绩统计表 (单位:分)

科目 \ 名次	第一名	第二名	第三名	第四名
高数	100	99	98	95
线代	98	98	100	99
概率	99	97	95	96

则表中的数据可用一个数表来表示

$$\begin{pmatrix} 100 & 99 & 98 & 95 \\ 98 & 98 & 100 & 99 \\ 99 & 97 & 95 & 96 \end{pmatrix}.$$

数表中每一个数据表示前四名中某位学生相对应的成绩.

定义 2.1 由数域 F 中的 $m\times n$ 个数 $a_{ij}(i=1,2,\cdots,m;\ j=1,2,\cdots,n)$,排成一个 m 行 n 列的数表

$$\boldsymbol{A}=\begin{pmatrix} a_{11} & a_{12} & \cdots & a_{1n} \\ a_{21} & a_{22} & \cdots & a_{2n} \\ \vdots & \vdots & & \vdots \\ a_{m1} & a_{m2} & \cdots & a_{mn} \end{pmatrix}$$

称为 m 行 n 列的**矩阵**,简称 $m\times n$ 矩阵. 记为 $\boldsymbol{A}_{m\times n}$,其中 a_{ij} 称为矩阵 $\boldsymbol{A}_{m\times n}$ 第 i 行,第 j 列的元素.

我们常用字母 $\boldsymbol{A},\boldsymbol{B},\boldsymbol{C}$ 等表示矩阵,一个 $m\times n$ 矩阵也可简记为

$$\boldsymbol{A}=\boldsymbol{A}_{m\times n}=(a_{ij})_{m\times n} \quad 或 \quad \boldsymbol{A}=(a_{ij}).$$

2.1.2 特殊的矩阵

1. 当 $m=n$ 时,矩阵

$$\boldsymbol{A}=(a_{ij})_{n\times n}=\begin{pmatrix} a_{11} & a_{12} & \cdots & a_{1n} \\ a_{21} & a_{22} & \cdots & a_{2n} \\ \vdots & \vdots & & \vdots \\ a_{n1} & a_{n2} & \cdots & a_{nn} \end{pmatrix}$$

称为 n 阶矩阵或 n 阶方阵.

2. 当 $m=1$ 时,矩阵 $\boldsymbol{A}=(a_{ij})_{1\times n}=(a_{11},a_{11},\cdots,a_{1n})$称为**行矩阵**.

3. 当 $n=1$ 时,矩阵

$$\boldsymbol{A}=(a_{ij})_{m\times 1}=\begin{pmatrix}a_{11}\\a_{21}\\\vdots\\a_{m1}\end{pmatrix}$$

称为**列矩阵**.

4. 当矩阵中所有元素都是零时,称该矩阵为**零矩阵**,记作 $\boldsymbol{0}$ 或 $\boldsymbol{0}_{m\times n}$,即

$$\boldsymbol{0}=\begin{pmatrix}0&0&\cdots&0\\0&0&\cdots&0\\\vdots&\vdots&&\vdots\\0&0&\cdots&0\end{pmatrix}_{m\times n}.$$

5. 若在 n 阶方阵 $\boldsymbol{A}=(a_{ij})$中,除主对角线元素 $a_{11},a_{22},\cdots,a_{nn}$ 外其余元素均为 0,则称为**对角矩阵**,即

$$\boldsymbol{A}=\begin{pmatrix}a_{11}&0&\cdots&0\\0&a_{22}&\cdots&0\\\vdots&\vdots&\ddots&\vdots\\0&0&\cdots&a_{nn}\end{pmatrix},\quad \text{简记为}\ \boldsymbol{A}=\begin{pmatrix}a_{11}&&&\\&a_{22}&&\\&&\ddots&\\&&&a_{nn}\end{pmatrix},$$

也可以记作 $\boldsymbol{A}=\mathrm{diag}(a_{11},a_{22},\cdots,a_{nn})$.

6. 当 n 阶对角矩阵的主对角线上的元素都是 1,而其他元素都是零时,则称此 n 阶矩阵为**单位矩阵**,记为 $\boldsymbol{E}$ 或 $\boldsymbol{E}_n$(也可记为 $\boldsymbol{I}$ 或 $\boldsymbol{I}_n$),即

$$\boldsymbol{E}=\begin{pmatrix}1&0&\cdots&0\\0&1&\cdots&0\\\vdots&\vdots&\ddots&\vdots\\0&0&\cdots&1\end{pmatrix}.$$

对于对角矩阵 $\mathrm{diag}(a_{11},a_{22},\cdots,a_{nn})$,当 $a_{11}=a_{22}=\cdots=a_{nn}=k$ 时,对角矩阵

$$\begin{pmatrix}k&&&\\&k&&\\&&\ddots&\\&&&k\end{pmatrix},$$

称为 n 阶**数量矩阵**,记作 $k\boldsymbol{E}$.

7. 对于矩阵 $\boldsymbol{A}=(a_{ij})_{m\times n}$,称$(-a_{ij})_{m\times n}$ 为 $\boldsymbol{A}$ 的**负矩阵**,记为$-\boldsymbol{A}$.

$$-\boldsymbol{A}=\begin{pmatrix}-a_{11}&-a_{12}&\cdots&-a_{1n}\\-a_{21}&-a_{22}&\cdots&-a_{2n}\\\vdots&\vdots&&\vdots\\-a_{m1}&-a_{m2}&\cdots&-a_{mn}\end{pmatrix}$$

8. 设 $\boldsymbol{A}=(a_{ij})$,$\boldsymbol{B}=(b_{ij})$都是 $m\times n$ 矩阵,则称 $\boldsymbol{A}$ 与 $\boldsymbol{B}$ 是**同型矩阵**,若它们的对应元

素相等,即

$$a_{ij}=b_{ij},\quad i=1,2,\cdots,m,j=1,2,\cdots,n,$$

则称矩阵 $\boldsymbol{A}$ 与 $\boldsymbol{B}$ 相等,记为 $\boldsymbol{A}=\boldsymbol{B}$.

9. 设 $m\times n$ 矩阵

$$\boldsymbol{A}=\begin{pmatrix} a_{11} & a_{12} & \cdots & a_{1n} \\ a_{21} & a_{22} & \cdots & a_{2n} \\ \vdots & \vdots & & \vdots \\ a_{m1} & a_{m2} & \cdots & a_{mn} \end{pmatrix},$$

将 $\boldsymbol{A}$ 的行变成列,所得的 $n\times m$ 矩阵

$$\begin{pmatrix} a_{11} & a_{21} & \cdots & a_{m1} \\ a_{12} & a_{22} & \cdots & a_{m2} \\ \vdots & \vdots & & \vdots \\ a_{1n} & a_{2n} & \cdots & a_{mn} \end{pmatrix},$$

称为矩阵 $\boldsymbol{A}$ 的**转置矩阵**,记为 $\boldsymbol{A}^{\mathrm{T}}$.

例如,$\boldsymbol{A}=\begin{pmatrix} 2 & 1 & 4 & 0 \\ -3 & 0 & 1 & -2 \end{pmatrix}$,则 $\boldsymbol{A}^{\mathrm{T}}=\begin{pmatrix} 2 & -3 \\ 1 & 0 \\ 4 & 1 \\ 0 & -2 \end{pmatrix}$.

显然有 $(\boldsymbol{A}^{\mathrm{T}})^{\mathrm{T}}=\boldsymbol{A}$.

10. 形如

$$\begin{pmatrix} a_{11} & a_{12} & \cdots & a_{1n} \\ 0 & a_{22} & \cdots & a_{2n} \\ \vdots & \vdots & \ddots & \vdots \\ 0 & 0 & \cdots & a_{nn} \end{pmatrix}$$

的 n 阶方阵,即主对角线下方的元素全为零的方阵称为**上三角形矩阵**.

形如

$$\begin{pmatrix} a_{11} & 0 & \cdots & 0 \\ a_{21} & a_{22} & \cdots & 0 \\ \vdots & \vdots & \ddots & \vdots \\ a_{n1} & a_{n2} & \cdots & a_{nn} \end{pmatrix}$$

的 n 阶方阵,即主对角线上方的元素全为零的方阵称为**下三角形矩阵**.

显然,上(下)三角形矩阵的转置是下(上)三角形矩阵.

例如,

$$\boldsymbol{A}=\begin{pmatrix} 1 & -4 & -1 & 3 \\ 0 & 2 & 1 & 0 \\ 0 & 0 & 1 & 2 \\ 0 & 0 & 0 & 3 \end{pmatrix}$$

是上三角形矩阵，

$$\boldsymbol{A}^{\mathrm{T}}=\begin{pmatrix}1&0&0&0\\-4&2&0&0\\-1&1&1&0\\3&0&2&3\end{pmatrix}$$

是下三角形矩阵.

11. 如果 n 阶矩阵 $\boldsymbol{A}$ 满足 $\boldsymbol{A}^{\mathrm{T}}=\boldsymbol{A}$，则称 $\boldsymbol{A}$ 为**对称矩阵**.

由定义知，对称矩阵 $\boldsymbol{A}=(a_{ij})$ 中的元素 $a_{ij}=a_{ji}(i,j=1,2,\cdots,n)$，因此，对称矩阵的形式为

$$\boldsymbol{A}=\begin{pmatrix}a_{11}&a_{12}&\cdots&a_{1n}\\a_{12}&a_{22}&\cdots&a_{2n}\\\vdots&\vdots&&\vdots\\a_{1n}&a_{2n}&\cdots&a_{nn}\end{pmatrix}.$$

如 $\begin{pmatrix}2&3&-1\\3&5&0\\-1&0&1\end{pmatrix}$ 为对称矩阵.

12. 如果 n 阶矩阵 $\boldsymbol{A}$ 满足 $\boldsymbol{A}^{\mathrm{T}}=-\boldsymbol{A}$，则称 $\boldsymbol{A}$ 为**反对称矩阵**.

由定义知，对称矩阵 $\boldsymbol{A}=(a_{ij})$ 中的元素 $a_{ij}=-a_{ji}(i,j=1,2,\cdots,n)$，因此，反对称矩阵的形式为

$$\boldsymbol{A}=\begin{pmatrix}0&a_{12}&\cdots&a_{1n}\\-a_{12}&0&\cdots&a_{2n}\\\vdots&\vdots&\ddots&\vdots\\-a_{1n}&-a_{2n}&\cdots&0\end{pmatrix}.$$

如 $\begin{pmatrix}0&2&-1\\-2&0&3\\1&-3&0\end{pmatrix}$ 为反对称矩阵.

习题 2.1

1. 试确定 a,b,c,d 的值，使得

$$\begin{pmatrix}1&3&4\\a&b+c&7\\2&5&a+b\end{pmatrix}=\begin{pmatrix}1&a&4\\d&6&a+c\\2&a+b&5\end{pmatrix}.$$

2. 比较 n 阶矩阵与 n 阶行列式的区别与联系.

2.2 矩阵的运算

矩阵的运算是矩阵之间最基本的关系. 本节主要介绍矩阵的加法、数乘及乘法运算的相关性质.

2.2.1 矩阵的加法运算及运算性质

定义 2.2 设

$$\boldsymbol{A}=\begin{pmatrix} a_{11} & a_{12} & \cdots & a_{1n} \\ a_{21} & a_{22} & \cdots & a_{2n} \\ \vdots & \vdots & & \vdots \\ a_{m1} & a_{m2} & \cdots & a_{mn} \end{pmatrix}, \quad \boldsymbol{B}=\begin{pmatrix} b_{11} & b_{12} & \cdots & b_{1n} \\ b_{21} & b_{22} & \cdots & b_{2n} \\ \vdots & \vdots & & \vdots \\ b_{m1} & b_{m2} & \cdots & b_{mn} \end{pmatrix}$$

是两个 $m\times n$ 矩阵,则矩阵

$$\boldsymbol{C}=\boldsymbol{A}+\boldsymbol{B}=\begin{pmatrix} c_{11} & c_{12} & \cdots & c_{1n} \\ c_{21} & c_{22} & \cdots & c_{2n} \\ \vdots & \vdots & & \vdots \\ c_{m1} & c_{m2} & \cdots & c_{mn} \end{pmatrix}=\begin{pmatrix} a_{11}+b_{11} & a_{12}+b_{12} & \cdots & a_{1n}+b_{1n} \\ a_{21}+b_{21} & a_{22}+b_{22} & \cdots & a_{2n}+b_{2n} \\ \vdots & \vdots & & \vdots \\ a_{m1}+b_{m1} & a_{m2}+b_{m2} & \cdots & a_{mn}+b_{mn} \end{pmatrix}$$

称为 $\boldsymbol{A}$ 与 $\boldsymbol{B}$ 的和,记为 $\boldsymbol{C}=\boldsymbol{A}+\boldsymbol{B}$.

注意 相加的两个矩阵必须是同型矩阵,两个矩阵的和就等于两个矩阵对应元素相加得到的矩阵.

因此容易验证,矩阵的加法具有以下性质:

性质 2.1 设 $\boldsymbol{A},\boldsymbol{B},\boldsymbol{C}$ 均为 $m\times n$ 矩阵,则有:

(1) $\boldsymbol{A}+\boldsymbol{B}=\boldsymbol{B}+\boldsymbol{A}$;

(2) $(\boldsymbol{A}+\boldsymbol{B})+\boldsymbol{C}=\boldsymbol{A}+(\boldsymbol{B}+\boldsymbol{C})$;

(3) $\boldsymbol{A}+\boldsymbol{0}=\boldsymbol{A}$;

(4) $\boldsymbol{A}+(-\boldsymbol{A})=\boldsymbol{0}$;

(5) 由矩阵的加法和负矩阵的定义,定义矩阵的减法:$\boldsymbol{A}-\boldsymbol{B}=\boldsymbol{A}+(-\boldsymbol{B})$.

(6) $(\boldsymbol{A}+\boldsymbol{B})^{\mathrm{T}}=\boldsymbol{A}^{\mathrm{T}}+\boldsymbol{B}^{\mathrm{T}}$,进一步推广到 n 个矩阵的和

$$(\boldsymbol{A}_1+\boldsymbol{A}_2+\cdots+\boldsymbol{A}_n)^{\mathrm{T}}=\boldsymbol{A}_1^{\mathrm{T}}+\boldsymbol{A}_2^{\mathrm{T}}+\cdots+\boldsymbol{A}_n^{\mathrm{T}}.$$

2.2.2 矩阵的数乘运算及运算性质

定义 2.3 设矩阵

$$\boldsymbol{A}=\begin{pmatrix} a_{11} & a_{12} & \cdots & a_{1n} \\ a_{21} & a_{22} & \cdots & a_{2n} \\ \vdots & \vdots & & \vdots \\ a_{m1} & a_{m2} & \cdots & a_{mn} \end{pmatrix},$$

k 是数域 F 中任一个数,矩阵

$$k\boldsymbol{A}=\begin{pmatrix} ka_{11} & ka_{12} & \cdots & ka_{1n} \\ ka_{21} & ka_{22} & \cdots & ka_{2n} \\ \vdots & \vdots & & \vdots \\ ka_{m1} & ka_{m2} & \cdots & ka_{mn} \end{pmatrix}$$

称为数 k 与矩阵 $\boldsymbol{A}$ 的数量乘积,记为 $k\boldsymbol{A}$.

注意 用数乘一个矩阵,就是把矩阵的每个元素都乘上 k,而不是用 k 乘矩阵的某一行(列).

不难验证,矩阵的数量乘法具有以下性质.

性质 2.2 设 $\boldsymbol{A},\boldsymbol{B}$ 为 $m\times n$ 矩阵,k,l 为数域 F 中的任意数,则有:

(1) $k(\boldsymbol{A}+\boldsymbol{B})=k\boldsymbol{A}+k\boldsymbol{B}$;

(2) $(k+l)\boldsymbol{A}=k\boldsymbol{A}+l\boldsymbol{B}$;

(3) $(kl)\boldsymbol{A}=k(l\boldsymbol{A})=l(k\boldsymbol{A})$;

(4) $1\boldsymbol{A}=\boldsymbol{A}$; $0\boldsymbol{A}=\boldsymbol{0}$;

(5) $(k\boldsymbol{A})^{\mathrm{T}}=k\boldsymbol{A}^{\mathrm{T}}$.

例 2.1 已知矩阵 $\boldsymbol{A}=\begin{pmatrix}0&1&2&1\\3&-1&1&0\\5&3&0&1\end{pmatrix}$,$\boldsymbol{B}=\begin{pmatrix}1&0&2&0\\1&2&0&2\\4&1&2&1\end{pmatrix}$,且 $\boldsymbol{A}+3\boldsymbol{X}=\boldsymbol{B}$,求 $\boldsymbol{X}$.

解 由 $\boldsymbol{A}+3\boldsymbol{X}=\boldsymbol{B}$ 得

$$\boldsymbol{X}=\frac{1}{3}(\boldsymbol{B}-\boldsymbol{A})=\frac{1}{3}\begin{pmatrix}1&-1&0&-1\\-2&3&-1&2\\-1&-2&2&0\end{pmatrix}.$$

2.2.3 矩阵的乘法运算及运算性质

定义 2.4 设矩阵 $\boldsymbol{A}=(a_{ik})_{m\times s}$,$\boldsymbol{B}=(b_{kj})_{s\times n}$,则由元素

$$c_{ij}=a_{i1}b_{1j}+a_{i2}b_{2j}+\cdots+a_{is}b_{sj},\quad i=1,2,\cdots,m;\ j=1,2,\cdots,n$$

构成的 $m\times n$ 矩阵 $\boldsymbol{C}=(c_{ij})_{m\times n}$ 称为矩 $\boldsymbol{A}$ 与 $\boldsymbol{B}$ 的**乘积**,记为 $\boldsymbol{C}=\boldsymbol{AB}$.

注意 (1) 左矩阵 $\boldsymbol{A}_{m\times s}$ 的列数必须等于右矩阵 $\boldsymbol{B}_{s\times n}$ 的行数,矩阵 $\boldsymbol{A}$ 与矩阵 $\boldsymbol{B}$ 才可以相乘,且相乘所得的矩阵 $\boldsymbol{C}$ 的行数等于左矩阵 $\boldsymbol{A}$ 的行数 m,列数等于右矩阵 $\boldsymbol{B}$ 的列数 n,即 $\boldsymbol{A}_{m\times s}\boldsymbol{B}_{s\times n}=\boldsymbol{C}_{m\times n}$,运算口诀可记为"**中间相等,取两头**".

(2) 矩阵 $\boldsymbol{A}$ 与矩阵 $\boldsymbol{B}$ 的乘积 $\boldsymbol{C}$ 的第 i 行,第 j 列的元素 c_{ij} 等于左矩阵 $\boldsymbol{A}$ 的第 i 行与右矩阵 $\boldsymbol{B}$ 的第 j 列的对应元素的乘积之和,即

$$c_{ij}=(a_{i1}\quad a_{i2}\quad\cdots\quad a_{is})\begin{pmatrix}b_{1j}\\b_{2j}\\\vdots\\b_{sj}\end{pmatrix}\qquad i=1,2,\cdots,m;\ j=1,2,\cdots,n.$$

例 2.2 设 $\boldsymbol{C}$ 是 $n\times m$ 矩阵,若有矩阵 $\boldsymbol{A},\boldsymbol{B}$,使得 $\boldsymbol{AC}=\boldsymbol{C}^{\mathrm{T}}\boldsymbol{B}$,则 $\boldsymbol{A}$ 是______矩阵,$\boldsymbol{B}$ 是______矩阵.

解 此题主要考察矩阵相乘的条件和结论.根据矩阵乘法的运算规律,$\boldsymbol{A}$ 矩阵的列数与 $\boldsymbol{C}$ 矩阵的行数相等,故为 n;$\boldsymbol{B}$ 矩阵的行数与 $\boldsymbol{C}^{\mathrm{T}}$ 矩阵的列数相等,故为 n;又因为矩阵 $\boldsymbol{AC}$ 的行数为 $\boldsymbol{A}$ 矩阵的行数,列数为 $\boldsymbol{C}$ 矩阵的列数 m,矩阵 $\boldsymbol{C}^{\mathrm{T}}\boldsymbol{B}$ 的行数为 $\boldsymbol{C}^{\mathrm{T}}$ 矩阵的行数 m,列数为 $\boldsymbol{B}$ 矩阵的列数,故 $\boldsymbol{AC}=\boldsymbol{C}^{\mathrm{T}}\boldsymbol{B}$ 为 $m\times m$ 矩阵,从而 $\boldsymbol{A}$ 为 $m\times n$ 矩阵,$\boldsymbol{B}$ 为 $n\times m$ 矩阵.

例 2.3 设 $\boldsymbol{A}=\begin{pmatrix}1&3&5\\3&4&7\end{pmatrix}$，$\boldsymbol{B}=\begin{pmatrix}2&1\\0&-2\\-3&0\end{pmatrix}$，求 $\boldsymbol{AB}$，$\boldsymbol{BA}$.

解 $\boldsymbol{AB}=\begin{pmatrix}1&3&5\\3&4&7\end{pmatrix}\begin{pmatrix}2&1\\0&-2\\-3&0\end{pmatrix}$

$$=\begin{pmatrix}1\times2+3\times0+5\times(-3)&1\times1+3\times(-2)+5\times0\\3\times2+4\times0+7\times(-3)&3\times1+4\times(-2)+7\times0\end{pmatrix}=\begin{pmatrix}-13&-5\\-15&-5\end{pmatrix}.$$

$\boldsymbol{BA}=\begin{pmatrix}2&1\\0&-2\\-3&0\end{pmatrix}\begin{pmatrix}1&3&5\\3&4&7\end{pmatrix}$

$$=\begin{pmatrix}2\times1+1\times3&2\times3+1\times4&2\times5+1\times7\\0\times1+(-2)\times3&0\times3+(-2)\times4&0\times5+(-2)\times7\\(-3)\times1+0\times3&(-3)\times3+0\times4&(-3)\times5+0\times7\end{pmatrix}=\begin{pmatrix}5&10&17\\-6&-8&-14\\-3&-9&-15\end{pmatrix}.$$

由此可以得到：虽然 $\boldsymbol{AB}$ 与 $\boldsymbol{BA}$ 都有意义，但 $\boldsymbol{AB}\neq\boldsymbol{BA}$. 若矩阵 $\boldsymbol{A}$ 与矩阵 $\boldsymbol{B}$ 满足 $\boldsymbol{AB}=\boldsymbol{BA}$，则称矩阵 $\boldsymbol{A}$ 与矩阵 $\boldsymbol{B}$ 可交换. 此例说明**两个矩阵的乘积一般不满足交换律**.

例 2.4 设 $\boldsymbol{A}=\begin{pmatrix}1&1\\-2&-2\end{pmatrix}$，$\boldsymbol{B}=\begin{pmatrix}1&-1\\-1&1\end{pmatrix}$，求 $\boldsymbol{AB}$.

解 $\boldsymbol{AB}=\begin{pmatrix}1&1\\-2&-2\end{pmatrix}\begin{pmatrix}1&-1\\-1&1\end{pmatrix}=\begin{pmatrix}0&0\\0&0\end{pmatrix}$.

由此可以得到：**两个非零矩阵的乘积可以是零矩阵**.

例 2.5 设 $\boldsymbol{A}=\begin{pmatrix}2&3\\5&4\end{pmatrix}$，$\boldsymbol{B}=\begin{pmatrix}7&3\\8&4\end{pmatrix}$，$\boldsymbol{C}=\begin{pmatrix}0&0\\2&2\end{pmatrix}$，求 $\boldsymbol{AC}$ 和 $\boldsymbol{BC}$.

解 $\boldsymbol{AC}=\begin{pmatrix}2&3\\5&4\end{pmatrix}\begin{pmatrix}0&0\\2&2\end{pmatrix}=\begin{pmatrix}6&6\\8&8\end{pmatrix}$，　$\boldsymbol{BC}=\begin{pmatrix}7&3\\8&4\end{pmatrix}\begin{pmatrix}0&0\\2&2\end{pmatrix}=\begin{pmatrix}6&6\\8&8\end{pmatrix}$.

由此可以得到：虽然 $\boldsymbol{AC}=\boldsymbol{BC}$，$\boldsymbol{C}\neq\boldsymbol{0}$，不能推出 $\boldsymbol{A}=\boldsymbol{B}$，也就是说**两个矩阵的乘积一般不满足消去律**.

性质 2.3 根据矩阵乘法定义，则有(假定这些矩阵可以进行有关运算)：

(1) 结合律：$(\boldsymbol{AB})\boldsymbol{C}=\boldsymbol{A}(\boldsymbol{BC})$；

(2) 分配律：$\boldsymbol{A}(\boldsymbol{B}+\boldsymbol{C})=\boldsymbol{AB}+\boldsymbol{AC}$，$(\boldsymbol{A}+\boldsymbol{B})\boldsymbol{C}=\boldsymbol{AC}+\boldsymbol{BC}$；

(3) 对任意数 k，有 $k(\boldsymbol{AB})=(k\boldsymbol{A})\boldsymbol{B}=\boldsymbol{A}(k\boldsymbol{B})$；

(4) 对任意矩阵 $\boldsymbol{A}_{m\times n}$ 及单位矩阵 $\boldsymbol{E}_m$，$\boldsymbol{E}_n$ 有

$$\boldsymbol{E}_m\boldsymbol{A}_{m\times n}=\boldsymbol{A}_{m\times n},\quad \boldsymbol{A}_{m\times n}\boldsymbol{E}_n=\boldsymbol{A}_{m\times n}.$$

特别地，若 $\boldsymbol{A}$ 是 n 阶矩阵，则有 $\boldsymbol{E}_n\boldsymbol{A}=\boldsymbol{AE}_n=\boldsymbol{A}$，即单位矩阵 $\boldsymbol{E}$ 在矩阵乘法中起的作用类似于数 1 在数的乘法中的作用.

(5) $(\boldsymbol{AB})^{\mathrm{T}}=\boldsymbol{B}^{\mathrm{T}}\boldsymbol{A}^{\mathrm{T}}$，进一步推广到 n 个矩阵的积

$$(\boldsymbol{A}_1\boldsymbol{A}_2\cdots\boldsymbol{A}_{n-1}\boldsymbol{A}_n)^{\mathrm{T}}=\boldsymbol{A}_n^{\mathrm{T}}\boldsymbol{A}_{n-1}^{\mathrm{T}}\cdots\boldsymbol{A}_2^{\mathrm{T}}\boldsymbol{A}_1^{\mathrm{T}}.$$

例 2.6 已知 $\boldsymbol{A}=\begin{pmatrix}1&2\\1&1\end{pmatrix}$，$\boldsymbol{B}=\begin{pmatrix}3&1\\2&0\end{pmatrix}$，求 $(\boldsymbol{AB})^{\mathrm{T}}$.

解 方法1 $AB=\begin{pmatrix}1&2\\1&1\end{pmatrix}\begin{pmatrix}3&1\\2&0\end{pmatrix}=\begin{pmatrix}7&1\\5&1\end{pmatrix}$，$(AB)^{\mathrm{T}}=\begin{pmatrix}7&5\\1&1\end{pmatrix}$.

方法2 $(AB)^{\mathrm{T}}=B^{\mathrm{T}}A^{\mathrm{T}}=\begin{pmatrix}3&2\\1&0\end{pmatrix}\begin{pmatrix}1&1\\2&1\end{pmatrix}=\begin{pmatrix}7&5\\1&1\end{pmatrix}$.

利用矩阵的乘法运算，可以使许多问题表述简明.

例 2.7 用矩阵运算进行三维图像的伸缩，若将图像的每一个点对应空间中的一个列矩阵，则图像可以看作是由有限个点的位置列矩阵构成的集合，因此可以利用矩阵运算来实现图像的伸缩变换，图像的伸缩实际上是矩阵的乘法运算. 图像的伸缩是将图像沿着 x，y，z 轴方向分别进行拉伸和压缩，从而改变图像的形状，设三维图形中的任一点 $M(x,y,z)$，经过伸缩后的坐标位置为

$$M'(x',y',z')=(k_1x,k_2y,k_3z),$$

其中 k_1，k_2，k_3 分别表示 x，y，z 轴方向的伸缩因子.

用矩阵的形式表示点的变化过程为

$$\begin{pmatrix}x'\\y'\\z'\end{pmatrix}=\begin{pmatrix}k_1&0&0\\0&k_2&0\\0&0&k_3\end{pmatrix}\begin{pmatrix}x\\y\\z\end{pmatrix},$$

称 $\boldsymbol{K}=\begin{pmatrix}k_1&0&0\\0&k_2&0\\0&0&k_3\end{pmatrix}$ 为伸缩矩阵，则一个三维图像 $\boldsymbol{A}$，伸缩后的图像 $\boldsymbol{B}$ 为

$$\boldsymbol{B}=\boldsymbol{KA}=\begin{pmatrix}k_1&0&0\\0&k_2&0\\0&0&k_3\end{pmatrix}\begin{pmatrix}x_1&x_2&\cdots&x_n\\y_1&y_2&\cdots&y_n\\z_1&z_2&\cdots&z_n\end{pmatrix}=\begin{pmatrix}k_1x_1&k_1x_2&\cdots&k_1x_n\\k_2y_1&k_2y_2&\cdots&k_2y_n\\k_3z_1&k_3z_2&\cdots&k_3z_n\end{pmatrix}.$$

假设某一图像矩阵为 $\boldsymbol{A}=\begin{pmatrix}1&0&1&2&1\\3&1&0&1&1\\0&2&1&0&1\end{pmatrix}$，将图像沿着 x，y，z 轴方向分别进行拉伸 2，3，4 倍，则拉伸后的图像矩阵为

$$\boldsymbol{B}=\begin{pmatrix}2&0&0\\0&3&0\\0&0&4\end{pmatrix}\begin{pmatrix}1&0&1&2&1\\3&1&0&1&1\\0&2&1&0&1\end{pmatrix}=\begin{pmatrix}2&0&2&4&2\\9&3&0&3&3\\0&8&4&0&4\end{pmatrix}.$$

如下面两幅图是和平鸽在一定比例下的拉伸对比图(参见图 2.3).

图 2.3 和平鸽拉伸对比图

特别地,若记线性方程组

$$\begin{cases}a_{11}x_1+a_{12}x_2+\cdots+a_{1n}x_n=b_1,\\a_{21}x_1+a_{22}x_2+\cdots+a_{2n}x_n=b_2,\\\quad\vdots\\a_{m1}x_1+a_{m2}x_2+\cdots+a_{mn}x_n=b_m\end{cases}$$

的系数矩阵为

$$\boldsymbol{A}=\begin{pmatrix}a_{11}&a_{12}&\cdots&a_{1n}\\a_{21}&a_{22}&\cdots&a_{2n}\\\vdots&\vdots&&\vdots\\a_{m1}&a_{m2}&\cdots&a_{mn}\end{pmatrix},$$

未知量和常数项矩阵分别为 $\boldsymbol{X}=\begin{pmatrix}x_1\\x_2\\\vdots\\x_n\end{pmatrix}$,$\boldsymbol{b}=\begin{pmatrix}b_1\\b_2\\\vdots\\b_m\end{pmatrix}$,则有

$$\boldsymbol{AX}=\begin{pmatrix}a_{11}&a_{12}&\cdots&a_{1n}\\a_{21}&a_{22}&\cdots&a_{2n}\\\vdots&\vdots&&\vdots\\a_{m1}&a_{m2}&\cdots&a_{mn}\end{pmatrix}\begin{pmatrix}x_1\\x_2\\\vdots\\x_n\end{pmatrix}=\begin{pmatrix}a_{11}x_1+a_{12}x_2+\cdots+a_{1n}x_n\\a_{21}x_1+a_{22}x_2+\cdots+a_{2n}x_n\\\vdots\\a_{m1}x_1+a_{m2}x_2+\cdots+a_{mn}x_n\end{pmatrix}=\begin{pmatrix}b_1\\b_2\\\vdots\\b_m\end{pmatrix}=\boldsymbol{b}.$$

注 $\boldsymbol{AX}=\boldsymbol{b}$ 为线性方程组的矩阵形式.

有了矩阵的乘法,可以定义 n 阶方阵的幂.

定义 2.5 设 $\boldsymbol{A}$ 是 n 阶方阵,规定矩阵的幂运算为

$$\boldsymbol{A}^k=\underbrace{\boldsymbol{A}\,\boldsymbol{A}\cdots\boldsymbol{A}}_{k个}.$$

性质 2.4 因为矩阵的乘法满足结合律,所以方阵的幂满足

$$\boldsymbol{A}^0=\boldsymbol{E},\quad \boldsymbol{A}^{k+l}=\boldsymbol{A}^k\boldsymbol{A}^l,\quad (\boldsymbol{A}^k)^l=\boldsymbol{A}^{kl}\quad k,l\ 为非负整数.$$

例 2.8 设 $\boldsymbol{A}$ 为 n 阶方阵,函数 $f(x)=5x^3-7x+3$,求 $f(\boldsymbol{A})$.

解 因为 $f(x)=5x^3-7x+3$,所以 $f(\boldsymbol{A})=5\boldsymbol{A}^3-7\boldsymbol{A}+3\boldsymbol{E}$.

2.2.4 方阵的行列式

定义 2.6 由 n 阶方阵 $\boldsymbol{A}=(a_{ij})$ 的元素按原来位置所构成的行列式,称为 n 阶方阵 $\boldsymbol{A}$ 的行列式,记为 $|\boldsymbol{A}|$.

性质 2.5 设 $\boldsymbol{A},\boldsymbol{B}$ 是 n 阶方阵,k 是常数,则 n 阶方阵的行列式具有如下性质:

(1) $|\boldsymbol{A}^{\mathrm{T}}|=|\boldsymbol{A}|$;

(2) $|k\boldsymbol{A}|=k^n|\boldsymbol{A}|$;

(3) $|\boldsymbol{AB}|=|\boldsymbol{A}||\boldsymbol{B}|$.

性质(3)推广到 m 个 n 阶方阵相乘的情形,有 $|\boldsymbol{A}_1\boldsymbol{A}_2\cdots\boldsymbol{A}_m|=|\boldsymbol{A}_1||\boldsymbol{A}_2|\cdots|\boldsymbol{A}_m|$.

例 2.9 设 $\boldsymbol{A}=\begin{pmatrix}1&2&1\\2&-1&0\\-1&1&0\end{pmatrix}$，求 $|\boldsymbol{A}|$.

解 $|\boldsymbol{A}|=\begin{vmatrix}1&2&1\\2&-1&0\\-1&1&0\end{vmatrix}=1\times(-1)^{1+3}\begin{vmatrix}2&-1\\-1&1\end{vmatrix}=1.$

例 2.10 设 $\boldsymbol{A}=\begin{pmatrix}a_1\\a_2\\\vdots\\a_n\end{pmatrix}_{n\times 1}$，$\boldsymbol{B}=(b_1,b_2,\cdots,b_n)_{1\times n}$，求 $|\boldsymbol{AB}|$ 和 $|\boldsymbol{BA}|$.

解 $\boldsymbol{AB}=\begin{pmatrix}a_1\\a_2\\\vdots\\a_n\end{pmatrix}(b_1,b_2,\cdots,b_n)=\begin{pmatrix}a_1b_1&a_1b_2&\cdots&a_1b_n\\a_2b_1&a_2b_2&\cdots&a_2b_n\\\vdots&\vdots&&\vdots\\a_nb_1&a_nb_2&\cdots&a_nb_n\end{pmatrix}_{n\times n}$，

所以

$$|\boldsymbol{AB}|=\begin{vmatrix}a_1b_1&a_1b_2&\cdots&a_1b_n\\a_2b_1&a_2b_2&\cdots&a_2b_n\\\vdots&\vdots&&\vdots\\a_nb_1&a_nb_2&\cdots&a_nb_n\end{vmatrix}=0.$$

$$\boldsymbol{BA}=(b_1,b_2,\cdots,b_n)\begin{pmatrix}a_1\\a_2\\\vdots\\a_n\end{pmatrix}=(b_1a_1+b_2a_2+\cdots+b_na_n)=b_1a_1+b_2a_2+\cdots+b_na_n,$$

所以 $|\boldsymbol{BA}|=b_1a_1+b_2a_2+\cdots+b_na_n$.

习题 2.2

一、填空题

1. 设 $\boldsymbol{A}=\begin{pmatrix}1\\0\\1\end{pmatrix}$，$\boldsymbol{B}=(1,0,1)$，$k$ 是正整数，若 $\boldsymbol{C}=\boldsymbol{AB}$，则 $\boldsymbol{C}^k=$______.

2. 设 $\boldsymbol{A}$ 为 5 阶矩阵，若满足 $|\boldsymbol{A}|=m$，则 $|-m\boldsymbol{A}|=$____.

3. 设 $\boldsymbol{A}=\begin{pmatrix}1&0&1\\0&2&0\\1&0&1\end{pmatrix}$，$n$ 是正整数，且 $n\geqslant 2$，则 $\boldsymbol{A}^n-2\boldsymbol{A}^{n-1}=$________.

4. 设 $\boldsymbol{A}$，$\boldsymbol{B}$ 为 4 阶矩阵，若满足 $|\boldsymbol{A}|=2$，$|\boldsymbol{B}|=\dfrac{1}{3}$，则 $|-3\boldsymbol{AB}|=$____.

二、选择题

1. 设 $\boldsymbol{A},\boldsymbol{B}$ 均为 n 阶矩阵,下列结论正确的是(　　).

A. $(\boldsymbol{A}+\boldsymbol{B})(\boldsymbol{A}-\boldsymbol{B})=\boldsymbol{A}^2-\boldsymbol{B}^2$　　B. $(\boldsymbol{AB})^k=\boldsymbol{A}^k\boldsymbol{B}^k$

C. $|k\boldsymbol{AB}|=k|\boldsymbol{A}||\boldsymbol{B}|$　　D. $|(\boldsymbol{AB})^k|=|\boldsymbol{A}|^k|\boldsymbol{B}|^k$

2. 设 $\boldsymbol{A},\boldsymbol{B}$ 均为 n 阶矩阵,若 $\boldsymbol{AB}=\boldsymbol{0}$,则必有(　　).

A. $\boldsymbol{A}=\boldsymbol{0}$ 或 $\boldsymbol{B}=\boldsymbol{0}$　　B. $\boldsymbol{A}+\boldsymbol{B}=\boldsymbol{0}$

C. $|\boldsymbol{A}|=0$ 或 $|\boldsymbol{B}|=0$　　D. $|\boldsymbol{A}|+|\boldsymbol{B}|=0$

3. 设 $\boldsymbol{A}$ 为 n 阶矩阵,则下面论断正确的是(　　).

A. 若 $|\boldsymbol{A}|\neq 0$,则 $\boldsymbol{A}\neq\boldsymbol{0}$　　B. 若 $\boldsymbol{A}\neq\boldsymbol{0}$,则 $|\boldsymbol{A}|\neq 0$

C. 若 $\boldsymbol{A}^2=\boldsymbol{0}$,则 $\boldsymbol{A}=\boldsymbol{0}$　　D. 若 $\boldsymbol{A}^2=\boldsymbol{A}$,则 $\boldsymbol{A}=\boldsymbol{0}$ 或 $\boldsymbol{A}=\boldsymbol{E}$

三、计算题

1. 设矩阵

$$\boldsymbol{A}=\begin{pmatrix}2&-1&0&-3\\3&5&-4&1\\1&0&2&0\end{pmatrix},\quad \boldsymbol{B}=\begin{pmatrix}0&3&-5&1\\1&-4&2&-1\\3&-7&0&3\end{pmatrix},\quad \boldsymbol{C}=\begin{pmatrix}1&2&-5&2\\-6&0&3&4\\4&-1&0&-1\end{pmatrix}.$$

(1) 求 $\boldsymbol{A}+2\boldsymbol{B}-3\boldsymbol{C}$;　　(2) 若 $\boldsymbol{X}$ 矩阵满足 $\boldsymbol{X}+\boldsymbol{C}=2\boldsymbol{A}-\boldsymbol{X}$,求 $\boldsymbol{X}$.

2. 计算:

(1) $\begin{pmatrix}1&2&3\\-2&1&2\end{pmatrix}\begin{pmatrix}1&2&0\\0&1&1\\3&0&-1\end{pmatrix}$;　　(2) $\boldsymbol{A}=\begin{pmatrix}1&0&0\\0&2&0\\0&0&3\end{pmatrix}$,求 $\boldsymbol{A}^k$.

3. 设 $\boldsymbol{A}=\begin{pmatrix}1&2&5\\3&4&1\end{pmatrix}$,$\boldsymbol{B}=\begin{pmatrix}2&0&-3\\1&-2&0\end{pmatrix}$,求 $\boldsymbol{AB}^{\mathrm{T}},\boldsymbol{B}^{\mathrm{T}}\boldsymbol{A},\boldsymbol{A}^{\mathrm{T}}\boldsymbol{A}$.

4. 设 $f(x)=x^2+x-1$ 是二次三项式,若 $\boldsymbol{A}=\begin{pmatrix}2&1&-1\\1&0&3\\2&-1&-4\end{pmatrix}$ 是三阶方阵,求 $f(\boldsymbol{A})$.

2.3 可逆矩阵

可逆矩阵在密码学、网络安全、数据处理、人工智能、经济管理等很多学科都有着广泛的应用,是矩阵非常重要的一种计算方式.前面已详细介绍了矩阵的加法、减法、乘法,能否定义矩阵的除法,即矩阵乘法的一种逆运算?如果这种逆运算存在,它的存在应该满足什么条件?下面,我们将探索什么样的矩阵存在这种逆运算,以及这种逆运算如何去实施等问题.

2.3.1 可逆矩阵的定义及性质

在数的运算中,对于数 $a\neq 0$,总存在唯一的一个数 a^{-1} 使得 $aa^{-1}=a^{-1}a=1$,类似地,在矩阵的运算中,对于矩阵 $\boldsymbol{A}$,是否存在唯一一个类似于 a^{-1} 的矩阵 $\boldsymbol{A}^{-1}$,使得

$$\boldsymbol{AA}^{-1}=\boldsymbol{A}^{-1}\boldsymbol{A}=\boldsymbol{E}?$$

为此引入逆矩阵的概念.

定义 2.7 对于 n 阶矩阵 $\boldsymbol{A}$,若存在一个 n 阶矩阵 $\boldsymbol{B}$,使得

$$\boldsymbol{AB}=\boldsymbol{BA}=\boldsymbol{E},$$

则称 $\boldsymbol{A}$ 为**可逆矩阵**,$\boldsymbol{B}$ 为 $\boldsymbol{A}$ 的逆矩阵,记作 $\boldsymbol{B}=\boldsymbol{A}^{-1}$,显然,$\boldsymbol{A}$ 也为 $\boldsymbol{B}$ 的逆矩阵,$\boldsymbol{B}^{-1}=\boldsymbol{A}$,从而 $\boldsymbol{A},\boldsymbol{B}$ 互为可逆矩阵,且有

$$\boldsymbol{AA}^{-1}=\boldsymbol{A}^{-1}\boldsymbol{A}=\boldsymbol{E}.$$

如,已知矩阵 $\boldsymbol{A}=\begin{pmatrix}1 & -1\\ 1 & 1\end{pmatrix}$, $\boldsymbol{B}=\begin{pmatrix}\frac{1}{2} & \frac{1}{2}\\ -\frac{1}{2} & \frac{1}{2}\end{pmatrix}$,因为

$$\boldsymbol{AB}=\begin{pmatrix}1 & -1\\ 1 & 1\end{pmatrix}\begin{pmatrix}\frac{1}{2} & \frac{1}{2}\\ -\frac{1}{2} & \frac{1}{2}\end{pmatrix}=\boldsymbol{BA}=\begin{pmatrix}\frac{1}{2} & \frac{1}{2}\\ -\frac{1}{2} & \frac{1}{2}\end{pmatrix}\begin{pmatrix}1 & -1\\ 1 & 1\end{pmatrix}=\begin{pmatrix}1 & 0\\ 0 & 1\end{pmatrix}=\boldsymbol{E}.$$

故 $\boldsymbol{A}$ 为可逆矩阵,且 $\boldsymbol{B}$ 为 $\boldsymbol{A}$ 的逆矩阵.

显然,因为 $\boldsymbol{EE}=\boldsymbol{E}$,所以 $\boldsymbol{E}$ 是可逆矩阵,**$\boldsymbol{E}$ 的逆矩阵为其自身**.

因为对任何方阵 $\boldsymbol{A}$,都有 $\boldsymbol{A}\cdot\boldsymbol{0}=\boldsymbol{0}\cdot\boldsymbol{A}=\boldsymbol{0}$,所以**零矩阵不是可逆矩阵**.

性质 2.6 设 $\boldsymbol{A}$ 为 n 阶可逆矩阵,则:

(1) $\boldsymbol{A}$ 的逆矩阵 $\boldsymbol{A}^{-1}$ 是唯一的;

(2) $(\boldsymbol{A}^{-1})^{-1}=\boldsymbol{A}$;

(3) $\boldsymbol{A}^{\mathrm{T}}$ 为可逆矩阵,且 $(\boldsymbol{A}^{\mathrm{T}})^{-1}=(\boldsymbol{A}^{-1})^{\mathrm{T}}$;

(4) 若 $k\neq\boldsymbol{0}$,$k\boldsymbol{A}$ 也为可逆矩阵,且 $(k\boldsymbol{A})^{-1}=\frac{1}{k}\boldsymbol{A}^{-1}$;

(5) $|\boldsymbol{A}|\neq 0$,且 $|\boldsymbol{A}^{-1}|=|\boldsymbol{A}|^{-1}$;

(6) 若 $\boldsymbol{B}$ 也为 n 阶可逆矩阵,则 $(\boldsymbol{AB})^{-1}=\boldsymbol{B}^{-1}\boldsymbol{A}^{-1}$.

进一步地,若 $\boldsymbol{A}_i\,(i=1,2,\cdots,n)$ 可逆,则 $(\boldsymbol{A}_1\cdots\boldsymbol{A}_{n-1}\boldsymbol{A}_n)^{-1}=\boldsymbol{A}_n^{-1}\boldsymbol{A}_{n-1}^{-1}\cdots\boldsymbol{A}_1^{-1}$.

证明 由定义易证(1)~(4),这里只证(5)和(6).

(5) 因为 $\boldsymbol{A}$ 可逆,则存在 $\boldsymbol{A}^{-1}$,有

$$\boldsymbol{AA}^{-1}=\boldsymbol{A}^{-1}\boldsymbol{A}=\boldsymbol{E},$$

两边取行列式,有

$$|\boldsymbol{AA}^{-1}|=|\boldsymbol{A}||\boldsymbol{A}^{-1}|=1,$$

所以

$$|\boldsymbol{A}|\neq 0,\text{且}\,|\boldsymbol{A}^{-1}|=\frac{1}{|\boldsymbol{A}|}=|\boldsymbol{A}|^{-1}.$$

(6) 因为 $\boldsymbol{A},\boldsymbol{B}$ 为 n 阶可逆矩阵,所以 $\boldsymbol{AB}$ 为方阵,又因为

$$\boldsymbol{AB}(\boldsymbol{B}^{-1}\boldsymbol{A}^{-1})=\boldsymbol{A}(\boldsymbol{BB}^{-1})\boldsymbol{A}^{-1}=\boldsymbol{AEA}^{-1}=\boldsymbol{E},$$

$$(\boldsymbol{B}^{-1}\boldsymbol{A}^{-1})\boldsymbol{AB}=\boldsymbol{B}^{-1}\boldsymbol{A}^{-1}\boldsymbol{AB}=\boldsymbol{B}^{-1}(\boldsymbol{A}^{-1}\boldsymbol{A})\boldsymbol{B}=\boldsymbol{B}^{-1}\boldsymbol{EB}=\boldsymbol{E},$$

所以 $\boldsymbol{AB}$ 是可逆矩阵,且 $(\boldsymbol{AB})^{-1}=\boldsymbol{B}^{-1}\boldsymbol{A}^{-1}$.

2.3.2 可逆矩阵的求解

对于一个 n 阶矩阵 $\boldsymbol{A}$ 来说，逆矩阵可能存在，也可能不存在. 那么在什么条件下 n 阶矩阵 $\boldsymbol{A}$ 可逆？如果可逆，如何求逆矩阵 $\boldsymbol{A}^{-1}$？为此先引入一个概念.

定义 2.8 设 A_{ij} 是 n 阶方阵 $\boldsymbol{A}=(a_{ij})_{n\times n}$ 的行列式 $|\boldsymbol{A}|$ 中的元素 a_{ij} 的代数余子式，矩阵

$$\boldsymbol{A}^*=\begin{pmatrix} A_{11} & A_{21} & \cdots & A_{n1} \\ A_{12} & A_{22} & \cdots & A_{n2} \\ \vdots & \vdots & & \vdots \\ A_{1n} & A_{2n} & \cdots & A_{nn} \end{pmatrix}$$

称为矩阵 $\boldsymbol{A}$ 的**伴随矩阵**.

由第 1 章中行列式按一行展开的公式，可得

$$\boldsymbol{A}\boldsymbol{A}^*=\begin{pmatrix} a_{11} & a_{12} & \cdots & a_{1n} \\ a_{21} & a_{22} & \cdots & a_{2n} \\ \vdots & \vdots & & \vdots \\ a_{n1} & a_{n2} & \cdots & a_{nn} \end{pmatrix}\begin{pmatrix} A_{11} & A_{21} & \cdots & A_{n1} \\ A_{12} & A_{22} & \cdots & A_{n2} \\ \vdots & \vdots & & \vdots \\ A_{1n} & A_{2n} & \cdots & A_{nn} \end{pmatrix}=\begin{pmatrix} |\boldsymbol{A}| & 0 & \cdots & 0 \\ 0 & |\boldsymbol{A}| & \cdots & 0 \\ \vdots & \vdots & \ddots & \vdots \\ 0 & 0 & \cdots & |\boldsymbol{A}| \end{pmatrix}=|\boldsymbol{A}|\boldsymbol{E}.$$

同理，利用行列式按列展开的公式可得 $\boldsymbol{A}^*\boldsymbol{A}=|\boldsymbol{A}|\boldsymbol{E}$. 即对任一 n 阶矩阵 $\boldsymbol{A}$，有

$$\boldsymbol{A}\boldsymbol{A}^*=\boldsymbol{A}^*\boldsymbol{A}=|\boldsymbol{A}|\boldsymbol{E}.$$

若 $|\boldsymbol{A}|\neq 0$，则有

$$\boldsymbol{A}\left(\frac{1}{|\boldsymbol{A}|}\boldsymbol{A}^*\right)=\left(\frac{1}{|\boldsymbol{A}|}\boldsymbol{A}^*\right)\boldsymbol{A}=\boldsymbol{E}.$$

由此我们得到下面的结论.

定理 2.1 n 阶矩阵 $\boldsymbol{A}$ 可逆的充分必要条件是 $|\boldsymbol{A}|\neq 0$，且 $\boldsymbol{A}^{-1}=\dfrac{1}{|\boldsymbol{A}|}\boldsymbol{A}^*$.

证明 必要性：由性质 2.6 知，设 $\boldsymbol{A}$ 可逆，则 $|\boldsymbol{A}|\neq 0$. 又由

$$\boldsymbol{A}\left(\frac{1}{|\boldsymbol{A}|}\boldsymbol{A}^*\right)=\left(\frac{1}{|\boldsymbol{A}|}\boldsymbol{A}^*\right)\boldsymbol{A}=\boldsymbol{E},$$

得 $\boldsymbol{A}^{-1}=\dfrac{1}{|\boldsymbol{A}|}\boldsymbol{A}^*$.

充分性：若 $|\boldsymbol{A}|\neq 0$，则有 $\boldsymbol{A}\left(\dfrac{1}{|\boldsymbol{A}|}\boldsymbol{A}^*\right)=\left(\dfrac{1}{|\boldsymbol{A}|}\boldsymbol{A}^*\right)\boldsymbol{A}=\boldsymbol{E}$，所以 $\boldsymbol{A}$ 为可逆矩阵.

推论 若 $\boldsymbol{A},\boldsymbol{B}$ 为同阶方阵，且 $\boldsymbol{AB}=\boldsymbol{E}$，则 $\boldsymbol{A},\boldsymbol{B}$ 都可逆，且 $\boldsymbol{A}^{-1}=\boldsymbol{B},\boldsymbol{B}^{-1}=\boldsymbol{A}$.

证明 因 $|\boldsymbol{AB}|=|\boldsymbol{A}||\boldsymbol{B}|=|\boldsymbol{E}|=1\neq 0$，所以 $|\boldsymbol{A}|\neq 0$，$|\boldsymbol{B}|\neq 0$，由定理 2.1 知 $\boldsymbol{A},\boldsymbol{B}$ 都可逆.

进一步有 $\boldsymbol{A}^{-1}=\boldsymbol{A}^{-1}\boldsymbol{E}=\boldsymbol{A}^{-1}(\boldsymbol{AB})=\boldsymbol{A}^{-1}\boldsymbol{AB}=\boldsymbol{B}$. 同理有 $\boldsymbol{A}=\boldsymbol{B}^{-1}$.

例 2.11 设 $\boldsymbol{A}=\begin{pmatrix}1&-1&1\\1&0&1\\0&1&1\end{pmatrix}$,判断 $\boldsymbol{A}$ 是否可逆.如果 $\boldsymbol{A}$ 可逆,求出 $\boldsymbol{A}^{-1}$.

解 由于 $|\boldsymbol{A}|=\begin{vmatrix}1&-1&1\\1&0&1\\0&1&1\end{vmatrix}=1\neq0$,所以 $\boldsymbol{A}$ 可逆.

求矩阵 $\boldsymbol{A}$ 的各元素的代数余子式,得

$$A_{11}=\begin{vmatrix}0&1\\1&1\end{vmatrix}=-1,\quad A_{12}=-\begin{vmatrix}1&1\\0&1\end{vmatrix}=-1,\quad A_{13}=\begin{vmatrix}1&0\\0&1\end{vmatrix}=1,$$

$$A_{21}=-\begin{vmatrix}-1&1\\1&1\end{vmatrix}=2,\quad A_{22}=\begin{vmatrix}1&1\\0&1\end{vmatrix}=1,\quad A_{23}=-\begin{vmatrix}1&-1\\0&1\end{vmatrix}=-1,$$

$$A_{31}=\begin{vmatrix}-1&1\\0&1\end{vmatrix}=-1,\quad A_{32}=-\begin{vmatrix}1&1\\1&1\end{vmatrix}=0,\quad A_{33}=\begin{vmatrix}1&-1\\1&0\end{vmatrix}=1,$$

故得矩阵 $\boldsymbol{A}$ 的伴随矩阵

$$\boldsymbol{A}^{*}=\begin{pmatrix}-1&2&-1\\-1&1&0\\1&-1&1\end{pmatrix},$$

所以

$$\boldsymbol{A}^{-1}=\frac{1}{|\boldsymbol{A}|}\boldsymbol{A}^{*}=\begin{pmatrix}-1&2&-1\\-1&1&0\\1&-1&1\end{pmatrix}.$$

例 2.12 若 n 阶矩阵 $\boldsymbol{A}$ 满足 $\boldsymbol{A}^2-\boldsymbol{A}-2\boldsymbol{E}=\boldsymbol{0}$,试证 $\boldsymbol{A}$ 与 $\boldsymbol{A}-3\boldsymbol{E}$ 可逆,并求出 $\boldsymbol{A}^{-1}$ 和 $(\boldsymbol{A}-3\boldsymbol{E})^{-1}$.

证明 由 $\boldsymbol{A}^2-\boldsymbol{A}-2\boldsymbol{E}=\boldsymbol{0}$ 得 $\boldsymbol{A}^2-\boldsymbol{A}=2\boldsymbol{E}$,即

$$\boldsymbol{A}\cdot\frac{\boldsymbol{A}-\boldsymbol{E}}{2}=\boldsymbol{E},$$

所以 $\boldsymbol{A}$ 可逆,且 $\boldsymbol{A}^{-1}=\dfrac{\boldsymbol{A}-\boldsymbol{E}}{2}$.

由 $\boldsymbol{A}^2-\boldsymbol{A}-2\boldsymbol{E}=\boldsymbol{0}$ 得 $\boldsymbol{A}^2-\boldsymbol{A}-6\boldsymbol{E}=-4\boldsymbol{E}$,即 $(\boldsymbol{A}-3\boldsymbol{E})(\boldsymbol{A}+2\boldsymbol{E})=-4\boldsymbol{E}$,则

$$(\boldsymbol{A}-3\boldsymbol{E})\cdot\frac{\boldsymbol{A}+2\boldsymbol{E}}{-4}=\boldsymbol{E},$$

所以 $\boldsymbol{A}-3\boldsymbol{E}$ 可逆,且

$$(\boldsymbol{A}-3\boldsymbol{E})^{-1}=\frac{\boldsymbol{A}+2\boldsymbol{E}}{-4}=-\frac{\boldsymbol{A}+2\boldsymbol{E}}{4}.$$

例 2.13 在商业信息传递活动中,为防止信息泄露,提高信息传递的安全性,可以利用矩阵的乘法对信息加密后再传送,先约定加密矩阵 $\boldsymbol{A}$,一般情况下加密矩阵 $\boldsymbol{A}$ 满足:(1)$\boldsymbol{A}$ 的元素都是整数;(2)$|\boldsymbol{A}|=\pm1$.则 $\boldsymbol{A}$ 可逆且 $\boldsymbol{A}^{-1}$ 的元素也均为整数,方便计算.

甲方可以将明文信息构造成矩阵 $\boldsymbol{B}$，且对明文矩阵 $\boldsymbol{B}$ 加密得矩阵 $\boldsymbol{C}=\boldsymbol{AB}$，发送矩阵 $\boldsymbol{C}$ 至乙方，乙方接收者只需要用 $\boldsymbol{A}^{-1}$ 进行解密，就能得到发送者的明文信息，约定每个字母对应一个数字，如表 2.2 所示.

表 2.2 字母与数字对应表

字母	a	b	c	d	e	f	g	h	i	j	k	l	m	n
数字	1	2	3	4	5	6	7	8	9	10	11	12	13	14
字母	o	p	q	r	s	t	u	v	w	x	y	z	空格	
数字	15	16	17	18	19	20	21	22	23	24	25	26	0	

如：明文是 good，对应 4 个数字，甲方可以把对应的数字写成 2×2 矩阵 $\boldsymbol{B}=\begin{pmatrix}7 & 15\\ 15 & 4\end{pmatrix}$，约定加密矩阵 $\boldsymbol{A}=\begin{pmatrix}1 & 1\\ -1 & 0\end{pmatrix}$，乙方接收到密文为

$$\boldsymbol{C}=\boldsymbol{AB}=\begin{pmatrix}22 & 19\\ -7 & -15\end{pmatrix},$$

则根据逆矩阵的求法求出解密矩阵 $\boldsymbol{A}^{-1}$：

$$|\boldsymbol{A}|=1,\boldsymbol{A}^{*}=\begin{pmatrix}0 & -1\\ 1 & 1\end{pmatrix}，所以\ \boldsymbol{A}^{-1}=\begin{pmatrix}0 & -1\\ 1 & 1\end{pmatrix}.$$

乙方经过解密 $\boldsymbol{A}^{-1}\boldsymbol{C}=\begin{pmatrix}7 & 15\\ 15 & 4\end{pmatrix}$，就可以得到明文矩阵，再对应表格得明文 good.

在网络时代，信息加密后再传递，可以大大增强安全性. 在我们的日常生活工作中有许多需要保密的东西，如身份证信息、商业机密、国家机密等，我们要增强自己的保护意识，自觉维护网络安全，维护国家信息安全.

习题 2.3

一、填空题

1. 设 n 阶矩阵 $\boldsymbol{A}$ 的逆矩阵为 $\boldsymbol{A}^{-1}$，$3\boldsymbol{A}$ 的逆矩阵为____.
2. 若 $\boldsymbol{A}$ 与 $\boldsymbol{B}$ 都是 n 阶方阵，则 $\boldsymbol{AB}$ 不可逆的充要条件是________.
3. 设 $\boldsymbol{A}=\begin{pmatrix}a & b\\ c & d\end{pmatrix}$，则 $(\boldsymbol{A}^{*})^{*}=$________.
4. 设 $\boldsymbol{A}$ 是 5 阶方阵，且 $|\boldsymbol{A}|=5$，则 $|3\boldsymbol{A}^{-1}-\boldsymbol{A}^{*}|=$____.

二、选择题

1. 设 $\boldsymbol{A},\boldsymbol{B}$ 均为 n 阶方阵，则下列结论正确的是(　　).

A. 若 $\boldsymbol{A},\boldsymbol{B}$ 均可逆，则 $\boldsymbol{A}+\boldsymbol{B}$ 可逆　　B. 若 $\boldsymbol{A},\boldsymbol{B}$ 均可逆，则 $\boldsymbol{AB}$ 可逆

C. 若 $\boldsymbol{A}+\boldsymbol{B}$ 可逆，则 $\boldsymbol{A}-\boldsymbol{B}$ 可逆　　D. 若 $\boldsymbol{A}+\boldsymbol{B}$ 可逆，则 $\boldsymbol{A},\boldsymbol{B}$ 均可逆.

2. 设 $\boldsymbol{A},\boldsymbol{B}$ 均为 n 阶可逆矩阵，则下列等式中成立的是(　　).

A. $\boldsymbol{AB}=\boldsymbol{BA}=\boldsymbol{E}$　　B. $(k\boldsymbol{AB})^{-1}=k\boldsymbol{B}^{-1}\boldsymbol{A}^{-1}$

C. $A^{-1}=B, B^{-1}=A$　　D. $|A^{-1}B^{-1}|=|AB|^{-1}$

3. 设 A,B,C 均为 n 阶方阵，且 $ABC=E$，则有(　　).

A. $CBA=E$　　B. $BAC=E$　　C. $CAB=E$　　D. $ACB=E$

4. 设 A,B 均为 n 阶方阵，则下列等式中成立的有(　　).

A. $|A+B|=|A|+|B|$　　B. $AB=BA$

C. $|AB|=|BA|$　　D. $(A+B)^{-1}=A^{-1}+B^{-1}$

三、求下列矩阵的逆矩阵：

1. $A=\begin{pmatrix} 2 & 2 & 3 \\ 1 & -1 & 0 \\ -1 & 2 & 1 \end{pmatrix}$　　2. $A=\begin{pmatrix} 1 & 2 & 3 \\ 1 & 3 & 4 \\ 2 & 5 & 8 \end{pmatrix}$.

四、证明题

1. 若 n 阶矩阵 A 满足 $A^2-2A+E=0$，试证 A 可逆，并求出 A^{-1}.

2. 设 $A^2=A$，证明 $E+A$ 可逆，并求 $(E+A)^{-1}$.

3. 设 n 阶方阵 A 和 B 满足条件 $A+B=AB$，证明 $A-E$ 为可逆矩阵.

4. 设 n 阶方阵 A 可逆，证明 $|A^*|=|A|^{n-1}$.

2.4 矩阵的分块

本节将介绍一种在处理阶数较高的矩阵时常用的技巧——矩阵的分块，使大矩阵的运算化成小矩阵的运算，具体做法是：将矩阵用若干条纵线和横线分成许多个小矩阵，每一个小矩阵称为矩阵的子块，以子块为元素的形式上的矩阵称为**分块矩阵**.

矩阵与其子块矩阵之间的关系，犹如马克思主义哲学中“整体与部分”的辩证关系：整体由部分组成，部分又制约整体，彼此之间互相制约，又相互联系.

2.4.1 分块矩阵的方法

矩阵的分块方法，根据矩阵的特点及做题要求做不同的划分，简化计算. 常用下面 4 种分块方式：

(1) 一般将零矩阵 $\mathbf{0}$ 或 kE 单独划分出来，便于计算；

(2) 按列分块，或按行分块；

(3) 将 A 作为一子块，指的是矩阵本身作为一个子块，这是最粗的划分；

(4) 按元素分块，指的是矩阵的每个元素作为一个小子块，这是最细的划分.

例如，矩阵 A 可做如下划分

$$A=\left(\begin{array}{ccc:cc} 2 & 0 & 0 & -1 & -3 \\ 0 & 2 & 0 & 0 & 3 \\ 0 & 0 & 2 & 5 & 1 \\ \hdashline 0 & 0 & 0 & 5 & 0 \\ 0 & 0 & 0 & 0 & 5 \end{array}\right)=\begin{pmatrix} 2E_3 & A_{12} \\ \mathbf{0} & 5E_2 \end{pmatrix},$$

其中 $\boldsymbol{E}_2,\boldsymbol{E}_3$ 分别表示二阶和三阶单位矩阵，而 $\boldsymbol{A}_{12}=\begin{pmatrix}-1 & -3\\ 0 & 3\\ 5 & 1\end{pmatrix}$，$\boldsymbol{0}=\begin{pmatrix}0 & 0 & 0\\ 0 & 0 & 0\end{pmatrix}$.

上述矩阵 $\boldsymbol{A}$ 也可以采用列分块方法

$$\boldsymbol{\varepsilon}_1=\begin{pmatrix}1\\0\\0\\0\\0\end{pmatrix},\quad \boldsymbol{\varepsilon}_2=\begin{pmatrix}0\\1\\0\\0\\0\end{pmatrix},\quad \boldsymbol{\varepsilon}_3=\begin{pmatrix}0\\0\\1\\0\\0\end{pmatrix},\quad \boldsymbol{\alpha}_1=\begin{pmatrix}-1\\0\\5\\5\\0\end{pmatrix},\quad \boldsymbol{\alpha}_2=\begin{pmatrix}-3\\3\\1\\0\\5\end{pmatrix},$$

则

$$\boldsymbol{A}=\left(\begin{array}{c:c:c:c:c}2 & 0 & 0 & -1 & -3\\ 0 & 2 & 0 & 0 & 3\\ 0 & 0 & 2 & 5 & 1\\ 0 & 0 & 0 & 5 & 0\\ 0 & 0 & 0 & 0 & 5\end{array}\right)=(2\boldsymbol{\varepsilon}_1,2\boldsymbol{\varepsilon}_2,2\boldsymbol{\varepsilon}_3,\boldsymbol{\alpha}_1,\boldsymbol{\alpha}_2).$$

2.4.2 分块矩阵的运算

1. 分块矩阵的加、减运算

设 $\boldsymbol{A},\boldsymbol{B}$ 是两个 $m\times n$ 矩阵，对 $\boldsymbol{A},\boldsymbol{B}$ 施行相同的分块方法得到分块矩阵

$$\boldsymbol{A}=\begin{pmatrix}\boldsymbol{A}_{11} & \boldsymbol{A}_{12} & \cdots & \boldsymbol{A}_{1t}\\ \boldsymbol{A}_{21} & \boldsymbol{A}_{22} & \cdots & \boldsymbol{A}_{2t}\\ \vdots & \vdots & & \vdots\\ \boldsymbol{A}_{s1} & \boldsymbol{A}_{s2} & \cdots & \boldsymbol{A}_{st}\end{pmatrix},\quad \boldsymbol{B}=\begin{pmatrix}\boldsymbol{B}_{11} & \boldsymbol{B}_{12} & \cdots & \boldsymbol{B}_{1t}\\ \boldsymbol{B}_{21} & \boldsymbol{B}_{22} & \cdots & \boldsymbol{B}_{2t}\\ \vdots & \vdots & & \vdots\\ \boldsymbol{B}_{s1} & \boldsymbol{B}_{s2} & \cdots & \boldsymbol{B}_{st}\end{pmatrix},$$

则

$$\boldsymbol{A}+\boldsymbol{B}=\begin{pmatrix}\boldsymbol{A}_{11}+\boldsymbol{B}_{11} & \boldsymbol{A}_{12}+\boldsymbol{B}_{12} & \cdots & \boldsymbol{A}_{1t}+\boldsymbol{B}_{1t}\\ \boldsymbol{A}_{21}+\boldsymbol{B}_{21} & \boldsymbol{A}_{22}+\boldsymbol{B}_{22} & \cdots & \boldsymbol{A}_{2t}+\boldsymbol{B}_{2t}\\ \vdots & \vdots & & \vdots\\ \boldsymbol{A}_{s1}+\boldsymbol{B}_{s1} & \boldsymbol{A}_{s2}+\boldsymbol{B}_{s2} & \cdots & \boldsymbol{A}_{st}+\boldsymbol{B}_{st}\end{pmatrix},$$

$$\boldsymbol{A}-\boldsymbol{B}=\begin{pmatrix}\boldsymbol{A}_{11}-\boldsymbol{B}_{11} & \boldsymbol{A}_{12}-\boldsymbol{B}_{12} & \cdots & \boldsymbol{A}_{1t}-\boldsymbol{B}_{1t}\\ \boldsymbol{A}_{21}-\boldsymbol{B}_{21} & \boldsymbol{A}_{22}-\boldsymbol{B}_{22} & \cdots & \boldsymbol{A}_{2t}-\boldsymbol{B}_{2t}\\ \vdots & \vdots & & \vdots\\ \boldsymbol{A}_{s1}-\boldsymbol{B}_{s1} & \boldsymbol{A}_{s2}-\boldsymbol{B}_{s2} & \cdots & \boldsymbol{A}_{st}-\boldsymbol{B}_{st}\end{pmatrix}.$$

这就是说，两个行数与列数都相同的矩阵 $\boldsymbol{A},\boldsymbol{B}$，按同一种分块方法分块，那么 $\boldsymbol{A}$ 与 $\boldsymbol{B}$ 相加(减)时，只需把对应位置的子块相加(减).

2. 分块矩阵的数乘运算

设 k 为一个常数，则

$$k\boldsymbol{A}=\begin{pmatrix} k\boldsymbol{A}_{11} & k\boldsymbol{A}_{12} & \cdots & k\boldsymbol{A}_{1t} \\ k\boldsymbol{A}_{21} & k\boldsymbol{A}_{22} & \cdots & k\boldsymbol{A}_{2t} \\ \vdots & \vdots & & \vdots \\ k\boldsymbol{A}_{s1} & k\boldsymbol{A}_{s2} & \cdots & k\boldsymbol{A}_{st} \end{pmatrix}.$$

这就是说,用一个数 k 乘一个分块矩阵时,只需用这个数遍乘各子块.

3. 分块矩阵的转置运算

设矩阵 $\boldsymbol{A}$ 分块之后为

$$\boldsymbol{A}=\begin{pmatrix} \boldsymbol{A}_{11} & \boldsymbol{A}_{12} & \cdots & \boldsymbol{A}_{1t} \\ \boldsymbol{A}_{21} & \boldsymbol{A}_{22} & \cdots & \boldsymbol{A}_{2t} \\ \vdots & \vdots & & \vdots \\ \boldsymbol{A}_{s1} & \boldsymbol{A}_{s2} & \cdots & \boldsymbol{A}_{st} \end{pmatrix},$$

则

$$\boldsymbol{A}^{\mathrm{T}}=\begin{pmatrix} \boldsymbol{A}_{11}^{\mathrm{T}} & \boldsymbol{A}_{21}^{\mathrm{T}} & \cdots & \boldsymbol{A}_{s1}^{\mathrm{T}} \\ \boldsymbol{A}_{12}^{\mathrm{T}} & \boldsymbol{A}_{22}^{\mathrm{T}} & \cdots & \boldsymbol{A}_{s2}^{\mathrm{T}} \\ \vdots & \vdots & & \vdots \\ \boldsymbol{A}_{1t}^{\mathrm{T}} & \boldsymbol{A}_{2t}^{\mathrm{T}} & \cdots & \boldsymbol{A}_{st}^{\mathrm{T}} \end{pmatrix}.$$

即分块矩阵转置时,不仅要把当作元素看待的子块行列互换,而且要把每个子块内部的元素也应行列互换.

4. 分块矩阵的乘法运算

设矩阵 $\boldsymbol{A}=(a_{ij})_{m\times n}$,$\boldsymbol{B}=(a_{jk})_{n\times p}$,对 $\boldsymbol{A}$,$\boldsymbol{B}$ 分块,使得 $\boldsymbol{A}$ 的列的分法和 $\boldsymbol{B}$ 的行的分法相同,即

$$\boldsymbol{A}=\begin{pmatrix} \boldsymbol{A}_{11} & \boldsymbol{A}_{12} & \cdots & \boldsymbol{A}_{1s} \\ \boldsymbol{A}_{21} & \boldsymbol{A}_{22} & \cdots & \boldsymbol{A}_{2s} \\ \vdots & \vdots & & \vdots \\ \boldsymbol{A}_{r1} & \boldsymbol{A}_{r2} & \cdots & \boldsymbol{A}_{rs} \end{pmatrix},\quad \boldsymbol{B}=\begin{pmatrix} \boldsymbol{B}_{11} & \boldsymbol{B}_{12} & \cdots & \boldsymbol{B}_{1t} \\ \boldsymbol{B}_{21} & \boldsymbol{B}_{22} & \cdots & \boldsymbol{B}_{2t} \\ \vdots & \vdots & & \vdots \\ \boldsymbol{B}_{s1} & \boldsymbol{B}_{s2} & \cdots & \boldsymbol{B}_{st} \end{pmatrix},$$

其中子块 $\boldsymbol{A}_{ij}$ 是 $m_i\times n_j$ 矩阵,子块 $\boldsymbol{B}_{jk}$ 是 $n_j\times p_k$ 矩阵,且 $\sum\limits_{i=1}^{r}m_i=m$,$\sum\limits_{j=1}^{s}n_j=n$,$\sum\limits_{k=1}^{t}p_i=p$,则

$$\boldsymbol{C}=\boldsymbol{A}\boldsymbol{B}=\begin{pmatrix} \boldsymbol{C}_{11} & \boldsymbol{C}_{12} & \cdots & \boldsymbol{C}_{1t} \\ \boldsymbol{C}_{21} & \boldsymbol{C}_{22} & \cdots & \boldsymbol{C}_{2t} \\ \vdots & \vdots & & \vdots \\ \boldsymbol{C}_{r1} & \boldsymbol{C}_{r2} & \cdots & \boldsymbol{C}_{rt} \end{pmatrix},$$

其中

$$\boldsymbol{C}_{ik}=\boldsymbol{A}_{i1}\boldsymbol{B}_{1k}+\boldsymbol{A}_{i2}\boldsymbol{B}_{2k}+\cdots+\boldsymbol{A}_{is}\boldsymbol{B}_{sk}=\sum_{j=1}^{s}\boldsymbol{A}_{ij}\boldsymbol{B}_{jk},\quad i=1,2,\cdots,r,k=1,2,\cdots,t.$$

易证,矩阵 $\boldsymbol{A}=(a_{ij})_{m\times n}$,$\boldsymbol{B}=(a_{jk})_{n\times p}$ 分块相乘的结果和直接相乘的结果一样.

例 2.14 设

$$A=\begin{pmatrix}1&0&0&0&0\\0&1&0&0&0\\0&1&1&0&0\\1&2&0&1&0\\-2&0&0&0&1\end{pmatrix},\quad B=\begin{pmatrix}1&-2&-1&0\\-4&0&0&-1\\0&1&0&0\\-2&0&0&0\\2&-1&0&0\end{pmatrix},$$

求 AB.

解 对 A,B 作如下分块:

$$A=\left(\begin{array}{cc:ccc}1&0&0&0&0\\0&1&0&0&0\\\hdashline 0&1&1&0&0\\1&2&0&1&0\\-2&0&0&0&1\end{array}\right)=\begin{pmatrix}E_2&\mathbf{0}\\A_{21}&E_3\end{pmatrix},\quad B=\left(\begin{array}{cc:cc}1&-2&-1&0\\-4&0&0&-1\\\hdashline 0&1&0&0\\-2&0&0&0\\2&-1&0&0\end{array}\right)=\begin{pmatrix}B_{11}&-E_2\\B_{21}&\mathbf{0}\end{pmatrix},$$

则

$$AB=\begin{pmatrix}E_2&\mathbf{0}\\A_{21}&E_3\end{pmatrix}\begin{pmatrix}B_{11}&-E_2\\B_{21}&\mathbf{0}\end{pmatrix}=\begin{pmatrix}B_{11}&-E_2\\A_{21}B_{11}+B_{21}&-A_{21}\end{pmatrix},$$

$$A_{21}B_{11}+B_{21}=\begin{pmatrix}0&1\\1&2\\-2&0\end{pmatrix}\begin{pmatrix}1&-2\\-4&0\end{pmatrix}+\begin{pmatrix}0&1\\-2&0\\2&-1\end{pmatrix}=\begin{pmatrix}-4&1\\-9&-2\\0&3\end{pmatrix},$$

所以

$$AB=\begin{pmatrix}1&-2&-1&0\\-4&0&0&-1\\-4&1&0&-1\\-9&-2&-1&-2\\0&3&2&0\end{pmatrix}.$$

5. 准对角矩阵

定义 2.9 形如

$$\begin{pmatrix}A_1&\mathbf{0}&\cdots&\mathbf{0}\\\mathbf{0}&A_2&\cdots&\mathbf{0}\\\vdots&\vdots&\ddots&\vdots\\\mathbf{0}&\mathbf{0}&\cdots&A_s\end{pmatrix}$$

的分块矩阵,称为准对角矩阵.其中主对角线上的 $A_1,A_2,\cdots,A_s$ 都是小方阵,其余子块全是零,可简记为

$$\begin{pmatrix}A_1&&&\\&A_2&&\\&&\ddots&\\&&&A_s\end{pmatrix}.$$

如

$$A=\left(\begin{array}{cc:cc:ccc}2&0&0&0&0&0&0\\1&3&0&0&0&0&0\\\hdashline 0&0&2&1&0&0&0\\0&0&3&4&0&0&0\\\hdashline 0&0&0&0&5&3&2\\0&0&0&0&0&1&0\\0&0&0&0&0&0&2\end{array}\right)=\begin{pmatrix}\boldsymbol{A}_1&\boldsymbol{0}&\boldsymbol{0}\\\boldsymbol{0}&\boldsymbol{A}_2&\boldsymbol{0}\\\boldsymbol{0}&\boldsymbol{0}&\boldsymbol{A}_3\end{pmatrix},$$

$$\boldsymbol{B}=\left(\begin{array}{cc:cc}2&0&0&0\\1&2&0&0\\\hdashline 0&0&3&0\\0&0&1&3\end{array}\right)=\begin{pmatrix}\boldsymbol{B}_1&\boldsymbol{0}\\\boldsymbol{0}&\boldsymbol{B}_2\end{pmatrix},\quad \boldsymbol{C}=\left(\begin{array}{c:cc}2&0&0\\\hdashline 0&3&1\\0&0&3\end{array}\right)=\begin{pmatrix}C_1&\boldsymbol{0}\\\boldsymbol{0}&\boldsymbol{C}_2\end{pmatrix}$$

都是准对角矩阵.

显然,对角矩阵是准对角矩阵的特殊情形.

性质 2.7 准对角矩阵具有下列运算性质:

(1) 两个具有相同分块的准对角矩阵的和、乘积仍是准对角矩阵,数与准对角矩阵的乘积以及准对角矩阵的转置仍是准对角矩阵. 即: 对于两个有相同分块的准对角矩阵

$$\boldsymbol{A}=\begin{pmatrix}\boldsymbol{A}_1&&&\\&\boldsymbol{A}_2&&\\&&\ddots&\\&&&\boldsymbol{A}_s\end{pmatrix},\quad \boldsymbol{B}=\begin{pmatrix}\boldsymbol{B}_1&&&\\&\boldsymbol{B}_2&&\\&&\ddots&\\&&&\boldsymbol{B}_s\end{pmatrix},$$

若它们的对应分块是同阶的,则有

$$\boldsymbol{A}+\boldsymbol{B}=\begin{pmatrix}\boldsymbol{A}_1+\boldsymbol{B}_1&&&\\&\boldsymbol{A}_2+\boldsymbol{B}_2&&\\&&\ddots&\\&&&\boldsymbol{A}_s+\boldsymbol{B}_s\end{pmatrix},\quad \boldsymbol{AB}=\begin{pmatrix}\boldsymbol{A}_1\boldsymbol{B}_1&&&\\&\boldsymbol{A}_2\boldsymbol{B}_2&&\\&&\ddots&\\&&&\boldsymbol{A}_s\boldsymbol{B}_s\end{pmatrix},$$

$$k\boldsymbol{A}=\begin{pmatrix}k\boldsymbol{A}_1&&&\\&k\boldsymbol{A}_2&&\\&&\ddots&\\&&&k\boldsymbol{A}_s\end{pmatrix},\quad \boldsymbol{A}^{\mathrm{T}}=\begin{pmatrix}\boldsymbol{A}_1^{\mathrm{T}}&&&\\&\boldsymbol{A}_2^{\mathrm{T}}&&\\&&\ddots&\\&&&\boldsymbol{A}_s^{\mathrm{T}}\end{pmatrix}.$$

(2) 准对角矩阵 $\boldsymbol{A}$ 可逆的充分必要性条件是 $\boldsymbol{A}_1,\boldsymbol{A}_2,\cdots,\boldsymbol{A}_s$ 都可逆，并且当 $\boldsymbol{A}$ 可逆时，有

$$\boldsymbol{A}^{-1}=\begin{pmatrix}\boldsymbol{A}_1^{-1} & & & \\ & \boldsymbol{A}_2^{-1} & & \\ & & \ddots & \\ & & & \boldsymbol{A}_s^{-1}\end{pmatrix}.$$

如果一个阶数较高的可逆矩阵能分块为准对角矩阵，那么利用性质 2.7(2)就可将原矩阵求逆问题转化成一些小方阵的求逆问题.

例 2.15 试判断矩阵 $\boldsymbol{A}=\begin{pmatrix}2&0&0&0\\0&1&2&0\\0&2&5&0\\0&0&0&7\end{pmatrix}$ 是否可逆？若可逆，求出 $\boldsymbol{A}^{-1}$，并计算 $\boldsymbol{A}^2$.

解 将 $\boldsymbol{A}$ 分块为

$$\boldsymbol{A}=\left(\begin{array}{c|cc|c}2&0&0&0\\ \hline 0&1&2&0\\0&2&5&0\\ \hline 0&0&0&7\end{array}\right)=\begin{pmatrix}A_1&\boldsymbol{0}&0\\ \boldsymbol{0}&\boldsymbol{A}_2&\boldsymbol{0}\\ 0&\boldsymbol{0}&A_3\end{pmatrix},$$

则 $\boldsymbol{A}$ 为一准对角矩阵. 因为 $|A_1|=2$，$|\boldsymbol{A}_2|=\begin{vmatrix}1&2\\2&5\end{vmatrix}=1$，$|A_3|=7$ 都不为零，所以 $A_1,\boldsymbol{A}_2,A_3$ 都可逆. 从而 $\boldsymbol{A}$ 可逆. 又因为 $A_1^{-1}=\dfrac{1}{2}$，$\boldsymbol{A}_2^{-1}=\begin{pmatrix}5&-2\\-2&1\end{pmatrix}$，$A_3^{-1}=\dfrac{1}{7}$，所以

$$\boldsymbol{A}^{-1}=\begin{pmatrix}A_2^{-1}&\boldsymbol{0}&0\\ \boldsymbol{0}&\boldsymbol{A}_2^{-1}&\boldsymbol{0}\\ 0&\boldsymbol{0}&A_3^{-1}\end{pmatrix}=\begin{pmatrix}\frac{1}{2}&0&0&0\\0&5&-2&0\\0&-2&1&0\\0&0&0&\frac{1}{7}\end{pmatrix}.$$

再计算 $\boldsymbol{A}^2$：

$$\boldsymbol{A}^2=\begin{pmatrix}A_1&\boldsymbol{0}&0\\ \boldsymbol{0}&\boldsymbol{A}_2&\boldsymbol{0}\\ 0&\boldsymbol{0}&A_3\end{pmatrix}\begin{pmatrix}A_1&\boldsymbol{0}&0\\ \boldsymbol{0}&\boldsymbol{A}_2&\boldsymbol{0}\\ 0&\boldsymbol{0}&A_3\end{pmatrix}=\begin{pmatrix}A_1^2&\boldsymbol{0}&0\\ \boldsymbol{0}&\boldsymbol{A}_2^2&\boldsymbol{0}\\ 0&\boldsymbol{0}&A_3^2\end{pmatrix}.$$

而

$$A_1^2=4,\quad \boldsymbol{A}_2^2=\begin{pmatrix}5&12\\12&29\end{pmatrix},\quad A_3^2=49,$$

因此

$$A^2=\begin{pmatrix}4&0&0&0\\0&5&12&0\\0&12&29&0\\0&0&0&49\end{pmatrix}.$$

6. 分块矩阵的逆矩阵

例 2.16 设分块矩阵

$$D=\begin{pmatrix}a_{11}&\cdots&a_{1m}&0&\cdots&0\\\vdots&&\vdots&\vdots&&\vdots\\a_{m1}&\cdots&a_{mm}&0&\cdots&0\\c_{11}&\cdots&c_{1m}&b_{11}&\cdots&b_{1n}\\\vdots&&\vdots&\vdots&&\vdots\\c_{r1}&\cdots&c_{rm}&b_{n1}&\cdots&b_{nn}\end{pmatrix}=\begin{pmatrix}A&0\\C&B\end{pmatrix},$$

其中 A,B 分别是 m 阶和 n 阶的可逆矩阵，C 是 $r\times m$ 矩阵，0 是 $m\times n$ 零矩阵，证明 D 可逆，并求 D^{-1}.

解 因为 A 和 B 都是可逆矩阵，所以 $|A|\neq 0$，$|B|\neq 0$，则有

$$|D|=\begin{vmatrix}A&0\\C&B\end{vmatrix}=|A||B|\neq 0,$$

故 D 可逆. 设 D^{-1} 和 D 有相同的分块方法，且

$$D^{-1}=\begin{pmatrix}X_1&X_2\\X_3&X_4\end{pmatrix},$$

则

$$DD^{-1}=\begin{pmatrix}A&0\\C&B\end{pmatrix}\begin{pmatrix}X_1&X_2\\X_3&X_4\end{pmatrix}=\begin{pmatrix}AX_1&AX_2\\CX_1+BX_3&CX_2+BX_4\end{pmatrix}=\begin{pmatrix}E_m&0\\0&E_n\end{pmatrix}.$$

由矩阵相等的条件得

$$AX_1=E_m,\quad AX_2=0,\quad CX_1+BX_3=0,\quad CX_2+BX_4=E_n,$$

解上述 4 个矩阵方程得

$$X_1=A^{-1},\quad X_2=0,\quad X_3=-B^{-1}CA^{-1},\quad X_4=B^{-1},$$

由此可得

$$D^{-1}=\begin{pmatrix}A^{-1}&0\\-B^{-1}CA^{-1}&B^{-1}\end{pmatrix}.$$

特别地，当 $C=0$ 时，有

$$\begin{pmatrix}A&0\\0&B\end{pmatrix}^{-1}=\begin{pmatrix}A^{-1}&0\\0&B^{-1}\end{pmatrix}.$$

采用例 2.16 同样的方法还可得到以下几个结果：

$$\begin{pmatrix} A & C \\ 0 & B \end{pmatrix}^{-1} = \begin{pmatrix} A^{-1} & -A^{-1}CB^{-1} \\ 0 & B^{-1} \end{pmatrix}, \quad \begin{pmatrix} 0 & A \\ B & 0 \end{pmatrix}^{-1} = \begin{pmatrix} 0 & B^{-1} \\ A^{-1} & 0 \end{pmatrix},$$

其中 $\boldsymbol{A},\boldsymbol{B}$ 都是可逆矩阵.

例 2.17 利用分块方法求矩阵 $\boldsymbol{H}=\begin{pmatrix} 2 & -1 & 0 & 0 \\ -3 & 2 & 0 & 0 \\ 31 & -19 & 3 & -4 \\ -23 & 14 & -2 & 3 \end{pmatrix}$ 的逆矩阵.

解 对矩阵 $\boldsymbol{H}$ 进行分块,得

$$\boldsymbol{H}=\left(\begin{array}{cc:cc} 2 & -1 & 0 & 0 \\ -3 & 2 & 0 & 0 \\ \hdashline 31 & -19 & 3 & -4 \\ -23 & 14 & -2 & 3 \end{array}\right)=\begin{pmatrix} A & 0 \\ C & B \end{pmatrix},$$

即 $\boldsymbol{A}=\begin{pmatrix} 2 & -1 \\ -3 & 2 \end{pmatrix}$,$\boldsymbol{B}=\begin{pmatrix} 3 & -4 \\ -2 & 3 \end{pmatrix}$,$\boldsymbol{C}=\begin{pmatrix} 31 & -19 \\ -23 & 14 \end{pmatrix}$. 而

$$\boldsymbol{A}^{-1}=\begin{pmatrix} 2 & 1 \\ 3 & 2 \end{pmatrix}, \quad \boldsymbol{B}^{-1}=\begin{pmatrix} 3 & 4 \\ 2 & 3 \end{pmatrix}, \quad \boldsymbol{B}^{-1}\boldsymbol{C}\boldsymbol{A}^{-1}=\begin{pmatrix} -1 & -1 \\ -2 & 1 \end{pmatrix},$$

根据分块矩阵求逆矩阵公式得

$$\boldsymbol{H}^{-1}=\begin{pmatrix} A^{-1} & 0 \\ -B^{-1}CA^{-1} & B^{-1} \end{pmatrix}=\begin{pmatrix} 2 & 1 & 0 & 0 \\ 3 & 2 & 0 & 0 \\ 1 & 1 & 3 & 4 \\ 2 & -1 & 2 & 3 \end{pmatrix}.$$

例 2.18 设 $\boldsymbol{A}$ 是 $m\times n$ 矩阵,$\boldsymbol{B}$ 是 $n\times s$ 矩阵,对 $\boldsymbol{B}$ 按列分块形成分块矩阵($\boldsymbol{B}_1$,$\boldsymbol{B}_2$,…,$\boldsymbol{B}_s$). 证明:$\boldsymbol{AB}=\boldsymbol{0}$ 的充要条件是 $\boldsymbol{AB}_1=\boldsymbol{0}$,$\boldsymbol{AB}_2=\boldsymbol{0}$,…,$\boldsymbol{AB}_s=\boldsymbol{0}$.

证明 因为 $\boldsymbol{B}=(\boldsymbol{B}_1,\boldsymbol{B}_2,\cdots,\boldsymbol{B}_s)$,所以 $\boldsymbol{AB}=(\boldsymbol{AB}_1,\boldsymbol{AB}_2,\cdots,\boldsymbol{AB}_s)$,而 $\boldsymbol{AB}=\boldsymbol{0}$ 的充要条件是其各列元素都是零,即 $\boldsymbol{AB}_1=\boldsymbol{0}$,$\boldsymbol{AB}_2=\boldsymbol{0}$,…,$\boldsymbol{AB}_s=\boldsymbol{0}$.

习题 2.4

一、填空题

1. 设分块矩阵 $\boldsymbol{P}=\begin{pmatrix} A & C \\ 0 & B \end{pmatrix}$,其中 $\boldsymbol{A}$ 为 m 阶方阵,$\boldsymbol{B}$ 为 n 阶方阵,若 $|\boldsymbol{A}|=a$,$|\boldsymbol{B}|=b$,则 $|\boldsymbol{PP}^{\mathrm{T}}|=$__________.

2. 设 $\boldsymbol{A}=(\boldsymbol{A}_1,\boldsymbol{A}_2,\boldsymbol{A}_3)$ 是三阶方阵 $\boldsymbol{A}$ 的按列分块矩阵,若 $|\boldsymbol{A}|=5$,则 $|(2\boldsymbol{A}_1+\boldsymbol{A}_2,\boldsymbol{A}_3,\boldsymbol{A}_2)|=$__________.

3. 设 $\boldsymbol{A}=\begin{pmatrix} 0 & 0 & 0 & 1 \\ 0 & 0 & 1 & 0 \\ 0 & 1 & 0 & 0 \\ 1 & 0 & 0 & 0 \end{pmatrix}$,则 $\boldsymbol{A}^{-1}=$______________.

二、用分块矩阵的方法计算

1. $\begin{pmatrix}1&0&2&0\\0&1&0&1\\0&0&1&0\\0&0&0&1\end{pmatrix}\begin{pmatrix}3&0&3&2\\1&2&0&1\\0&0&2&0\\0&0&0&2\end{pmatrix}$；

2. 求$\begin{pmatrix}1&-1&2&0\\0&1&0&1\\0&0&1&0\\0&0&0&1\end{pmatrix}$的逆矩阵.

2.5 初等变换与初等矩阵

行列式的计算过程中,可以应用行列式的性质将行列式化为上(下)三角形行列式,从而简化计算,这些性质反映到矩阵上就是矩阵的初等变换.本节主要介绍初等变换和初等矩阵的概念,并建立矩阵的初等变换与矩阵乘法的联系.

2.5.1 矩阵的初等变换

定义 2.10 矩阵的下列 3 种变换称为**矩阵的初等变换**:

(1) 交换矩阵的某两行(列)的位置;

(2) 用一个非零的数去乘矩阵的某一行(列);

(3) 用一个数乘某一行(列)后加到另一行(列)上.

定义 2.11 若矩阵满足:

(1) 零行(元素全为零的行)位于矩阵的下方;

(2) 各非零行的首个非零元素(非零元素所占行中,从左到右第一个不为零的元素)总比其上一行第一个非零元素至少向右移一列;

(3) 非零行第一个非零元素下方全是零.

则称这样的矩阵是**行阶梯形矩阵**.若行阶梯形矩阵满足非零行第一个非零元素为 1,且非零行第一个非零元素所在列的其余元素为零,则称为**行最简形矩阵**.

$$\boldsymbol{A}=\begin{pmatrix}1&3&1\\0&4&5\\0&0&7\end{pmatrix},\quad \boldsymbol{B}=\begin{pmatrix}1&3&1\\0&1&1\\0&0&0\end{pmatrix},\quad \boldsymbol{C}=\begin{pmatrix}1&2&3&7\\0&0&8&1\\0&0&0&0\\0&0&0&0\end{pmatrix},\quad \boldsymbol{D}=\begin{pmatrix}1&0&3&0\\0&1&1&0\\0&0&0&1\\0&0&0&0\end{pmatrix}$$

如上述矩阵 $\boldsymbol{A},\boldsymbol{B},\boldsymbol{C}$ 是行阶梯形矩阵,$\boldsymbol{D}$ 是行最简形矩阵.

定义 2.12 若矩阵 $\boldsymbol{A}$ 经过有限次初等变换变为矩阵 $\boldsymbol{B}$,则称矩阵 $\boldsymbol{A}$ 与 $\boldsymbol{B}$ **等价**,记作 $\boldsymbol{A}\cong\boldsymbol{B}$.

性质 2.8 等价矩阵具有如下基本性质:

(1) 反身性 $\boldsymbol{A}\cong\boldsymbol{A}$;

(2) 对称性 若 $\boldsymbol{A}\cong\boldsymbol{B}$,则 $\boldsymbol{B}\cong\boldsymbol{A}$;

(3) 传递性 若 $\boldsymbol{A}\cong\boldsymbol{B},\boldsymbol{B}\cong\boldsymbol{C}$,则 $\boldsymbol{A}\cong\boldsymbol{C}$.

例 2.19 设矩阵 $\boldsymbol{A}=\begin{pmatrix}1&1&1&1&1\\3&2&1&1&-3\\0&1&3&2&5\\5&4&3&3&-1\end{pmatrix}$,用初等行变换法化 $\boldsymbol{A}$ 为行阶梯形矩阵和行最简形矩阵.

解 由于 $a_{11}=1$,所以把第 1 行的 -3 倍加到第 2 行,第 1 行的 -5 倍加到第 4 行;再把新的第 2 行的 1 倍加到第 3 行,-1 倍加到第 4 行,得行阶梯形矩阵:

$$\boldsymbol{A}=\begin{pmatrix}1&1&1&1&1\\3&2&1&1&-3\\0&1&3&2&5\\5&4&3&3&-1\end{pmatrix}\to\begin{pmatrix}1&1&1&1&1\\0&-1&-2&-2&-6\\0&1&3&2&5\\0&-1&-2&-2&-6\end{pmatrix}\to\begin{pmatrix}1&1&1&1&1\\0&-1&-2&-2&-6\\0&0&1&0&-1\\0&0&0&0&0\end{pmatrix},$$

对这个行阶梯形矩阵,进一步化简.第 3 行的 2 倍加到第 2 行,第 3 行的 -1 倍加到第 2 行;第 2 行的 1 倍加到第 1 行;最后对第 2 行元素乘以 -1 倍,得到行最简形矩阵:

$$\to\begin{pmatrix}1&1&0&1&2\\0&-1&0&-2&-8\\0&0&1&0&-1\\0&0&0&0&0\end{pmatrix}\to\begin{pmatrix}1&0&0&-1&-6\\0&-1&0&-2&-8\\0&0&1&0&-1\\0&0&0&0&0\end{pmatrix}\to\begin{pmatrix}1&0&0&-1&-6\\0&1&0&2&8\\0&0&1&0&-1\\0&0&0&0&0\end{pmatrix}.$$

显然矩阵 $\boldsymbol{A}$ 与它对应的行阶梯形矩阵和行最简形矩阵均等价.

2.5.2 初等矩阵

定义 2.13 由单位矩阵 $\boldsymbol{E}$ 经过一次初等变换得到的矩阵称为**初等矩阵**.

显然,初等矩阵都是方阵,3 种初等变换对应 3 种类型的初等矩阵.

1. 互换矩阵 $\boldsymbol{E}$ 的第 i 行(列)与第 j 行(列)的位置,得

$$\boldsymbol{P}(i,j)=\begin{pmatrix}1&&&&&&&&&\\&\ddots&&&&&&&&\\&&1&&&&&&&\\&&&0&\cdots&\cdots&\cdots&1&&\\&&&\vdots&1&&&\vdots&&\\&&&\vdots&&\ddots&&\vdots&&\\&&&\vdots&&&1&\vdots&&\\&&&1&\cdots&\cdots&\cdots&0&&\\&&&&&&&&1&\\&&&&&&&&&\ddots\\&&&&&&&&&&1\end{pmatrix}\begin{matrix}\\\\\\i\text{ 行}\\\\\\\\j\text{ 行}\\\\\\\\\end{matrix}.$$

i 列 j 列

2. 用非零数 c 乘 $\boldsymbol{E}$ 的第 i 行(列),得

$$\boldsymbol{P}(i(c))=\begin{pmatrix}1&&&&&&\\&\ddots&&&&&\\&&1&&&&\\&&&c&&&\\&&&&1&&\\&&&&&\ddots&\\&&&&&&1\end{pmatrix}\begin{matrix}\\\\\\ i\text{ 行}\\\\\\\\\end{matrix}.$$

i 列

3. 将 $\boldsymbol{E}$ 的第 j 行的 k 倍加到第 i 行上,得

$$\boldsymbol{P}(i,j(k))=\begin{pmatrix}1&&&&&&\\&\ddots&&&&&\\&&1&\cdots&k&&\\&&&\ddots&\vdots&&\\&&&&1&&\\&&&&&\ddots&\\&&&&&&1\end{pmatrix}\begin{matrix}\\\\ i\text{ 行}\\\\ j\text{ 行}\\\\\\\end{matrix}.$$

i 列　　j 列

该矩阵也是 $\boldsymbol{E}$ 的第 i 列的 k 倍加到第 j 列所得的初等矩阵.

性质 2.9 初等矩阵具有如下性质:

(1) 初等矩阵是可逆的,且逆矩阵仍是同类型的初等矩阵,具体为

$$\boldsymbol{P}(i,j)^{-1}=\boldsymbol{P}(i,j);\quad \boldsymbol{P}(i(c))^{-1}=\boldsymbol{P}\left(i\left(\frac{1}{c}\right)\right);$$

$$\boldsymbol{P}(i,j(k))^{-1}=\boldsymbol{P}(i,j(-k)).$$

证明 仅证第一式,其他各式类似.

因为 $|\boldsymbol{P}(i,j)|=-1\neq 0$,由定理 2.1 得,$\boldsymbol{P}(i,j)$ 是可逆的. 又因为

$$\boldsymbol{P}(i,j)\boldsymbol{P}(i,j)^{-1}=\boldsymbol{E},$$

所以,$\boldsymbol{P}(i,j)^{-1}=\boldsymbol{P}(i,j)$.

(2) 初等矩阵的转置矩阵仍是同类型的初等矩阵,即

$$\boldsymbol{P}(i,j)^{\mathrm{T}}=\boldsymbol{P}(i,j),\quad \boldsymbol{P}(i(c))^{\mathrm{T}}=\boldsymbol{P}(i(c)),\quad \boldsymbol{P}(i,j(k))^{\mathrm{T}}=\boldsymbol{P}(j,i(k)).$$

定理 2.2 对一个 $m\times n$ 矩阵 $\boldsymbol{A}$ 施行一次初等行变换就相当于对 $\boldsymbol{A}$ 左乘一个相应的 m 阶初等矩阵;对 $\boldsymbol{A}$ 施行一次初等列变换就相当于对 $\boldsymbol{A}$ 右乘一个相应的 n 阶初等矩阵.

证明 只对行变换的情形给予证明,列变换的情形可同样证明.

设 $\boldsymbol{A}$ 的行分块矩阵是 $\boldsymbol{A}_1,\boldsymbol{A}_2,\cdots,\boldsymbol{A}_m$. 因为

$$\boldsymbol{A}\xrightarrow{(i)+(j)k}\begin{pmatrix}\boldsymbol{A}_1\\ \vdots\\ \boldsymbol{A}_i+k\boldsymbol{A}_j\\ \vdots\\ \boldsymbol{A}_j\\ \vdots\\ \boldsymbol{A}_m\end{pmatrix},$$

$$\boldsymbol{P}(i,j(k))\boldsymbol{A}=\begin{pmatrix}1&&&&&\\ &\ddots&&&&\\ &&1&\cdots&k&&\\ &&&\ddots&\vdots&&\\ &&&&1&&\\ &&&&&\ddots&\\ &&&&&&1\end{pmatrix}\begin{pmatrix}\boldsymbol{A}_1\\ \vdots\\ \boldsymbol{A}_i\\ \vdots\\ \boldsymbol{A}_j\\ \vdots\\ \boldsymbol{A}_m\end{pmatrix}=\begin{pmatrix}\boldsymbol{A}_1\\ \vdots\\ \boldsymbol{A}_i+k\boldsymbol{A}_j\\ \vdots\\ \boldsymbol{A}_j\\ \vdots\\ \boldsymbol{A}_m\end{pmatrix}.$$

这说明：把 $\boldsymbol{A}$ 的第 j 行的 k 倍加到第 i 行上，就相当于在 $\boldsymbol{A}$ 的左边乘上一个相应的初等矩阵 $\boldsymbol{P}(i,j(k))$.

其他两种初等变换可类似地证明.

例 2.20 计算 $\begin{pmatrix}0&1&0\\1&0&0\\0&0&1\end{pmatrix}^{2021}\begin{pmatrix}1&2&3\\4&5&6\\7&8&9\end{pmatrix}\begin{pmatrix}0&0&1\\0&1&0\\1&0&0\end{pmatrix}^{2020}$.

解 由初等矩阵的性质可得 $\boldsymbol{P}_{ij}^2=\boldsymbol{E}$，于是

$$\begin{pmatrix}0&1&0\\1&0&0\\0&0&1\end{pmatrix}^{2021}\begin{pmatrix}1&2&3\\4&5&6\\7&8&9\end{pmatrix}\begin{pmatrix}0&0&1\\0&1&0\\1&0&0\end{pmatrix}^{2020}=\begin{pmatrix}0&1&0\\1&0&0\\0&0&1\end{pmatrix}\begin{pmatrix}1&2&4\\4&5&6\\7&8&9\end{pmatrix}\boldsymbol{E}=\begin{pmatrix}4&5&6\\1&2&3\\7&8&9\end{pmatrix}.$$

2.5.3 用初等矩阵求逆矩阵

定理 2.3 任意一个 $m\times n$ 矩阵 $\boldsymbol{A}$ 经过若干次初等变换后，总可以化成形如

$$\boldsymbol{D}=\begin{pmatrix}1&&&&&\\ &\ddots&&&&\\ &&1&&&\\ &&&0&&\\ &&&&\ddots&\\ &&&&&0\end{pmatrix}=\begin{pmatrix}\boldsymbol{E}_r&\boldsymbol{0}\\ \boldsymbol{0}&\boldsymbol{0}\end{pmatrix}$$

的矩阵，矩阵 $\boldsymbol{D}$ 称为矩阵 $\boldsymbol{A}$ 的**初等变换标准形**，简称标准形.

简证 任一矩阵都可以经过初等行变换化为行最简形矩阵，再进行初等列变换即可得到标准形.

如例 2.19 中的矩阵 $\boldsymbol{A}$ 化为行最简形矩阵后，再进行初等列变换，第 1 列的 1 倍加到第

4 列,6 倍加到第 5 列；第 2 列的 -2 倍加到第 4 列,-8 倍加到第 5 列；第 3 列的 1 倍加到第 5 列,得到矩阵 $\boldsymbol{A}$ 的标准形

$$\boldsymbol{D}=\begin{pmatrix}1&0&0&0&0\\0&1&0&0&0\\0&0&1&0&0\\0&0&0&0&0\end{pmatrix}=\begin{pmatrix}\boldsymbol{E}_3&\boldsymbol{0}\\\boldsymbol{0}&\boldsymbol{0}\end{pmatrix}$$

定理 2.3 说明任意一个矩阵 $\boldsymbol{A}$ 都可以经过一系列的初等行变换、列变换化为标准形 $\boldsymbol{D}$,根据定理 2.2,存在一系列初等矩阵 $\boldsymbol{P}_1,\boldsymbol{P}_2,\cdots,\boldsymbol{P}_s,\boldsymbol{Q}_1,\boldsymbol{Q}_2,\cdots,\boldsymbol{Q}_t$,使得

$$\boldsymbol{P}_s\cdots\boldsymbol{P}_2\boldsymbol{P}_1\boldsymbol{A}\boldsymbol{Q}_1\boldsymbol{Q}_2\cdots\boldsymbol{Q}_t=\boldsymbol{D} \tag{2.1}$$

成立,又由于初等矩阵是可逆的,故(2.1)式可写成

$$\boldsymbol{A}=\boldsymbol{P}_1^{-1}\boldsymbol{P}_2^{-1}\cdots\boldsymbol{P}_s^{-1}\boldsymbol{D}\boldsymbol{Q}_t^{-1}\cdots\boldsymbol{Q}_2^{-1}\boldsymbol{Q}_1^{-1}. \tag{2.2}$$

推论 1 n 阶方阵 $\boldsymbol{A}$ 可逆的充分必要条件是 $\boldsymbol{A}$ 的标准形为单位矩阵 $\boldsymbol{E}$.

证明 必要性,设 $\boldsymbol{A}$ 可逆,$\boldsymbol{D}$ 为 $\boldsymbol{A}$ 的标准形,对(2.1)式两边求行列式得

$$|\boldsymbol{D}|=|\boldsymbol{P}_s|\cdots|\boldsymbol{P}_2||\boldsymbol{P}_1||\boldsymbol{A}||\boldsymbol{Q}_1||\boldsymbol{Q}_2|\cdots|\boldsymbol{Q}_t|\neq 0,$$

所以 $\boldsymbol{D}$ 可逆,因此,$\boldsymbol{D}$ 必等于 $\boldsymbol{E}$,所以 $\boldsymbol{A}$ 的标准形为单位矩阵 $\boldsymbol{E}$.

充分性,由(2.2)式

$$\boldsymbol{A}=\boldsymbol{P}_1^{-1}\boldsymbol{P}_2^{-1}\cdots\boldsymbol{P}_s^{-1}\boldsymbol{D}\boldsymbol{Q}_t^{-1}\cdots\boldsymbol{Q}_2^{-1}\boldsymbol{Q}_1^{-1}=\boldsymbol{P}_1^{-1}\boldsymbol{P}_2^{-1}\cdots\boldsymbol{P}_s^{-1}\boldsymbol{E}\boldsymbol{Q}_t^{-1}\cdots\boldsymbol{Q}_2^{-1}\boldsymbol{Q}_1^{-1}.$$

等式两边取行列式,由于初等矩阵都是可逆的,所以 $\boldsymbol{A}$ 可逆,且

$$\boldsymbol{A}=\boldsymbol{P}_1^{-1}\boldsymbol{P}_2^{-1}\cdots\boldsymbol{P}_s^{-1}\boldsymbol{Q}_t^{-1}\cdots\boldsymbol{Q}_2^{-1}\boldsymbol{Q}_1^{-1}.$$

由于初等矩阵的逆矩阵仍然是初等矩阵,所以 $\boldsymbol{A}$ 可以表示成一系列初等矩阵乘积的形式.

推论 2 n 阶方阵 $\boldsymbol{A}$ 可逆的充分必要条件是 $\boldsymbol{A}=\boldsymbol{P}_1\boldsymbol{P}_2\cdots\boldsymbol{P}_s$,其中 $\boldsymbol{P}_1,\boldsymbol{P}_2,\cdots,\boldsymbol{P}_s$ 是初等矩阵.

证明 根据推论 1 即可得到证明.

定理 2.4 若 n 阶方阵 $\boldsymbol{A}$ 可逆,则总可以经过一系列初等行变换将 $\boldsymbol{A}$ 化成单位矩阵.

证明 设 $\boldsymbol{A}$ 为一个 n 阶可逆矩阵,由推论 2,存在一系列初等矩阵 $\boldsymbol{P}_1,\boldsymbol{P}_2,\cdots,\boldsymbol{P}_s$,使得

$$\boldsymbol{A}=\boldsymbol{P}_1\boldsymbol{P}_2\cdots\boldsymbol{P}_s=\boldsymbol{P}_1\boldsymbol{P}_2\cdots\boldsymbol{P}_s\boldsymbol{E}.$$

等式两边同时左乘 $\boldsymbol{P}_s^{-1}\cdots\boldsymbol{P}_2^{-1}\boldsymbol{P}_1^{-1}$,得

$$\boldsymbol{P}_s^{-1}\cdots\boldsymbol{P}_2^{-1}\boldsymbol{P}_1^{-1}\boldsymbol{A}=\boldsymbol{P}_s^{-1}\cdots\boldsymbol{P}_2^{-1}\boldsymbol{P}_1^{-1}\boldsymbol{P}_1\boldsymbol{P}_2\cdots\boldsymbol{P}_s=\boldsymbol{E},$$

所以 n 阶方阵 $\boldsymbol{A}$ 可逆,则可以经过一系列初等行变换将 $\boldsymbol{A}$ 化成单位矩阵.

由定理 2.4 得到了一个求逆矩阵的方法.

作 $n\times 2n$ 矩阵 $(\boldsymbol{A}|\boldsymbol{E})$,左乘矩阵 $\boldsymbol{A}^{-1}=\boldsymbol{P}_s^{-1}\cdots\boldsymbol{P}_2^{-1}\boldsymbol{P}_1^{-1}$,相当于对矩阵 $(\boldsymbol{A}|\boldsymbol{E})$ 作初等行变换,使左边子块 $\boldsymbol{A}$ 化为 $\boldsymbol{E}$,同时右边子块 $\boldsymbol{E}$ 就化成了 $\boldsymbol{A}^{-1}$,即

$$\boldsymbol{A}^{-1}(\boldsymbol{A}\mid\boldsymbol{E})=(\boldsymbol{A}^{-1}\boldsymbol{A}\mid\boldsymbol{A}^{-1}\boldsymbol{E})=(\boldsymbol{E}\mid\boldsymbol{A}^{-1}),$$

也就是说

$$(\boldsymbol{A}\mid\boldsymbol{E})\xrightarrow{\text{初等行变换}}(\boldsymbol{E}\mid\boldsymbol{A}^{-1}).$$

如例 2.11 也可以用初等变换法求逆矩阵.

例 2.11(续) 设 $\boldsymbol{A}=\begin{pmatrix}1&-1&1\\1&0&1\\0&1&1\end{pmatrix}$,判断 $\boldsymbol{A}$ 是否可逆.如果 $\boldsymbol{A}$ 可逆,求出 $\boldsymbol{A}^{-1}$.

解 对矩阵 $(\boldsymbol{A}|\boldsymbol{E})$ 施以初等行变换

$$(\boldsymbol{A}\mid\boldsymbol{E})=\left(\begin{array}{ccc|ccc}1&-1&1&1&0&0\\1&0&1&0&1&0\\0&1&1&0&0&1\end{array}\right)\to\left(\begin{array}{ccc|ccc}1&-1&1&1&0&0\\0&1&0&-1&1&0\\0&1&1&0&0&1\end{array}\right)$$

$$\to\left(\begin{array}{ccc|ccc}1&-1&1&1&0&0\\0&1&0&-1&1&0\\0&0&1&1&-1&1\end{array}\right)\to\left(\begin{array}{ccc|ccc}1&0&0&-1&2&-1\\0&1&0&-1&1&0\\0&0&1&1&-1&1\end{array}\right),$$

所以

$$\boldsymbol{A}^{-1}=\begin{pmatrix}-1&2&-1\\-1&1&0\\1&-1&1\end{pmatrix}.$$

用同样的方法可以证明,可逆矩阵可经过一系列的初等列变换化为单位矩阵,即存在初等矩阵 $\boldsymbol{Q}_1,\boldsymbol{Q}_2,\cdots,\boldsymbol{Q}_t$,使得

$$\boldsymbol{A}\boldsymbol{Q}_1\boldsymbol{Q}_2\cdots\boldsymbol{Q}_t=\boldsymbol{E},\quad 即\ \boldsymbol{E}\boldsymbol{Q}_1\boldsymbol{Q}_2\cdots\boldsymbol{Q}_t=\boldsymbol{A}^{-1},$$

由此可得到用初等列变换求逆矩阵的方法,对 $2n\times n$ 矩阵施行初等列变换,即

$$\left(\frac{\boldsymbol{A}}{\boldsymbol{E}}\right)\boldsymbol{A}^{-1}=\left(\frac{\boldsymbol{A}\boldsymbol{A}^{-1}}{\boldsymbol{E}\boldsymbol{A}^{-1}}\right)=\left(\frac{\boldsymbol{E}}{\boldsymbol{A}^{-1}}\right).$$

也就是说

$$\left(\frac{\boldsymbol{A}}{\boldsymbol{E}}\right)\xrightarrow{\text{初等列变换}}\left(\frac{\boldsymbol{E}}{\boldsymbol{A}^{-1}}\right).$$

2.5.4 矩阵方程的求解

下面介绍一种求解矩阵方程的方法.

设矩阵 $\boldsymbol{A}$ 可逆,则矩阵方程 $\boldsymbol{AX}=\boldsymbol{B}$ 的解为 $\boldsymbol{X}=\boldsymbol{A}^{-1}\boldsymbol{B}$,可采用初等变换求逆矩阵的方法,构造矩阵 $(\boldsymbol{A}|\boldsymbol{B})$,左乘 $\boldsymbol{A}^{-1}=\boldsymbol{P}_s^{-1}\cdots\boldsymbol{P}_2^{-1}\boldsymbol{P}_1^{-1}$,相当于对矩阵 $(\boldsymbol{A}|\boldsymbol{B})$ 进行一系列初等行变换,有

$$\boldsymbol{A}^{-1}(\boldsymbol{A}\mid\boldsymbol{B})=(\boldsymbol{A}^{-1}\boldsymbol{A}\mid\boldsymbol{A}^{-1}\boldsymbol{B})=(\boldsymbol{E}\mid\boldsymbol{A}^{-1}\boldsymbol{B}),$$

也就是说

$$(\boldsymbol{A}\mid\boldsymbol{B})\xrightarrow{\text{初等行变换}}(\boldsymbol{E}\mid\boldsymbol{A}^{-1}\boldsymbol{B}).$$

这样就给出了求解矩阵方程 $\boldsymbol{AX}=\boldsymbol{B}$ 的方法.

例 2.21 求矩阵方程 $\boldsymbol{AX}=\boldsymbol{B}$ 的解,其中 $\boldsymbol{A}=\begin{pmatrix}1&1&1\\-1&0&1\\0&1&1\end{pmatrix}$,$\boldsymbol{B}=\begin{pmatrix}2&5\\3&1\\4&3\end{pmatrix}$.

解 方法 1 因为 $|\boldsymbol{A}|=\begin{vmatrix}1&1&1\\-1&0&1\\0&1&1\end{vmatrix}=1\neq0$，所以 $\boldsymbol{A}$ 可逆.

先求 $\boldsymbol{A}^{-1}$，再求 $\boldsymbol{X}=\boldsymbol{A}^{-1}\boldsymbol{B}$ 的值.

$$(\boldsymbol{A}\mid\boldsymbol{E})=\left(\begin{array}{ccc|ccc}1&1&1&1&0&0\\-1&0&1&0&1&0\\0&1&1&0&0&1\end{array}\right)\to\left(\begin{array}{ccc|ccc}1&1&1&1&0&0\\0&1&2&1&1&0\\0&1&1&0&0&1\end{array}\right)$$

$$\to\left(\begin{array}{ccc|ccc}1&1&1&1&0&0\\0&1&2&1&1&0\\0&0&1&-1&-1&1\end{array}\right)\to\left(\begin{array}{ccc|ccc}1&0&0&1&0&-1\\0&1&0&-1&-1&2\\0&0&1&1&1&-1\end{array}\right),$$

所以

$$\boldsymbol{A}^{-1}=\begin{pmatrix}1&0&-1\\-1&-1&2\\1&1&-1\end{pmatrix},$$

故得矩阵方程的解

$$\boldsymbol{X}=\boldsymbol{A}^{-1}\boldsymbol{B}=\begin{pmatrix}1&0&-1\\-1&-1&2\\1&1&-1\end{pmatrix}\begin{pmatrix}2&5\\3&1\\4&3\end{pmatrix}=\begin{pmatrix}-2&2\\3&0\\1&3\end{pmatrix}.$$

方法 2

$$(\boldsymbol{A}\mid\boldsymbol{B})=\left(\begin{array}{ccc|cc}1&1&1&2&5\\-1&0&1&3&1\\0&1&1&4&3\end{array}\right)\to\left(\begin{array}{ccc|cc}1&1&1&2&5\\0&1&2&5&6\\0&1&1&4&3\end{array}\right)$$

$$\to\left(\begin{array}{ccc|cc}1&0&0&-2&-2\\0&1&2&5&6\\0&0&-1&-1&-3\end{array}\right)\to\left(\begin{array}{ccc|cc}1&0&0&-2&-2\\0&1&0&3&0\\0&0&1&1&3\end{array}\right),$$

所以得矩阵方程的解

$$\boldsymbol{X}=\boldsymbol{A}^{-1}\boldsymbol{B}=\begin{pmatrix}-2&2\\3&0\\1&3\end{pmatrix}.$$

习题 2.5

一、填空题

对 4 阶单位矩阵施行以下两个初等变换：把第 2 行的 2 倍加到第 3 行，把第 2 列的 4 倍加到第 3 列，相当于这两个初等变换的初等矩阵分别是______，______.

二、选择题

1. 下列矩阵是初等矩阵的是(   ).

A. $\begin{pmatrix}1&0&0\\0&0&1\\0&1&0\end{pmatrix}$ B. $\begin{pmatrix}1&0&0\\0&2&1\\0&1&0\end{pmatrix}$ C. $\begin{pmatrix}1&0&2\\0&1&1\\0&0&1\end{pmatrix}$ D. $\begin{pmatrix}1&0&-1\\0&0&1\\0&1&0\end{pmatrix}$

2. 设 $\boldsymbol{A}=\begin{pmatrix}a_{11}&a_{12}&a_{13}\\a_{21}&a_{22}&a_{23}\\a_{31}&a_{32}&a_{33}\end{pmatrix}$，$\boldsymbol{B}=\begin{pmatrix}a_{31}&a_{32}&a_{33}-3a_{31}\\a_{21}&a_{22}&a_{23}-3a_{21}\\a_{11}&a_{12}&a_{13}-3a_{11}\end{pmatrix}$，$\boldsymbol{P}_1=\begin{pmatrix}1&0&-3\\0&1&0\\0&0&1\end{pmatrix}$，$\boldsymbol{P}_2=\begin{pmatrix}0&0&1\\0&1&0\\1&0&0\end{pmatrix}$，则 $\boldsymbol{B}=$(　　).

A. $\boldsymbol{P}_1\boldsymbol{P}_2\boldsymbol{A}$ B. $\boldsymbol{A}\boldsymbol{P}_1\boldsymbol{P}_2$ C. $\boldsymbol{P}_1\boldsymbol{A}\boldsymbol{P}_2$ D. $\boldsymbol{P}_2\boldsymbol{A}\boldsymbol{P}_1$

3. 设 $\boldsymbol{A}$ 为三阶矩阵，交换 $\boldsymbol{A}$ 的第 2 行与第 3 行得矩阵 $\boldsymbol{B}$，再将 $\boldsymbol{B}$ 第 2 列的 3 倍加到第 1 列得到单位矩阵. 记 $\boldsymbol{P}_1=\begin{pmatrix}1&0&0\\3&1&0\\0&0&1\end{pmatrix}$，$\boldsymbol{P}_2=\begin{pmatrix}1&0&0\\0&0&1\\0&1&0\end{pmatrix}$，则 $\boldsymbol{A}=$(　　).

A. $\boldsymbol{P}_1\boldsymbol{P}_2$ B. $\boldsymbol{P}_1^{-1}\boldsymbol{P}_2$ C. $\boldsymbol{P}_2\boldsymbol{P}_1$ D. $\boldsymbol{P}_2\boldsymbol{P}_1^{-1}$

三、求下列矩阵的逆矩阵：

1. $\boldsymbol{A}=\begin{pmatrix}1&2&3\\2&2&1\\3&4&3\end{pmatrix}$. 2. $\boldsymbol{A}=\begin{pmatrix}1&1&1\\0&1&1\\0&0&1\end{pmatrix}$.

四、计算

1. $\begin{pmatrix}0&1&0\\1&0&0\\0&0&1\end{pmatrix}^{2024}\begin{pmatrix}1&2&-1\\3&7&1\\0&5&4\end{pmatrix}\begin{pmatrix}0&0&1\\0&1&0\\1&0&0\end{pmatrix}^{2025}$.

2. 设 $\boldsymbol{A}=\begin{pmatrix}2&1&3\\1&-1&1\\-1&2&1\end{pmatrix}$，$\boldsymbol{B}=\begin{pmatrix}1&-1\\2&0\\5&-3\end{pmatrix}$，求解矩阵方程 $\boldsymbol{AX}+\boldsymbol{B}=\boldsymbol{X}$.

3. 设 $\boldsymbol{A}=\begin{pmatrix}2&2&0\\2&1&3\\0&1&0\end{pmatrix}$，且 $\boldsymbol{AX}=\boldsymbol{A}+\boldsymbol{X}$，求 $\boldsymbol{X}$.

4. 设 $\boldsymbol{A}=\begin{pmatrix}1&1&-1\\-1&1&1\\1&-1&1\end{pmatrix}$，且 $\boldsymbol{A}^*\boldsymbol{X}=\boldsymbol{A}^{-1}+2\boldsymbol{X}$，求 $\boldsymbol{X}$.

2.6 矩阵的秩

矩阵的秩的概念是讨论线性方程组解的存在问题的重要工具，本节主要通过行列式来定义矩阵的秩，再给出用初等变换法求矩阵秩的方法.

2.6.1 矩阵秩的定义

在讲述矩阵的秩的定义之前,先给出矩阵的 k 阶子式的概念.

定义 2.14 设 $\boldsymbol{A}$ 是一个 $m\times n$ 矩阵,在 $\boldsymbol{A}$ 中任取 k 行和 k 列,位于这 k 行和 k 列交叉处的元素按照原来的顺序组成的 k 阶行列式,称为矩阵 $\boldsymbol{A}$ 的一个 **k 阶子式**,其中 $k\leqslant \min\{m,n\}$. 特别地,n 阶方阵只有一个 n 阶子式,即 $|\boldsymbol{A}|$.

例 2.22 设

$$\boldsymbol{A}=\begin{pmatrix}3&1&0&-1\\0&2&1&3\\0&0&4&1\\0&0&0&0\end{pmatrix},$$

求 $\boldsymbol{A}$ 的各阶子式.

解 显然,矩阵 $\boldsymbol{A}$ 的每一个元素都是 $\boldsymbol{A}$ 的一阶子式,且不全为零;矩阵 $\boldsymbol{A}$ 的二阶子式,总共有 $C_4^2C_4^2$ 取法,且 $\begin{vmatrix}3&1\\0&2\end{vmatrix}=6$,不为零;矩阵 $\boldsymbol{A}$ 的三阶子式,总共有 $C_4^3C_4^3$ 取法,且 $\begin{vmatrix}3&1&0\\0&2&1\\0&0&4\end{vmatrix}=24$,不为零;矩阵 $\boldsymbol{A}$ 的 4 阶子式只有一个,$|\boldsymbol{A}|=\begin{vmatrix}3&1&0&-1\\0&2&1&3\\0&0&4&1\\0&0&0&0\end{vmatrix}=0$,全为零.

由此可见,矩阵 $\boldsymbol{A}$ 的不为零的子式的最高阶的阶数为 3,且三阶以上的子式全为零. 这个不为零的子式的最高阶的阶数反映了矩阵 $\boldsymbol{A}$ 的一个重要特征,它在矩阵的理论和应用中具有重要意义.

定义 2.15 设 $\boldsymbol{A}$ 是一个 $m\times n$ 矩阵,若 $\boldsymbol{A}$ 中存在不为零的最高阶子式的阶数为 r,称为矩阵 $\boldsymbol{A}$ 的**秩**,记为秩$(\boldsymbol{A})=r$ 或 $\mathrm{r}(\boldsymbol{A})=r$.

根据矩阵秩的定义,例 2.22 中矩阵 $\boldsymbol{A}$ 的秩为 $\mathrm{r}(\boldsymbol{A})=3$.

性质 2.10 设 $\boldsymbol{A}$ 是一个 $m\times n$ 矩阵,且 $\mathrm{r}(\boldsymbol{A})=r$,则:

(1) $0\leqslant r\leqslant \min\{m,n\}$;

(2) $\mathrm{r}(\boldsymbol{A})=\mathrm{r}(\boldsymbol{A}^{\mathrm{T}})=r$;

(3) 矩阵 $\boldsymbol{A}$ 至少有一个 r 阶子式不等于零;

(4) 矩阵 $\boldsymbol{A}$ 的所有的 r 阶以上子式(如果存在的话)全为零;

(5) 零矩阵的秩为零;

(6) n 阶可逆矩阵的秩为 n.

2.6.2 矩阵秩的求法

关于矩阵秩的求解,显然可以通过秩的定义求,但是对于高阶且比较复杂的矩阵,计算量比较大.

定理 2.5 矩阵的初等变换不改变矩阵的秩.

根据定理 2.5,要求一个矩阵的秩,可以将矩阵通过初等变化化为行阶梯形矩阵,行阶梯形矩阵非零元素所占的行数即为矩阵的秩.

在例 2.22 中,矩阵 $\boldsymbol{A}$ 为行阶梯形矩阵,非零元素占 3 行,所以 $r(\boldsymbol{A})=3$.

例 2.23 设 $\boldsymbol{A}=\begin{pmatrix}1&0&1&2\\1&1&2&3\\2&0&1&0\end{pmatrix}$,求 $\boldsymbol{A}$ 的秩 $r(\boldsymbol{A})$.

解 对矩阵 $\boldsymbol{A}$ 进行初等行变换,化为行阶梯形矩阵

$$\boldsymbol{A}=\begin{pmatrix}1&0&1&2\\1&1&2&3\\2&-1&1&3\end{pmatrix}\to\begin{pmatrix}1&0&1&2\\0&1&1&1\\0&-1&-1&-1\end{pmatrix}\to\begin{pmatrix}1&0&1&2\\0&1&1&1\\0&0&0&0\end{pmatrix},$$

非零元素占两行,所以矩阵 $\boldsymbol{A}$ 的秩 $r(\boldsymbol{A})=2$.

习题 2.6

一、设矩阵 $\boldsymbol{A}=\begin{pmatrix}1&2&3&1\\2&-1&k&2\\0&1&1&3\\1&-1&0&4\\2&0&2&5\end{pmatrix}$,若它的秩等于 3,求 k 的值.

二、计算下列矩阵的秩:

1. $\begin{pmatrix}1&-2&2&-1\\2&5&8&0\\3&-6&0&6\end{pmatrix}$; 2. $\begin{pmatrix}1&-1&2&1&0\\2&-2&4&-2&0\\3&0&6&-1&1\\0&3&0&0&1\end{pmatrix}$.

第 2 章总复习题

一、填空题

1. 设 $\boldsymbol{A}$ 为三阶方阵,且 $|\boldsymbol{A}|=5$,则 $|(2\boldsymbol{A})^2|=$______.

2. 设 $\boldsymbol{AB}-\boldsymbol{B}=\boldsymbol{A}$,其中 $\boldsymbol{B}=\begin{pmatrix}1&-2&0\\2&1&0\\0&0&2\end{pmatrix}$,则 $\boldsymbol{A}=$______.

3. 若 $\boldsymbol{A}^{\mathrm{T}}\boldsymbol{A}=\boldsymbol{E}$,则 $|\boldsymbol{A}|=$______.

4. 设三阶方阵 $\boldsymbol{A}$ 的伴随矩阵为 $\boldsymbol{A}^*$,且 $|\boldsymbol{A}|=\frac{1}{2}$,$|(3\boldsymbol{A})^{-1}-2\boldsymbol{A}^*|=$____.

5. 设 $\boldsymbol{A}=(\boldsymbol{A}_1,\boldsymbol{A}_2,\boldsymbol{A}_3)$ 是三阶方阵 $\boldsymbol{A}$ 的按列分块矩阵,若 $|\boldsymbol{A}|=10$,则 $|(2\boldsymbol{A}_1+4\boldsymbol{A}_2,\boldsymbol{A}_3,5\boldsymbol{A}_2)|=$____.

二、选择题

1. 设 $\boldsymbol{A},\boldsymbol{B}$ 为 n 阶方阵,下列结论正确的是(　　).

A. $(\boldsymbol{AB})^k=\boldsymbol{A}^k\boldsymbol{B}^k$　　B. $\boldsymbol{B}^2-\boldsymbol{A}^2=(\boldsymbol{B}-\boldsymbol{A})(\boldsymbol{B}+\boldsymbol{A})$

C. $|-\boldsymbol{A}|=-|\boldsymbol{A}|$　　D. 若 $\boldsymbol{A}$ 可逆,$k\neq 0$,则 $(k\boldsymbol{A})^{-1}=k^{-1}\boldsymbol{A}^{-1}$

2. 以下结论中正确的是(　　).

A. 若方阵 $\boldsymbol{A}$ 的行列式 $|\boldsymbol{A}|=0$,则 $\boldsymbol{A}=\boldsymbol{0}$

B. 若 $\boldsymbol{A}^2=\boldsymbol{0}$,则 $\boldsymbol{A}=\boldsymbol{0}$

C. 若 $\boldsymbol{A}$ 为对称矩阵,则 $\boldsymbol{A}^2$ 也是对称矩阵

D. 对任意同阶方阵 $\boldsymbol{A},\boldsymbol{B}$ 有 $(\boldsymbol{A}+\boldsymbol{B})(\boldsymbol{A}-\boldsymbol{B})=\boldsymbol{A}^2-\boldsymbol{B}^2$

3. 设 $\boldsymbol{A}$ 是 n 阶可逆矩阵,$\boldsymbol{A}^*$ 是 $\boldsymbol{A}$ 的伴随矩阵,则(　　).

A. $|\boldsymbol{A}^*|=|\boldsymbol{A}|^{n-1}$　B. $|\boldsymbol{A}^*|=|\boldsymbol{A}|$　C. $|\boldsymbol{A}^*|=|\boldsymbol{A}|^n$　D. $|\boldsymbol{A}^*|=|\boldsymbol{A}^{-1}|$

三、计算题

1. 设 $\boldsymbol{A}=\begin{pmatrix}1&2&1\\2&1&3\\0&3&1\end{pmatrix}$,求 $\boldsymbol{A}^{-1}$.

2. 设 $\boldsymbol{A}=\begin{pmatrix}3&4&0&0\\4&-3&0&0\\0&0&2&0\\0&0&2&2\end{pmatrix}$,求 $\boldsymbol{A}^{-1}$,$|\boldsymbol{A}^{2025}|$ 及 $\boldsymbol{A}^4$.

3. 求 $\boldsymbol{A}=\begin{pmatrix}\lambda&1&1\\1&\lambda&1\\1&1&\lambda\end{pmatrix}$ 的秩.

四、证明题

1. 设 $\boldsymbol{A}^k=\boldsymbol{0}(k\in\mathbb{N})$,试证:$\boldsymbol{E}-\boldsymbol{A}$ 可逆,且 $(\boldsymbol{E}-\boldsymbol{A})^{-1}=\boldsymbol{E}+\boldsymbol{A}+\boldsymbol{A}^2+\cdots+\boldsymbol{A}^{k-1}$.

2. 设 $\boldsymbol{A}$ 为可逆矩阵,试证:(1)$\boldsymbol{A}^*$ 可逆,且 $(\boldsymbol{A}^*)^{-1}=\dfrac{1}{|\boldsymbol{A}|}\boldsymbol{A}$;(2)$(\boldsymbol{A}^{-1})^*=(\boldsymbol{A}^*)^{-1}$.

第 2 章综合提升题

一、填空题

1. 设 $\boldsymbol{A},\boldsymbol{B}$ 为三阶矩阵,且 $|\boldsymbol{A}|=3$,$|\boldsymbol{B}|=2$,$|\boldsymbol{A}^{-1}+\boldsymbol{B}|=2$,则 $|\boldsymbol{A}+\boldsymbol{B}^{-1}|=$______.

2. 设 $\boldsymbol{A}$ 为三阶矩阵,$|\boldsymbol{A}|=3$,$\boldsymbol{A}^*$ 为 $\boldsymbol{A}$ 的伴随矩阵,若交换 $\boldsymbol{A}$ 的第 1 行与第 2 行得到矩阵 $\boldsymbol{B}$,则 $|\boldsymbol{BA}^*|=$______.

3. 设 $\boldsymbol{A}=(a_{ij})$ 是三阶非零矩阵,$|\boldsymbol{A}|$ 为其行列式,A_{ij} 为元素 a_{ij} 的代数余子式,且满足 $A_{ij}+a_{ij}=0(i,j=1,2,3)$,则 $|\boldsymbol{A}|=$__________.

4. 已知 $\boldsymbol{A}=\begin{pmatrix}1&-1&0&0\\-2&1&-1&1\\3&-2&2&-1\\0&0&3&4\end{pmatrix}$,$A_{ij}$ 表示行列式 $|\boldsymbol{A}|$ 中 (i,j) 位置的代数余子式,

$A_{11}-A_{12}=$________.

5. 设 $\boldsymbol{A}=\begin{pmatrix}1&1\\0&1\end{pmatrix}$，则 $\boldsymbol{A}^{2025}=$____________.

6. 设 $\boldsymbol{A}=(a_{ij})$ 是三阶矩阵，A_{ij} 为元素 a_{ij} 的代数余子式，若 $\boldsymbol{A}$ 的每行元素之和均为2，且 $|\boldsymbol{A}|=3$，则 $A_{11}+A_{21}+A_{31}=$________.

二、选择题

1. 设 $\boldsymbol{A},\boldsymbol{B}$ 均为二阶矩阵，$\boldsymbol{A}^*,\boldsymbol{B}^*$ 分别为 $\boldsymbol{A},\boldsymbol{B}$ 的伴随矩阵，若 $|\boldsymbol{A}|=2,|\boldsymbol{B}|=3$，则分块矩阵 $\boldsymbol{C}=\begin{pmatrix}\boldsymbol{0}&\boldsymbol{A}\\\boldsymbol{B}&\boldsymbol{0}\end{pmatrix}$ 的伴随矩阵为(　　).

A. $\boldsymbol{C}=\begin{pmatrix}\boldsymbol{0}&3\boldsymbol{B}^*\\2\boldsymbol{A}^*&\boldsymbol{0}\end{pmatrix}$　　B. $\boldsymbol{C}=\begin{pmatrix}\boldsymbol{0}&2\boldsymbol{B}^*\\3\boldsymbol{A}^*&\boldsymbol{0}\end{pmatrix}$

C. $\boldsymbol{C}=\begin{pmatrix}\boldsymbol{0}&3\boldsymbol{A}^*\\2\boldsymbol{B}^*&\boldsymbol{0}\end{pmatrix}$　　D. $\boldsymbol{C}=\begin{pmatrix}\boldsymbol{0}&2\boldsymbol{A}^*\\3\boldsymbol{B}^*&\boldsymbol{0}\end{pmatrix}$

2. 设 $\boldsymbol{A},\boldsymbol{B}$ 均为 n 阶可逆方阵，$\boldsymbol{A}^*,\boldsymbol{B}^*$ 分别为 $\boldsymbol{A},\boldsymbol{B}$ 对应的伴随矩阵，分块矩阵 $\boldsymbol{C}=\begin{pmatrix}\boldsymbol{A}&\boldsymbol{0}\\\boldsymbol{0}&\boldsymbol{B}\end{pmatrix}$，则 $\boldsymbol{C}$ 的伴随矩阵 $\boldsymbol{C}^*=$(　　).

A. $\begin{pmatrix}|\boldsymbol{A}|\boldsymbol{A}^*&\boldsymbol{0}\\\boldsymbol{0}&|\boldsymbol{B}|\boldsymbol{B}^*\end{pmatrix}$　　B. $\begin{pmatrix}|\boldsymbol{B}|\boldsymbol{B}^*&\boldsymbol{0}\\\boldsymbol{0}&|\boldsymbol{A}|\boldsymbol{A}^*\end{pmatrix}$

C. $\begin{pmatrix}|\boldsymbol{A}|\boldsymbol{B}^*&\boldsymbol{0}\\\boldsymbol{0}&|\boldsymbol{B}|\boldsymbol{A}^*\end{pmatrix}$　　D. $\begin{pmatrix}|\boldsymbol{B}|\boldsymbol{A}^*&\boldsymbol{0}\\\boldsymbol{0}&|\boldsymbol{A}|\boldsymbol{B}^*\end{pmatrix}$

3. 设 $\boldsymbol{A}$ 为三阶矩阵，$\boldsymbol{P}=\begin{pmatrix}1&0&0\\0&1&0\\1&0&1\end{pmatrix}$，若 $\boldsymbol{P}^{\mathrm{T}}\boldsymbol{A}\boldsymbol{P}^2=\begin{pmatrix}a+2c&0&c\\0&b&0\\2c&0&c\end{pmatrix}$，则 $\boldsymbol{A}=$(　　).

A. $\begin{pmatrix}c&0&0\\0&a&0\\0&0&b\end{pmatrix}$　　B. $\begin{pmatrix}b&0&0\\0&c&0\\0&0&a\end{pmatrix}$　　C. $\begin{pmatrix}a&0&0\\0&b&0\\0&0&c\end{pmatrix}$　　D. $\begin{pmatrix}c&0&0\\0&b&0\\0&0&a\end{pmatrix}$

4. 设 $\boldsymbol{A}$ 为4阶矩阵，$\boldsymbol{A}^*$ 为 $\boldsymbol{A}$ 的伴随矩阵，若 $\boldsymbol{A}(\boldsymbol{A}-\boldsymbol{A}^*)=\boldsymbol{0}$，且 $\boldsymbol{A}\neq\boldsymbol{A}^*$，则 $\mathrm{r}(\boldsymbol{A})$ 取值为(　　).

A. 0或1　　B. 1或3　　C. 2或3　　D. 1或2

5. 设矩阵 $\boldsymbol{A}=\begin{bmatrix}a+1&b&3\\a&\frac{b}{2}&1\\1&1&2\end{bmatrix}$，$M_{ij}$ 为 $\boldsymbol{A}$ 的第 i 行和第 j 列元素的余子式，若 $|\boldsymbol{A}|=-\frac{1}{2}$，且 $-M_{21}+M_{22}-M_{23}=0$，则(　　).

A. $a=0$ 或 $a=-\frac{3}{2}$　　B. $a=0$ 或 $a=\frac{3}{2}$

C. $b=1$ 或 $b=-\frac{1}{2}$　　D. $b=-1$ 或 $b=\frac{1}{2}$

6. 已知 n 阶行列式 $|\boldsymbol{A}|=2$，m 阶行列式 $|\boldsymbol{B}|=-2$，则 $m+n$ 阶行列式 $\begin{vmatrix}\boldsymbol{A} & \boldsymbol{0}\\ \boldsymbol{0} & \boldsymbol{B}\end{vmatrix}=$（　　）.

A. 0　　B. -1　　C. 4　　D. -4

7. 已知 $\boldsymbol{A}=\begin{pmatrix}1 & 0 & -1\\ 2 & -1 & 1\\ -1 & 2 & -5\end{pmatrix}$，若下三角可逆矩阵 $\boldsymbol{P}$ 和上三角可逆矩阵 $\boldsymbol{Q}$，使得 $\boldsymbol{PAQ}$ 为对角矩阵，则 $\boldsymbol{P}$，$\boldsymbol{Q}$ 分别取（　　）.

A. $\begin{pmatrix}1 & 0 & 0\\ 0 & 1 & 0\\ 0 & 0 & 1\end{pmatrix}$，$\begin{pmatrix}1 & 0 & 1\\ 0 & 1 & 3\\ 0 & 0 & 1\end{pmatrix}$

B. $\begin{pmatrix}1 & 0 & 0\\ 2 & -1 & 0\\ -3 & 2 & 1\end{pmatrix}$，$\begin{pmatrix}1 & 0 & 0\\ 0 & 1 & 0\\ 0 & 0 & 1\end{pmatrix}$

C. $\begin{pmatrix}1 & 0 & 0\\ 2 & -1 & 0\\ -3 & 2 & 1\end{pmatrix}$，$\begin{pmatrix}1 & 0 & 1\\ 0 & 1 & 3\\ 0 & 0 & 1\end{pmatrix}$

D. $\begin{pmatrix}1 & 0 & 1\\ 0 & 1 & 3\\ 0 & 0 & 1\end{pmatrix}$，$\begin{pmatrix}1 & 2 & -3\\ 0 & -1 & 2\\ 0 & 0 & 1\end{pmatrix}$

8. 设 $\boldsymbol{A}$，$\boldsymbol{B}$ 均为 n 阶可逆方阵，$\boldsymbol{E}$ 为 n 阶单位矩阵，$\boldsymbol{M}^*$ 为矩阵 $\boldsymbol{M}$ 的伴随矩阵，则 $\begin{pmatrix}\boldsymbol{A} & \boldsymbol{E}\\ \boldsymbol{0} & \boldsymbol{B}\end{pmatrix}^*=$（　　）.

A. $\begin{pmatrix}|\boldsymbol{A}|\boldsymbol{B}^* & -\boldsymbol{B}^*\boldsymbol{A}^*\\ \boldsymbol{0} & \boldsymbol{A}^*\boldsymbol{B}^*\end{pmatrix}$

B. $\begin{pmatrix}|\boldsymbol{A}|\boldsymbol{B}^* & -\boldsymbol{A}^*\boldsymbol{B}^*\\ \boldsymbol{0} & |\boldsymbol{B}|\boldsymbol{A}^*\end{pmatrix}$

C. $\begin{pmatrix}|\boldsymbol{B}|\boldsymbol{A}^* & -\boldsymbol{B}^*\boldsymbol{A}^*\\ \boldsymbol{0} & |\boldsymbol{A}|\boldsymbol{B}^*\end{pmatrix}$

D. $\begin{pmatrix}|\boldsymbol{B}|\boldsymbol{A}^* & -\boldsymbol{A}^*\boldsymbol{B}^*\\ \boldsymbol{0} & |\boldsymbol{A}|\boldsymbol{B}^*\end{pmatrix}$

三、计算题

1. 设 $\boldsymbol{A}=\begin{pmatrix}1 & a\\ 1 & 0\end{pmatrix}$，$\boldsymbol{B}=\begin{pmatrix}0 & 1\\ 1 & b\end{pmatrix}$，问 a，b 为何值时，存在矩阵 $\boldsymbol{C}$，使得 $\boldsymbol{AC}-\boldsymbol{CA}=\boldsymbol{B}$，并求出所有矩阵 $\boldsymbol{C}$.

2. 设 $\boldsymbol{A}$ 为 4 阶方阵，$\boldsymbol{A}^*=\begin{pmatrix}1 & 0 & 0 & 0\\ 0 & 1 & 0 & 0\\ 1 & 0 & 1 & 0\\ 0 & -3 & 0 & 8\end{pmatrix}$，且 $\boldsymbol{ABA}^{-1}=\boldsymbol{BA}^{-1}+3\boldsymbol{E}$，求矩阵 $\boldsymbol{B}$.

3. 设 $\boldsymbol{A}=\begin{pmatrix}a & 1 & 0\\ 1 & a & -1\\ 0 & 1 & a\end{pmatrix}$，且 $\boldsymbol{A}^3=\boldsymbol{0}$.

(1) 求 a 的值；

(2) 若 $\boldsymbol{X}$ 满足 $\boldsymbol{X}-\boldsymbol{XA}^2-\boldsymbol{AX}+\boldsymbol{AXA}^2=\boldsymbol{E}$，其中 $\boldsymbol{E}$ 为三阶单位矩阵，求 $\boldsymbol{X}$.

第3章

线性方程组

最初，线性方程组问题大都是来源于生活实践.我国古代数学专著《九章算术》中记录了多个与生产、生活实践有联系的线性方程组问题和比较完整的解法(参见图 3.1).这些方法实质上相当于现代常用的对方程组的增广矩阵施行初等行变换从而消去未知量的方法，早于西方的高斯消元法一千多年.

在西方，线性方程组的研究是在 17 世纪后期由微积分的创始人莱布尼茨(G. W. Leibniz)开创的.1750 年，即在克莱姆法则提出的同一年，瑞士数学家欧拉(L. Euler)注意到了克莱姆法则中分母为 0 的情形，对“n 个未知量 n 个方程的线性方程组一定存在唯一解”提出了质疑.1801 年，德国数学家高斯(C. F. Gauss)在预测谷神星轨道时发明了最小二乘法(参见图 3.2)，也引入了系统性的线性方程组解法——高斯消元法，但他还没有使用矩阵表达线性方程组.1855 年，英国数学家西尔维斯特和他一生的挚友凯莱，首次以矩阵的形式表达线性方程组.此后，英国数学家史密斯(H. Smith)和道奇森(C. Dodgson)继续研究线性方程组理论(参见图 3.3)，前者给出了线性方程组的增广矩阵和非增广矩阵(即系数矩阵)的概念，后者证明了 n 个未知数 m 个方程的线性方程组相容(即有解)的充要条件是系数矩阵和增广矩阵的秩相同.这正是现代方程组理论中的重要结果之一.

图 3.1　九章算术

图 3.2　高斯

20 世纪 40 年代末，哈佛大学教授列昂惕夫(W. Leontief)首次提出了“投入产出”模型

(参见图 3.4),其中包含了 500 个未知量的 500 个方程组成的线性方程组. 1949 年夏,他将问题简化为包含 42 个未知量的 42 个方程的方程组,应用 Mark II(当时最大的计算机之一)历时 56 小时,得到了相应方程组的解. 此后,许多其他领域中的研究者,如石油勘探、交通规划、电路分析等,也纷纷应用计算机来分析数学模型. 这些模型所涉及的数据数量非常庞大,通常是用线性方程组来描述的.

图 3.3 道奇森

图 3.4 列昂惕夫

随着计算机技术的不断推进,大量的科学技术问题,最终往往归结为解线性方程组. 因此在线性方程组的数值解法得到发展的同时,其解的结构等理论性工作也取得了令人满意的进展.

本章主要给出 n 个未知量 m 个方程(m 与 n 未必相等)的线性方程组的一般解法和解的情况的判定;讨论 n 元有序数组,即 n 维向量的线性运算和线性关系,并在此基础上给出线性方程组解的结构.

3.1 消元法

第 1 章介绍了克莱姆法则,给出了 n 个未知量 n 个方程组成的线性方程组的有唯一解时的解法. 但是,大多数线性方程组并不满足应用克莱姆法则的条件. 在本节中,我们把中学学过的消元法更加一般化,给出一般线性方程组

$$\begin{cases} a_{11}x_1+a_{12}x_2+\cdots+a_{1n}x_n=b_1, \\ a_{21}x_1+a_{22}x_2+\cdots+a_{2n}x_n=b_2, \\ \qquad\vdots \\ a_{m1}x_1+a_{m2}x_2+\cdots+a_{mn}x_n=b_m \end{cases} \tag{3.1}$$

的一般解法以及解的情况的判定方法. 这里,m 与 n 未必相等. 若 $x_1=c_1,x_2=c_2,\cdots,x_n=c_n$ 时,线性方程组(3.1)中的每个方程都成立,则称 $c_1,c_2,\cdots,c_n$ 为该方程组的一个解.

3.1.1 消元法的矩阵表示

引例 用消元法求解下列线性方程组

$$\begin{cases}2x_1-3x_2+\ \ x_3=6,\\ \ \ x_1-\ \ x_2+2x_3=1,\\ \ \ x_1-2x_2+\ \ x_3=3.\end{cases}$$

解 第一步：适当交换方程组中两个方程的位置，使得第一个方程中 x_1 的系数方便乘以相应的倍数消去其下面所有方程中的 x_1：

$$\begin{cases}2x_1-3x_2+\ \ x_3=6, & (1)\\ \ \ x_1-\ \ x_2+2x_3=1, & (2)\\ \ \ x_1-2x_2+\ \ x_3=3. & (3)\end{cases}\xrightarrow{\text{交换}(1)\text{和}(2)}\begin{cases}\ \ x_1-\ \ x_2+2x_3=1, & (1)\\ 2x_1-3x_2+\ \ x_3=6, & (2)\\ \ \ x_1-2x_2+\ \ x_3=3. & (3)\end{cases}$$

第二步：第一个方程分别乘以适当的倍数加到其下面的每个方程，消去其中的 x_1：

$$\begin{cases}\ \ x_1-\ \ x_2+2x_3=1, & (1)\\ 2x_1-3x_2+\ \ x_3=6, & (2)\\ \ \ x_1-2x_2+\ \ x_3=3, & (3)\end{cases}\xrightarrow[(3)-(1)]{(2)-2\times(1)}\begin{cases}x_1-x_2+2x_3=1, & (1)\\ \quad\ -x_2-3x_3=4, & (2)\\ \quad\ -x_2-\ \ x_3=2. & (3)\end{cases}$$

第三步：类似于前两步，第二个方程分别乘以适当的倍数加到其下面的每个方程，消去其中的 x_2：

$$\begin{cases}x_1-x_2+2x_3=1, & (1)\\ \quad\ -x_2-3x_3=4, & (2)\\ \quad\ -x_2-\ \ x_3=2. & (3)\end{cases}\xrightarrow{(3)-(2)}\begin{cases}x_1-x_2+2x_3=1, & (1)\\ \quad\ -x_2-3x_3=4, & (2)\\ \qquad\qquad 2x_3=-2. & (3)\end{cases}$$

以此类推，直到方程组中的方程从下到上依次比其上面的方程至少少一个未知量.

第四步：最后一个方程乘以适当的倍数，使得该方程最左边未知量前面的系数方便以后分别乘以相应的倍数加到其上面的每个方程，消去其中与最后一个方程最左边的未知量相同的未知量：

$$\begin{cases}x_1-x_2+2x_3=1, & (1)\\ \quad\ -x_2-3x_3=4, & (2)\\ \qquad\qquad 2x_3=-2. & (3)\end{cases}\xrightarrow[\substack{(2)+\frac{3}{2}\times(3)\\ (1)-(3)}]{-\frac{1}{2}\times(3)}\begin{cases}x_1-x_2\qquad=3, & (1)\\ \quad\ -x_2\qquad=1, & (2)\\ \qquad\qquad x_3=-1. & (3)\end{cases}$$

第五步：类似于第四步，倒数第二个方程分别乘以适当的倍数加到其上面的每个方程，消去其中与倒数第二个方程最左边的未知量相同的未知量：

$$\begin{cases}x_1-x_2\qquad=3, & (1)\\ \quad\ -x_2\qquad=1, & (2)\\ \qquad\qquad x_3=-1. & (3)\end{cases}\xrightarrow[-1\times(2)]{(1)-(2)}\begin{cases}x_1=2, & (1)\\ x_2=-1, & (2)\\ x_3=-1. & (3)\end{cases}$$

以此类推，直到原方程组中的每个方程上面的所有方程不含该方程中最左边的未知量，且每个方程最左边的未知量的系数为 1. 至此，我们就得到了与原方程组同解的最简方程组，解此方程组就可得原方程组的解.

显然，由上面最后一个同解方程组可得原方程组的解为 $x_1=2, x_2=-1, x_3=-1$.

仔细观察会发现，在引例消元的过程中，参加运算的仅仅是方程组中的系数和常数项，而代表未知量的字母并没参加运算. 为此，我们给出线性方程组的矩阵表示.

令

$$A=\begin{pmatrix} a_{11} & a_{12} & \cdots & a_{1n} \\ a_{21} & a_{22} & \cdots & a_{2n} \\ \vdots & \vdots & & \vdots \\ a_{m1} & a_{m2} & \cdots & a_{mn} \end{pmatrix},\quad x=\begin{pmatrix} x_1 \\ x_2 \\ \vdots \\ x_n \end{pmatrix},\quad b=\begin{pmatrix} b_1 \\ b_2 \\ \vdots \\ b_m \end{pmatrix},$$

则**线性方程组**(3.1)**的矩阵形式**为

$$Ax=b, \tag{3.2}$$

称 $m\times n$ 矩阵 A 为**系数矩阵**,称 $m\times(n+1)$ 矩阵

$$\bar{A}=(A,b)=\begin{pmatrix} a_{11} & a_{12} & \cdots & a_{1n} & b_1 \\ a_{21} & a_{22} & \cdots & a_{2n} & b_2 \\ \vdots & \vdots & & \vdots & \vdots \\ a_{m1} & a_{m2} & \cdots & a_{mn} & b_m \end{pmatrix}$$

为**增广矩阵**.

特别地,当 $b_1,b_2,\cdots,b_m$ 全为 0 时,把 b 记为 $\mathbf{0}$,则齐次线性方程组的矩阵形式为

$$Ax=\mathbf{0}. \tag{3.3}$$

由线性方程组的矩阵形式可以看出,线性方程组(3.1)与其增广矩阵 $\bar{A}$ 一一对应,方程组中的每个方程与 $\bar{A}$ 中相应的行一一对应. 而引例中消元法所涉及的三种变换:交换两个方程的位置、某一个方程乘以非零倍数和某一个方程乘以相应的倍数加到另一个方程上就分别对应矩阵的三种初等变换. 因此,对线性方程组消元的过程,就是对其增广矩阵施行初等行变换的过程. 引例中消元的过程可改写如下(其中 r_i 表示第 i 行):

$$A=\begin{pmatrix} 2 & -3 & 1 & 6 \\ 1 & -1 & 2 & 1 \\ 1 & -2 & 1 & 3 \end{pmatrix}\xrightarrow{\text{交换 } r_1,r_2}\begin{pmatrix} 1 & -1 & 2 & 1 \\ 2 & -3 & 1 & 6 \\ 1 & -2 & 1 & 3 \end{pmatrix}\xrightarrow[r_3-r_1]{r_2-2r_1}\begin{pmatrix} 1 & -1 & 2 & 1 \\ 0 & -1 & -3 & 4 \\ 0 & -1 & -1 & 2 \end{pmatrix}$$

$$\xrightarrow{r_3-r_2}\begin{pmatrix} 1 & -1 & 2 & 1 \\ 0 & -1 & -3 & 4 \\ 0 & 0 & 2 & -2 \end{pmatrix}\xrightarrow[\substack{r_2+\frac{3}{2}r_3 \\ r_1-r_3}]{\frac{1}{2}\times r_3}\begin{pmatrix} 1 & -1 & 0 & 3 \\ 0 & -1 & 0 & 1 \\ 0 & 0 & 1 & -1 \end{pmatrix}$$

$$\xrightarrow[-1\times r_2]{r_1-r_2}\begin{pmatrix} 1 & 0 & 0 & 2 \\ 0 & 1 & 0 & -1 \\ 0 & 0 & 1 & -1 \end{pmatrix}.$$

可见,用消元法解线性方程组的过程就是对该方程组的增广矩阵施行初等行变换,将其化为行最简形矩阵的过程. 对于齐次线性方程组来说,其增广矩阵的最后一列全是 0,不影响初等行变换的结果,因此只需将其系数矩阵化为行最简形即可. **消元法解线性方程组的方法**总结如下:

(1) 对非齐次线性方程组 $Ax=b$,将其增广矩阵 $\bar{A}=(A\,|\,b)$ 进行初等行变换,化为 $(A_0\,|\,b_0)$,其中 A_0 为 A 的行最简形,由同解方程组 $A_0x=b_0$ 得原方程组的解;

(2) 对齐次线性方程组 $Ax=\mathbf{0}$,将其系数矩阵 A 进行初等行变换,化为行最简形 A_0,由同解方程组 $A_0x=\mathbf{0}$ 得原方程组的解.

例 3.1 解下列线性方程组:

(1) $\begin{cases} x_1 - x_2 + 2x_3 + x_4 = 1, \\ 2x_1 - 3x_2 + 3x_3 + 4x_4 = 2, \\ x_1 - 2x_2 + x_3 + 3x_4 = 1; \end{cases}$ (2) $\begin{cases} x_1 - x_2 + 2x_3 = 1, \\ 2x_1 - 3x_2 + 3x_3 = 5, \\ x_1 - 2x_2 + x_3 = 3. \end{cases}$

解 (1) 对原方程组的增广矩阵 $\overline{\boldsymbol{A}} = (\boldsymbol{A}, \boldsymbol{b})$ 施行初等行变换：

$$\overline{\boldsymbol{A}} = \left(\begin{array}{cccc:c} 1 & -1 & 2 & 1 & 1 \\ 2 & -3 & 3 & 4 & 2 \\ 1 & -2 & 1 & 3 & 1 \end{array}\right) \longrightarrow \left(\begin{array}{cccc:c} 1 & -1 & 2 & 1 & 1 \\ 0 & -1 & -1 & 2 & 0 \\ 0 & -1 & -1 & 2 & 0 \end{array}\right) \longrightarrow \left(\begin{array}{cccc:c} 1 & -1 & 2 & 1 & 1 \\ 0 & -1 & -1 & 2 & 0 \\ 0 & 0 & 0 & 0 & 0 \end{array}\right)$$

$$\longrightarrow \left(\begin{array}{cccc:c} 1 & 0 & 3 & -1 & 1 \\ 0 & 1 & 1 & -2 & 0 \\ 0 & 0 & 0 & 0 & 0 \end{array}\right).$$

由增广矩阵的行最简形得同解方程组

$$\begin{cases} x_1 \quad + 3x_3 - x_4 = 1, \\ \quad x_2 + x_3 - 2x_4 = 0, \end{cases} \quad 即 \begin{cases} x_1 = 1 - 3x_3 + x_4, \\ x_2 = \quad -x_3 + 2x_4. \end{cases}$$

由最后一个方程可以看出，未知量 x_3, x_4 的取值不受任何限制，当 x_3, x_4 分别取定任何一个常数时，都可得原方程组的一个解（这样的未知量称为**自由未知量**）. 令 $x_3 = k_1, x_4 = k_2$ (k_1, k_2 为任意常数)，得原方程组的解为

$$\begin{cases} x_1 = 1 - 3k_1 + k_2, \\ x_2 = -k_1 + 2k_2, \\ x_3 = k_1, \\ x_4 = k_2, \end{cases} \quad k_1, k_2 \text{ 为任意常数}.$$

(2) 对原方程组的增广矩阵 $\overline{\boldsymbol{A}} = (\boldsymbol{A}, \boldsymbol{b})$ 施行初等行变换：

$$\overline{\boldsymbol{A}} = \left(\begin{array}{ccc:c} 1 & -1 & 2 & 1 \\ 2 & -3 & 3 & 5 \\ 1 & -2 & 1 & 3 \end{array}\right) \longrightarrow \left(\begin{array}{ccc:c} 1 & -1 & 2 & 1 \\ 0 & -1 & -1 & 3 \\ 0 & -1 & -1 & 2 \end{array}\right) \longrightarrow \left(\begin{array}{ccc:c} 1 & -1 & 2 & 1 \\ 0 & -1 & -1 & 2 \\ 0 & 0 & 0 & -1 \end{array}\right).$$

由增广矩阵的行最简形可知，同解方程组的最后一个方程是

$$0 \cdot x_1 + 0 \cdot x_2 + 0 \cdot x_3 = -1, \quad 即\ 0 = -1.$$

这显然是一个矛盾方程，故原方程组无解.

例 3.2 解下列齐次线性方程组：

(1) $\begin{cases} x_1 + 2x_2 + 3x_3 = 0, \\ -2x_1 + 5x_2 + 4x_3 = 0, \\ -x_2 - x_3 = 0, \\ 3x_1 \quad + 2x_3 = 0; \end{cases}$ (2) $\begin{cases} 3x_1 + 2x_2 + 5x_3 + 3x_4 = 0, \\ 4x_1 - 5x_2 \quad + 3x_4 = 0, \\ -2x_1 \quad - x_3 - 3x_4 = 0, \\ 5x_1 - 3x_2 + 2x_3 + 5x_4 = 0. \end{cases}$

解 (1) 对原方程组的系数矩阵 $\boldsymbol{A}$ 施行初等行变换：

$$\boldsymbol{A} = \begin{pmatrix} 1 & 2 & 3 \\ -2 & 5 & 4 \\ 0 & -1 & -1 \\ 3 & 0 & 2 \end{pmatrix} \longrightarrow \begin{pmatrix} 1 & 2 & 3 \\ 0 & 9 & 10 \\ 0 & -1 & -1 \\ 0 & -6 & -7 \end{pmatrix} \longrightarrow \begin{pmatrix} 1 & 2 & 3 \\ 0 & 1 & 1 \\ 0 & 9 & 10 \\ 0 & -6 & -7 \end{pmatrix}$$

$$\longrightarrow\begin{pmatrix}1&2&3\\0&1&1\\0&0&1\\0&0&0\end{pmatrix}\longrightarrow\begin{pmatrix}1&0&0\\0&1&0\\0&0&1\\0&0&0\end{pmatrix}.$$

由系数矩阵的行最简形对应的同解方程组可得原方程组的解为 $x_1=0,x_2=0,x_3=0$.

(2) 对原方程组的系数矩阵 $\boldsymbol{A}$ 施行初等行变换：

$$\boldsymbol{A}=\begin{pmatrix}3&2&5&3\\4&-5&0&3\\-2&0&-1&-3\\5&-3&2&5\end{pmatrix}\xrightarrow[r_1+r_3]{\substack{r_4-r_2\\r_2-r_1}}\begin{pmatrix}1&2&4&0\\1&-7&-5&0\\-2&0&-1&-3\\1&2&2&2\end{pmatrix}$$

$$\longrightarrow\begin{pmatrix}1&2&4&0\\0&-9&-9&0\\0&4&7&-3\\0&0&-2&2\end{pmatrix}\longrightarrow\begin{pmatrix}1&2&4&0\\0&1&1&0\\0&0&3&-3\\0&0&-2&2\end{pmatrix}$$

$$\longrightarrow\begin{pmatrix}1&2&4&0\\0&1&1&0\\0&0&1&-1\\0&0&0&0\end{pmatrix}\longrightarrow\begin{pmatrix}1&0&0&2\\0&1&0&1\\0&0&1&-1\\0&0&0&0\end{pmatrix}.$$

由系数矩阵的行最简形得同解方程组

$$\begin{cases}x_1\qquad+2x_4=0,\\ \quad x_2+x_4=0,\\ \quad x_3-x_4=0,\end{cases}\quad 即\begin{cases}x_1=-2x_4,\\x_2=-x_4,\\x_3=x_4,\end{cases}$$

x_4 为自由未知量. 令 $x_4=k$(k 为任意常数)，得原方程组的解为

$$\begin{cases}x_1=-2k,\\x_2=-k,\\x_3=k,\\x_4=k,\end{cases}\quad k\ 为任意常数.$$

3.1.2 线性方程组解的判定

在引例和例 3.1 中，线性方程组的解出现了唯一解、无穷多解以及无解三种情况. 线性方程组无解是因为，行最简形对应的同解方程组中出现了“0=某个非零数”的矛盾方程；此时，方程组的增广矩阵的秩大于系数矩阵的秩，即 $\mathrm{r}(\bar{\boldsymbol{A}})>\mathrm{r}(\boldsymbol{A})$. 线性方程组有唯一解是因为，行最简形对应的同解方程组中，方程的个数与未知量的个数相同，从而最后一个方程只有一个未知量，其解是唯一的，且回代之后每个未知量的解都是唯一的；此时，方程组的增广矩阵的秩与系数矩阵的秩相等且都等于原方程组中未知量的个数，即 $\mathrm{r}(\bar{\boldsymbol{A}})=\mathrm{r}(\boldsymbol{A})=$未知量的个数. 线性方程组有无穷多解则是因为，行最简形对应的同解方程组中，方程的个数少于未知量的个数，从而回代之后至少有一个方程含有两个或更多个未知量，其中一部分未知量可以自由取值；此时，方程组的增广矩阵的秩与系数矩阵的秩相等且都小于原方程组中

未知量的个数，即 $r(\overline{A})=r(A)<$ 未知量的个数. 一般地，我们有如下线性方程组解的判定定理.

定理 3.1 线性方程组(3.1)有解的充要条件是系数矩阵的秩等于增广矩阵的秩，即 $r(A)=r(\overline{A})$.

定理 3.2 设 A 是 $m\times n$ 矩阵，且线性方程组 $Ax=b$ 有解.

(1) 若 $r(A)=n$，则线性方程组有唯一解；

(2) 若 $r(A)=r<n$，则线性方程组有无穷多解.

对于齐次线性方程组，由于它的增广矩阵的最后一列全为 0，故系数矩阵和增广矩阵的秩总是相等，因此齐次线性方程组总是有解的，至少每个未知量都等于 0 就是它的一个解，我们称之为**零解**. 那么，如何判断齐次线性方程组是否有非零解呢？将定理 3.2 应用于齐次线性方程组即可得相应的判定方法.

推论 1 设 A 是 $m\times n$ 矩阵.

(1) 若 $r(A)=n$，则齐次线性方程组 $Ax=0$ 只有零解；

(2) 若 $r(A)=r<n$，则齐次线性方程组 $Ax=0$ 有非零解.

推论 2 设 A 是 n 阶方阵，则齐次线性方程组 $Ax=0$ 有非零解的充要条件是 $|A|=0$.

例 3.3 λ 取何值时，线性方程组

$$\begin{cases}\lambda x_1+x_2+x_3=1,\\ x_1+\lambda x_2+x_3=\lambda,\\ x_1+x_2+\lambda x_3=\lambda^2.\end{cases}$$

无解、有唯一解或有无穷多解？并在有解时求其解.

解 对原线性方程组的增广矩阵 $\overline{A}=(A,b)$ 施行初等行变换：

$$\overline{A}=\left(\begin{array}{ccc|c}\lambda & 1 & 1 & 1\\ 1 & \lambda & 1 & \lambda\\ 1 & 1 & \lambda & \lambda^2\end{array}\right)\xrightarrow{\text{交换 } r_1,r_3}\left(\begin{array}{ccc|c}1 & 1 & \lambda & \lambda^2\\ 1 & \lambda & 1 & \lambda\\ \lambda & 1 & 1 & 1\end{array}\right)\xrightarrow[r_3-\lambda r_1]{r_2-r_1}\left(\begin{array}{ccc|c}1 & 1 & \lambda & \lambda^2\\ 0 & \lambda-1 & 1-\lambda & \lambda-\lambda^2\\ 0 & 1-\lambda & 1-\lambda^2 & 1-\lambda^3\end{array}\right)$$

$$\xrightarrow{r_3+r_2}\left(\begin{array}{ccc|c}1 & 1 & \lambda & \lambda^2\\ 0 & \lambda-1 & 1-\lambda & \lambda-\lambda^2\\ 0 & 0 & 2-\lambda-\lambda^2 & 1+\lambda-\lambda^2-\lambda^3\end{array}\right)$$

$$\longrightarrow\left(\begin{array}{ccc|c}1 & 1 & \lambda & \lambda^2\\ 0 & \lambda-1 & 1-\lambda & \lambda(1-\lambda)\\ 0 & 0 & (1-\lambda)(2+\lambda) & (1-\lambda)(1+\lambda)^2\end{array}\right).$$

(1) 当 $\lambda=1$ 时，$\overline{A}$ 的行最简形为

$$\overline{A}\longrightarrow\left(\begin{array}{ccc|c}1 & 1 & 1 & 1\\ 0 & 0 & 0 & 0\\ 0 & 0 & 0 & 0\end{array}\right).$$

此时，$r(A)=r(\overline{A})=1<3$，原方程组有无穷多解，对应的同解方程组为

$$x_1+x_2+x_3=1,\quad 即\ x_1=1-x_2-x_3,$$

x_2,x_3 为自由未知量. 令 $x_2=k_1,x_3=k_2$，得原方程组的解为

$$\begin{cases}x_1=1-k_1-k_2,\\x_2=k_1, & k_1,k_2\text{ 为任意常数.}\\x_3=k_2,\end{cases}$$

(2) 当 $\lambda\neq 1$ 时，对 $\overline{\boldsymbol{A}}$ 继续施行初等行变换：

$$\overline{\boldsymbol{A}}\longrightarrow\left(\begin{array}{ccc:c}1&1&\lambda&\lambda^2\\0&\lambda-1&1-\lambda&\lambda(1-\lambda)\\0&0&(1-\lambda)(2+\lambda)&(1-\lambda)(1+\lambda)^2\end{array}\right)\xrightarrow[\frac{1}{1-\lambda}r_3]{\frac{1}{\lambda-1}r_2}\left(\begin{array}{ccc:c}1&1&\lambda&\lambda^2\\0&1&-1&-\lambda\\0&0&2+\lambda&(1+\lambda)^2\end{array}\right).$$

① 当 $\lambda=-2$ 时，$\overline{\boldsymbol{A}}$ 的行阶梯形为

$$\overline{\boldsymbol{A}}\longrightarrow\left(\begin{array}{ccc:c}1&1&-2&4\\0&1&-1&2\\0&0&0&1\end{array}\right).$$

此时，$\mathrm{r}(\boldsymbol{A})\neq\mathrm{r}(\overline{\boldsymbol{A}})$，原方程组无解；

② 当 $\lambda\neq-2$ 时，对 $\overline{\boldsymbol{A}}$ 继续施行初等行变换化为行最简形：

$$\overline{\boldsymbol{A}}\longrightarrow\left(\begin{array}{ccc:c}1&1&\lambda&\lambda^2\\0&1&-1&-\lambda\\0&0&2+\lambda&(1+\lambda)^2\end{array}\right)$$

$$\longrightarrow\left(\begin{array}{ccc:c}1&1&0&-\dfrac{\lambda}{2+\lambda}\\0&1&0&\dfrac{1}{2+\lambda}\\0&0&1&\dfrac{(1+\lambda)^2}{2+\lambda}\end{array}\right)\longrightarrow\left(\begin{array}{ccc:c}1&0&0&-\dfrac{1+\lambda}{2+\lambda}\\0&1&0&\dfrac{1}{2+\lambda}\\0&0&1&\dfrac{(1+\lambda)^2}{2+\lambda}\end{array}\right).$$

此时，$\mathrm{r}(\boldsymbol{A})=\mathrm{r}(\overline{\boldsymbol{A}})=3$，原方程组有唯一解. 由对应的同解方程组得唯一解为

$$x_1=-\frac{1+\lambda}{2+\lambda},\quad x_2=\frac{1}{2+\lambda},\quad x_3=\frac{(1+\lambda)^2}{2+\lambda}.$$

例 3.4 λ 取何值时，齐次线性方程组

$$\begin{cases}-x_1+\lambda x_2+2x_3=0,\\x_1-x_2+\lambda x_3=0,\\-5x_1+5x_2+4x_3=0\end{cases}$$

只有零解或有非零解？并在有非零解时求其解.

解 因为原线性方程组的系数矩阵 $\boldsymbol{A}$ 是方阵，计算其行列式：

$$|\boldsymbol{A}|=\begin{vmatrix}-1&\lambda&2\\1&-1&\lambda\\-5&5&4\end{vmatrix}=\begin{vmatrix}-1&\lambda&2\\0&\lambda-1&\lambda+2\\0&0&4+5\lambda\end{vmatrix}=-(4+5\lambda)(\lambda-1).$$

当 $\lambda\neq-\dfrac{4}{5}$ 且 $\lambda\neq1$ 时，$|\boldsymbol{A}|\neq0$，原方程组只有零解；当 $\lambda=-\dfrac{5}{4}$ 或 $\lambda=1$ 时，$|\boldsymbol{A}|=0$，原方程组有非零解.

当 $\lambda=-\frac{4}{5}$ 时，对系数矩阵 $\boldsymbol{A}$ 施行初等行变换化为行最简形：

$$\boldsymbol{A}\longrightarrow\begin{pmatrix}-1&-4/5&2\\0&-9/5&6/5\\0&0&0\end{pmatrix}\longrightarrow\begin{pmatrix}1&0&-22/15\\0&1&-2/3\\0&0&0\end{pmatrix},$$

得原方程组的同解方程组为

$$\begin{cases}x_1\quad-\dfrac{22}{15}x_3=0,\\ \quad x_2-\dfrac{2}{3}x_3=0,\end{cases}\quad 即\begin{cases}x_1=\dfrac{22}{15}x_3,\\ x_2=\dfrac{2}{3}x_3,\end{cases}$$

x_3 为自由未知量. 令 $x_3=k$，得原方程组的解为

$$\begin{cases}x_1=\dfrac{22}{15}k,\\ x_2=\dfrac{2}{3}k,\\ x_3=k,\end{cases}\quad k\text{ 为任意常数.}$$

当 $\lambda=1$ 时，对系数矩阵 $\boldsymbol{A}$ 施行初等行变换化为行最简形：

$$\boldsymbol{A}\longrightarrow\begin{pmatrix}-1&1&2\\0&0&3\\0&0&9\end{pmatrix}\longrightarrow\begin{pmatrix}1&-1&0\\0&0&1\\0&0&0\end{pmatrix},$$

得原方程组的同解方程组为

$$\begin{cases}x_1-x_2=0,\\ \qquad x_3=0,\end{cases}\quad 即\begin{cases}x_1=x_2,\\ x_3=0,\end{cases}$$

x_2 为自由未知量. 令 $x_2=k$，得原方程组的解为

$$\begin{cases}x_1=k,\\ x_2=k,\\ x_3=0,\end{cases}\quad k\text{ 为任意常数.}$$

习题 3.1

1. 解下列线性方程组：

(1) $\begin{cases}-2x_1+x_2+3x_3=2,\\ x_1-3x_2=-2,\\ \qquad x_2+x_3=2,\\ 3x_1+4x_2-x_3=6;\end{cases}$

(2) $\begin{cases}x_1-2x_2+3x_3-x_4=1,\\ 3x_1-x_2+5x_3-3x_4=2,\\ 2x_1+x_2+2x_3-2x_4=3;\end{cases}$

(3) $\begin{cases}x_1+7x_2+2x_3+5x_4=2,\\ 3x_1\qquad -x_3+\ x_4=-1,\\ 2x_1+14x_2\qquad +6x_4=4,\\ \qquad 3x_2+x_3+2x_4=1;\end{cases}$

(4) $\begin{cases}x_1-2x_2+3x_3-x_4=0,\\ 3x_1-5x_2+5x_3-3x_4=0,\\ 2x_1-3x_2+2x_3-2x_4=0;\end{cases}$

(5) $\begin{cases} x_1+2x_2+3x_3=0, \\ 2x_1+3x_2+x_3=0, \\ 3x_1+x_2+2x_3=0. \end{cases}$

2. λ 取何值时，线性方程组 $\begin{cases} 2x_1+\lambda x_2-x_3=0, \\ \lambda x_1-x_2+x_3=0, \\ 4x_1+5x_2-5x_3=0 \end{cases}$ 有非零解？

3. 当 λ 为何值时，线性方程组 $\begin{cases} \lambda x_1-x_2+x_3=\lambda+1, \\ x_1+\lambda x_2-x_3=3\lambda-1, \\ x_1+x_2+\lambda x_3=3-\lambda \end{cases}$ 有唯一解？无解？有无穷多解？

4. 当 a,b 为何值时，线性方程组 $\begin{cases} x_1+x_2+x_3+x_4+x_5=1, \\ 4x_1+3x_2+2x_3+2x_4-2x_5=1, \\ 5x_1+4x_2+3x_3+3x_4-x_5=a, \\ x_2+2x_3+2x_4+6x_5=b \end{cases}$ 有解？无解？有解时，求其解.

3.2 n 维向量及其线性运算

由 3.1 节的讨论可知，线性方程组有无解、唯一解和无穷多解三种情况. 显然，相较于无解和唯一解来说，方程组的无穷多解要复杂得多. 那么，如何清晰地表示出方程组的无穷多解呢？在直角坐标系中，二元线性方程组表示平面上多条直线的交点，其解是平面上的点，可用二元有序数组 (x,y) 来表示；三元线性方程组表示空间中多个平面的交点，其解是空间中的点，可用三元有序数组 (x,y,z) 来表示. 类似地，我们可以用 n 元有序数组来表示 n 元线性方程组的解. 为此，本节主要给出 n 维向量(即 n 元有序数组)的概念和线性运算.

3.2.1 n 维向量的定义

定义 3.1 由 n 个数 $a_1,a_2,\cdots,a_n$ 组成的有序数组 $(a_1,a_2,\cdots,a_n)$ 称为 **n 维向量**，a_i 称为向量的**第 i 个分量**，n 称为该**向量的维数**. 常用黑体小写字母 $\boldsymbol{a},\boldsymbol{b},\boldsymbol{\alpha},\boldsymbol{\beta},\boldsymbol{\gamma}$ 等表示.

分量全为实数的向量称为**实向量**；分量全为复数的向量称为**复向量**. 本书除特别说明，均指实向量.

分量都是 0 的向量称为**零向量**，记作 $\mathbf{0}$，即 $\mathbf{0}=(0,0,\cdots,0)$.

若同维数的两个向量 $\boldsymbol{\alpha}=(a_1,a_2,\cdots,a_n)$ 和 $\boldsymbol{\beta}=(b_1,b_2,\cdots,b_n)$ 的每个分量对应相等，则称这两个**向量相等**，记作 $\boldsymbol{\alpha}=\boldsymbol{\beta}$.

n 维向量可以写成一行，也可以写成一列，分别称为**行向量**和**列向量**，也就是第 2 章中的行矩阵和列矩阵，并规定行向量和列向量都按矩阵的运算法则进行运算. 因此，具有相同

分量的行向量 $\boldsymbol{\alpha}=(a_1,a_2,\cdots,a_n)$ 和列向量 $\boldsymbol{\alpha}^{\mathrm{T}}=\begin{pmatrix}a_1\\a_2\\\vdots\\a_n\end{pmatrix}$ 总被视为两个不同的向量.

注意 在中学时,我们把“既有大小又有方向的量”称为向量;引入直角坐标系后,以原点 O 为起点的向量 $\overrightarrow{OA}$ 可用它的终点坐标来表示.因此,对 n 维向量来说,$n=1$ 时可表示数轴上的向量;$n=2$ 时可表示平面上的向量;$n=3$ 时可表示空间中的向量.但当 $n>3$ 时,n 维向量就没有直观的几何形象了.

3.2.2 *n* 维向量的线性运算

定义 3.2 两个 n 维向量 $\boldsymbol{\alpha}=(a_1,a_2,\cdots,a_n)$ 与 $\boldsymbol{\beta}=(b_1,b_2,\cdots,b_n)$ 的各分量之和构成的向量,称为 $\boldsymbol{\alpha}$ 与 $\boldsymbol{\beta}$ 的和,记作 $\boldsymbol{\alpha}+\boldsymbol{\beta}$,即

$$\boldsymbol{\alpha}+\boldsymbol{\beta}=(a_1+b_1,a_2+b_2,\cdots,a_n+b_n).$$

定义 3.3 n 维向量 $\boldsymbol{\alpha}=(a_1,a_2,\cdots,a_n)$ 的各分量都乘以实数 k 所构成的向量,称为**数 k 与向量 $\boldsymbol{\alpha}$ 的乘积**(简称数乘),记作 $k\boldsymbol{\alpha}$,即

$$k\boldsymbol{\alpha}=(ka_1,ka_2,\cdots,ka_n).$$

由向量的加法和数乘,可以定义负向量和向量的减法:

称 $-\boldsymbol{\alpha}=(-a_1,-a_2,\cdots,-a_n)$ 为向量 $\boldsymbol{\alpha}$ 的**负向量**;

称 $\boldsymbol{\alpha}-\boldsymbol{\beta}=\boldsymbol{\alpha}+(-\boldsymbol{\beta})=(a_1-b_1,a_2-b_2,\cdots,a_n-b_n)$ 为 $\boldsymbol{\alpha}$ 与 $\boldsymbol{\beta}$ 的差.

此外,由定义 3.2 可以推出:**当且仅当 $k\neq 0,\boldsymbol{\alpha}\neq\mathbf{0}$ 时,$k\boldsymbol{\alpha}\neq\mathbf{0}$;也即当 $k=0$ 或 $\boldsymbol{\alpha}=\mathbf{0}$ 时,必有 $k\boldsymbol{\alpha}=\mathbf{0}$.**

向量的加法和数乘统称为**向量的线性运算**.设 $\boldsymbol{\alpha},\boldsymbol{\beta},\boldsymbol{\gamma}$ 都是 n 维向量,k,l 是任意实数,则与矩阵的运算规律相同,向量的线性运算满足下面 8 条规律:

(1) $\boldsymbol{\alpha}+\boldsymbol{\beta}=\boldsymbol{\beta}+\boldsymbol{\alpha}$;　(2) $(\boldsymbol{\alpha}+\boldsymbol{\beta})+\boldsymbol{\gamma}=\boldsymbol{\alpha}+(\boldsymbol{\beta}+\boldsymbol{\gamma})$;

(3) $\boldsymbol{\alpha}+\mathbf{0}=\boldsymbol{\alpha}$;　(4) $\boldsymbol{\alpha}+(-\boldsymbol{\alpha})=\mathbf{0}$;

(5) $1\cdot\boldsymbol{\alpha}=\boldsymbol{\alpha}$;　(6) $k(l\boldsymbol{\alpha})=(kl)\boldsymbol{\alpha}$;

(7) $k(\boldsymbol{\alpha}+\boldsymbol{\beta})=k\boldsymbol{\alpha}+k\boldsymbol{\beta}$;　(8) $(k+l)\boldsymbol{\alpha}=k\boldsymbol{\alpha}+l\boldsymbol{\alpha}$.

例 3.5 设 $\boldsymbol{\alpha}=(1,0,2,-1),\boldsymbol{\beta}=(-2,3,0,1),\boldsymbol{\gamma}=(1,-1,-1,4)$ 求向量 $\boldsymbol{\eta}$,使

$$4(\boldsymbol{\alpha}-\boldsymbol{\eta})-3(2\boldsymbol{\gamma}+\boldsymbol{\eta})=2(\boldsymbol{\beta}-5\boldsymbol{\eta}).$$

解 由 $4(\boldsymbol{\alpha}-\boldsymbol{\eta})-3(2\boldsymbol{\gamma}+\boldsymbol{\eta})=2(\boldsymbol{\beta}-5\boldsymbol{\eta})$,得 $3\boldsymbol{\eta}=-4\boldsymbol{\alpha}+2\boldsymbol{\beta}+6\boldsymbol{\gamma}$,即

$3\boldsymbol{\eta}=-4(1,0,2,-1)+2(-2,3,0,1)+6(1,-1,-1,4)=(-2,0,-14,30)$,

故 $\boldsymbol{\eta}=\left(-\frac{2}{3},0,-\frac{14}{3},10\right)$.

一般地,称线性方程组(3.1)的一个解所构成的 n 维列向量为该方程组的一个**解向量**.例如,向量 $(2,1,0)^{\mathrm{T}}$ 和 $(1,0,1)^{\mathrm{T}}$ 分别是线性方程组

$$\begin{cases} x-2y-z=0, \\ -2x+4y+2z=0 \end{cases} \tag{3.4}$$

的两个解向量，该方程组任意解的向量形式为

$$\begin{pmatrix} x \\ y \\ z \end{pmatrix}=\begin{pmatrix} 2k_1+k_2 \\ k_1 \\ k_2 \end{pmatrix}=\begin{pmatrix} 2k_1 \\ k_1 \\ 0 \end{pmatrix}+\begin{pmatrix} k_2 \\ 0 \\ k_2 \end{pmatrix}=k_1\begin{pmatrix} 2 \\ 1 \\ 0 \end{pmatrix}+k_2\begin{pmatrix} 1 \\ 0 \\ 1 \end{pmatrix},\quad k_1,k_2 \text{ 为任意常数.}$$

习题 3.2

1. 已知向量$\boldsymbol{\alpha}_1=(1,-1,1)^{\mathrm{T}}$，$\boldsymbol{\alpha}_2=(-1,1,1)^{\mathrm{T}}$，$\boldsymbol{\alpha}_3=(1,1,-1)^{\mathrm{T}}$ 求：

(1) $7\boldsymbol{\alpha}_1-3\boldsymbol{\alpha}_2-2\boldsymbol{\alpha}_3$；　　(2) $2\boldsymbol{\alpha}_1-3\boldsymbol{\alpha}_2+\boldsymbol{\alpha}_3$.

2. 已知向量$\boldsymbol{\alpha}=(1,0,x)$，$\boldsymbol{\beta}=(3,-2,1)$，$\boldsymbol{\gamma}=(y,4,3)$满足 $5\boldsymbol{\alpha}+z\boldsymbol{\beta}+\boldsymbol{\gamma}=\mathbf{0}$，试求常数 x,y,z?

3. 设$\boldsymbol{\alpha}_1=(2,0,1,3)$，$\boldsymbol{\alpha}_2=(1,1,3,2)$，$\boldsymbol{\alpha}_3=(4,1,-1,1)$，如果 $3(\boldsymbol{\alpha}_1+\boldsymbol{\alpha})-2(\boldsymbol{\alpha}_2-\boldsymbol{\alpha})=4(\boldsymbol{\alpha}_3+\boldsymbol{\alpha})$，求$\boldsymbol{\alpha}$.

3.3 向量组的线性关系

在 3.2 节最后，我们给出了线性方程组(3.4)的任意解的向量形式，即

$$(x,y,z)^{\mathrm{T}}=k_1(2,1,0)^{\mathrm{T}}+k_2(1,0,1)^{\mathrm{T}},k_1,k_2 \text{ 为任意常数.}$$

由图 3.5 可以看出，线性方程组(3.4)的任意解可以由两个不共线的向量$(2,1,0)^{\mathrm{T}}$ 和$(1,0,1)^{\mathrm{T}}$ 的线性运算表示出来. 这个线性运算的表达式，就是本节要介绍的线性组合. 本节讨论向量之间的线性关系，给出线性组合(表示)、线性相关和线性无关的概念、判别方法和常用结论.

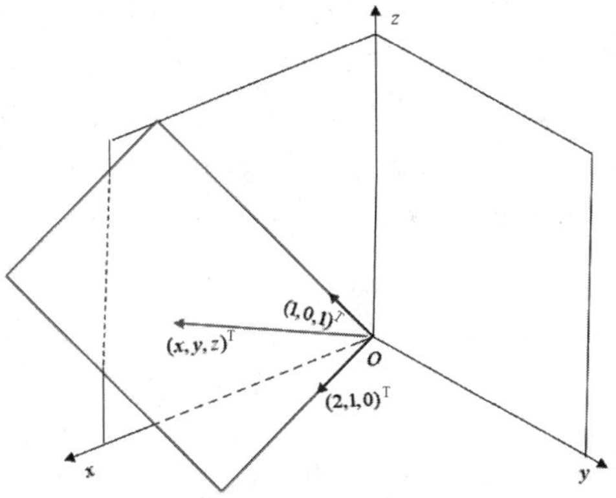

图 3.5　线性方程组(3.4)的解向量

3.3.1 向量组的线性组合

由若干个同维数的行(列)向量组成的集合称为**向量组**.

定义 3.4 给定向量组$\boldsymbol{\alpha}_1,\boldsymbol{\alpha}_2,\cdots,\boldsymbol{\alpha}_m$和向量$\boldsymbol{\beta}$,如果存在一组数 $k_1,k_2,\cdots,k_m$,使得

$$\boldsymbol{\beta}=k_1\boldsymbol{\alpha}_1+k_2\boldsymbol{\alpha}_2+\cdots+k_m\boldsymbol{\alpha}_m,$$

则称$\boldsymbol{\beta}$是$\boldsymbol{\alpha}_1,\boldsymbol{\alpha}_2,\cdots,\boldsymbol{\alpha}_m$的一个**线性组合**,或称$\boldsymbol{\beta}$可由$\boldsymbol{\alpha}_1,\boldsymbol{\alpha}_2,\cdots,\boldsymbol{\alpha}_m$**线性表示**,$k_1,k_2,\cdots,k_m$称为这个线性组合的系数.

例如,线性方程组(3.4)的任意一个解向量都是$(2,1,0)^{\mathrm{T}}$和$(1,0,1)^{\mathrm{T}}$的线性组合.

例 3.6 设$\boldsymbol{\alpha}_1=(1,-1,1),\boldsymbol{\alpha}_2=(2,1,0),\boldsymbol{\beta}=(4,-1,2)$,则$\boldsymbol{\beta}=2\boldsymbol{\alpha}_1+\boldsymbol{\alpha}_2$,即$\boldsymbol{\beta}$可由$\boldsymbol{\alpha}_1$,$\boldsymbol{\alpha}_2$线性表示.

例 3.7 设$\boldsymbol{\alpha}_1=(1,-1,1),\boldsymbol{\alpha}_2=(2,1,0)$,则$\mathbf{0}=0\cdot\boldsymbol{\alpha}_1+0\cdot\boldsymbol{\alpha}_2$,即零向量可由$\boldsymbol{\alpha}_1,\boldsymbol{\alpha}_2$线性表示.

一般地,n 维**零向量可由任意向量组线性表示**. 事实上,设$\boldsymbol{\alpha}_1,\boldsymbol{\alpha}_2,\cdots,\boldsymbol{\alpha}_m$为任意向量组,则有

$$\mathbf{0}=0\cdot\boldsymbol{\alpha}_1+0\cdot\boldsymbol{\alpha}_2+\cdots+0\cdot\boldsymbol{\alpha}_m.$$

例 3.8 设 n 维向量组$\boldsymbol{e}_1=(1,0,\cdots,0),\boldsymbol{e}_2=(0,1,\cdots,0),\cdots,\boldsymbol{e}_n=(0,0,\cdots,1)$,则任意 n 维向量$\boldsymbol{\alpha}=(a_1,a_2,\cdots,a_n)$都可由$\boldsymbol{e}_1,\boldsymbol{e}_2,\cdots,\boldsymbol{e}_n$线性表示. 事实上,有

$$\boldsymbol{\alpha}=a_1\boldsymbol{e}_1+a_2\boldsymbol{e}_2+\cdots+a_n\boldsymbol{e}_n.$$

我们称$\boldsymbol{e}_1,\boldsymbol{e}_2,\cdots,\boldsymbol{e}_n$为 n **维基本单位向量组**. 显然,**任一 n 维向量都可由 n 维基本单位向量组线性表示**.

例 3.9 向量组$\boldsymbol{\alpha}_1,\boldsymbol{\alpha}_2,\cdots,\boldsymbol{\alpha}_m$中的每一个向量都可由该向量组线性表示. 事实上,对于任一向量$\boldsymbol{\alpha}_i\,(i=1,2,\cdots,m)$都有一组数 $0,0,\cdots,1,\cdots,0$,使得

$$\boldsymbol{\alpha}_i=0\cdot\boldsymbol{\alpha}_1+0\cdot\boldsymbol{\alpha}_2+\cdots+1\cdot\boldsymbol{\alpha}_i+\cdots+0\cdot\boldsymbol{\alpha}_m$$

成立. 所以**向量组中任一向量都可由该向量组线性表示**.

以上根据定义,给出了某一向量可由给定的向量组线性表示的特殊情况. 那么,一般情况下,如何判断一个向量$\boldsymbol{\beta}$是否可由向量组$\boldsymbol{\alpha}_1,\boldsymbol{\alpha}_2,\cdots,\boldsymbol{\alpha}_m$线性表示呢? 解题的关键是能否找到一组数 $k_1,k_2,\cdots,k_m$,使得$\boldsymbol{\beta}=k_1\boldsymbol{\alpha}_1+k_2\boldsymbol{\alpha}_2+\cdots+k_m\boldsymbol{\alpha}_m$成立. 不妨先假设这组数存在,列出相应的方程,然后再通过解线性方程组来确定这组数的存在性.

例 3.10 判断向量$\boldsymbol{\beta}=(1,2,3)$是否可由向量组$\boldsymbol{\alpha}_1=(1,2,1),\boldsymbol{\alpha}_2=(-1,-1,-3)$,$\boldsymbol{\alpha}_3=(1,3,1)$线性表示?

解 设存在一组数 x_1,x_2,x_3,使

$$x_1\boldsymbol{\alpha}_1+x_2\boldsymbol{\alpha}_2+x_3\boldsymbol{\alpha}_3=\boldsymbol{\beta}, \tag{3.5}$$

比较等式两端的对应分量得

$$\begin{cases} x_1-x_2+x_3=1, \\ 2x_1-x_2+3x_3=2, \\ x_1-3x_2+x_3=3. \end{cases} \tag{3.6}$$

对线性方程组(3.6)的增广矩阵 $\overline{\boldsymbol{A}}=(\boldsymbol{A},\boldsymbol{b})$ 施行初等行变换：

$$\overline{\boldsymbol{A}}=\left(\begin{array}{ccc:c}1&-1&-1&1\\2&-1&3&2\\1&-3&1&3\end{array}\right)\longrightarrow\left(\begin{array}{ccc:c}1&-1&1&1\\0&1&1&0\\0&0&1&1\end{array}\right)\longrightarrow\left(\begin{array}{ccc:c}1&0&0&-1\\0&1&0&-1\\0&0&1&1\end{array}\right).$$

由 $\overline{\boldsymbol{A}}$ 的行最简形可解得 $x_1=-1,x_2=-1,x_3=1$，故 $\boldsymbol{\beta}=-\boldsymbol{\alpha}_1-\boldsymbol{\alpha}_2+\boldsymbol{\alpha}_3$.

在例 3.10 中，(3.5)式称为向量方程，它与线性方程组(3.6)一一对应，称(3.5)式为线性方程组(3.6)的向量形式. 由本例的解题过程可以看出，判断向量 $\boldsymbol{\beta}$ 是否可由向量组 $\boldsymbol{\alpha}_1$，$\boldsymbol{\alpha}_2$，$\boldsymbol{\alpha}_3$ 线性表示，相当于判断以 $\boldsymbol{\alpha}_1\boldsymbol{\alpha}_2$，$\boldsymbol{\alpha}_3$ 的分量为系数、以 $\boldsymbol{\beta}$ 的分量为常数项的线性方程组是否有解. 一般地，有如下定理.

定理 3.3 向量 $\boldsymbol{\beta}$ 可由 $\boldsymbol{\alpha}_1,\boldsymbol{\alpha}_2,\cdots,\boldsymbol{\alpha}_m$ 线性表出的充分必要条件是：线性方程组

$$x_1\boldsymbol{\alpha}_1+x_2\boldsymbol{\alpha}_2+\cdots+x_m\boldsymbol{\alpha}_m=\boldsymbol{\beta} \tag{3.7}$$

有解，其中

$$\boldsymbol{\alpha}_1=\begin{pmatrix}a_{11}\\a_{21}\\\vdots\\a_{n1}\end{pmatrix},\boldsymbol{\alpha}_2=\begin{pmatrix}a_{12}\\a_{22}\\\vdots\\a_{n2}\end{pmatrix},\quad\cdots,\quad\boldsymbol{\alpha}_m=\begin{pmatrix}a_{1m}\\a_{2m}\\\vdots\\a_{nm}\end{pmatrix},\quad\boldsymbol{\beta}=\begin{pmatrix}b_1\\b_2\\\vdots\\b_n\end{pmatrix},$$

(3.7)式是 m 个未知量 n 个方程的**线性方程组**

$$\begin{cases}a_{11}x_1+a_{12}x_2+\cdots+a_{1m}x_m=b_1,\\a_{21}x_1+a_{22}x_2+\cdots+a_{2m}x_m=b_2,\\\quad\vdots\\a_{n1}x_1+a_{n2}x_2+\cdots+a_{nm}x_m=b_n\end{cases}$$

的向量形式.

根据 3.1 节线性方程组的一般解法，**判断向量 $\boldsymbol{\beta}$ 是否可由向量组 $\boldsymbol{\alpha}_1,\boldsymbol{\alpha}_2,\cdots,\boldsymbol{\alpha}_m$ 线性表示的方法为：**

以 $\boldsymbol{\alpha}_1,\boldsymbol{\alpha}_2,\cdots,\boldsymbol{\alpha}_m,\boldsymbol{\beta}$ 为列构造线性方程组(3.7)的增广矩阵 $\overline{\boldsymbol{A}}$，对 $\overline{\boldsymbol{A}}$ 施行初等行变换，先化为行阶梯形矩阵，根据行阶梯形矩阵判断方程组是否有解，即判断 $\boldsymbol{\beta}$ 是否可由 $\boldsymbol{\alpha}_1,\boldsymbol{\alpha}_2,\cdots,\boldsymbol{\alpha}_m$ 线性表示；在能线性表示的情况下，进一步对 $\overline{\boldsymbol{A}}$ 施行初等行变换化为行最简形，根据行最简形矩阵得到方程组的解，即可得 $\boldsymbol{\beta}$ 由 $\boldsymbol{\alpha}_1,\boldsymbol{\alpha}_2,\cdots,\boldsymbol{\alpha}_m$ 线性表示的系数.

例 3.11 判断向量 $\boldsymbol{\beta}$ 是否可由相应的向量组线性表示.

(1) $\boldsymbol{\beta}=(1,2,3),\boldsymbol{\alpha}_1=(1,3,2),\boldsymbol{\alpha}_2=(-2,-1,1),\boldsymbol{\alpha}_3=(3,5,2)$；

(2) $\boldsymbol{\beta}=(1,-3,5),\boldsymbol{\alpha}_1=(1,3,0),\boldsymbol{\alpha}_2=(1,2,1),\boldsymbol{\alpha}_3=(1,1,3),\boldsymbol{\alpha}_4=(1,1,2)$.

解 (1) 设存在一组数 x_1,x_2,x_3，使得

$$x_1\boldsymbol{\alpha}_1+x_2\boldsymbol{\alpha}_2+x_3\boldsymbol{\alpha}_3=\boldsymbol{\beta}.$$

令 $\overline{\boldsymbol{A}}=(\boldsymbol{\alpha}_1^{\mathrm{T}},\boldsymbol{\alpha}_2^{\mathrm{T}},\boldsymbol{\alpha}_3^{\mathrm{T}},\boldsymbol{\beta}^{\mathrm{T}})$，并对 $\overline{\boldsymbol{A}}$ 施行初等行变换：

$$\overline{\boldsymbol{A}}=\left(\begin{array}{ccc:c}1&-2&3&1\\3&-1&5&2\\2&1&2&3\end{array}\right)\longrightarrow\left(\begin{array}{ccc:c}1&-2&3&1\\0&5&-4&-1\\0&0&0&2\end{array}\right).$$

由 $\overline{A}$ 的行最简形知，方程组无解，故 $\boldsymbol{\beta}$ 不能由 $\boldsymbol{\alpha}_1,\boldsymbol{\alpha}_2,\boldsymbol{\alpha}_3$ 线性表示.

(2) 设存在一组数 x_1,x_2,x_3,x_4，使得

$$x_1\boldsymbol{\alpha}_1+x_2\boldsymbol{\alpha}_2+x_3\boldsymbol{\alpha}_3+x_4\boldsymbol{\alpha}_4=\boldsymbol{\beta}.$$

令 $\overline{A}=(\boldsymbol{\alpha}_1^{\mathrm{T}},\boldsymbol{\alpha}_2^{\mathrm{T}},\boldsymbol{\alpha}_3^{\mathrm{T}},\boldsymbol{\alpha}_4^{\mathrm{T}},\boldsymbol{\beta}^{\mathrm{T}})$，并对 $\overline{A}$ 施行初等行变换：

$$\overline{A}=\begin{pmatrix}1&1&1&1&\vdots&1\\3&2&1&1&\vdots&-3\\0&1&3&2&\vdots&5\end{pmatrix}\longrightarrow\begin{pmatrix}1&1&1&1&\vdots&1\\0&-1&-2&-2&\vdots&-6\\0&0&1&0&\vdots&-1\end{pmatrix}\longrightarrow\begin{pmatrix}1&0&0&-1&\vdots&-6\\0&1&0&2&\vdots&8\\0&0&1&0&\vdots&-1\end{pmatrix}.$$

由 $\overline{A}$ 的行最简形矩阵得同解方程组为

$$\begin{cases}x_1=-6+x_4,\\x_2=8-2x_4,\\x_3=-1\end{cases}\quad x_4\ \text{为自由未知量}.$$

令 $x_4=0$ 得原方程组的一个解为 $(x_1,x_2,x_3,x_4)^{\mathrm{T}}=(-6,8,-1,0)^{\mathrm{T}}$. 因此，$\boldsymbol{\beta}$ 可由 $\boldsymbol{\alpha}_1,\boldsymbol{\alpha}_2,\boldsymbol{\alpha}_3,\boldsymbol{\alpha}_4$ 线性表示，$\boldsymbol{\beta}=-6\boldsymbol{\alpha}_1+8\boldsymbol{\alpha}_2-\boldsymbol{\alpha}_3$ 为其中的一个表达式.

n 维向量及其线性运算除了可以表示线性方程组的解，还可以描述目标问题的各个属性. 当借助向量及向量的线性运算来建立数学模型时，许多实际问题的处理变得更加简洁和清晰.

例 3.12（楼层设计） 一幢大型公寓建筑使用模块建筑技术，每层楼的建筑设计有 3 种设计方案可供选择：A 设计每层有 18 个公寓，包括 3 个三室单元、7 个两室单元和 8 个一室单元；B 设计每层有 16 个公寓，包括 4 个三室单元、4 个两室单元和 8 个一室单元；C 设计每层有 17 个公寓，包括 5 个三室单元、3 个两室单元和 9 个一室单元. 设该建筑有 x_1 层采取 A 设计，有 x_2 层采取 B 设计，有 x_3 层采取 C 设计. 试解决以下问题：

(1) 向量 $x_1(3,7,8)^{\mathrm{T}}$ 的实际意义是什么？

(2) 用向量的线性组合表示该建筑所包含的三室、两室、一室单元的总数；

(3) 是否可能设计该建筑物，使恰有 66 个三室单元、74 个两室单元、136 个一室单元？若能的话，是否有多种方法？

解 令向量 $\boldsymbol{\alpha}_1=(3,7,8)^{\mathrm{T}},\boldsymbol{\alpha}_2=(4,4,8)^{\mathrm{T}},\boldsymbol{\alpha}_3=(5,3,9)^{\mathrm{T}}$ 分别表示 A,B,C 三种设计方案一层所拥有的户型数目.

(1) 向量 $x_1(3,7,8)^{\mathrm{T}}=(3x_1,7x_1,8x_1)^{\mathrm{T}}$ 的实际意义是：用 A 设计建造了 x_1 层时，三室、两室及一室的公寓数目分别是 $3x_1,7x_1,8x_1$.

(2) 该建筑所包含的三室、两室、一室单元的总数用向量的线性组合可表示为 $x_1\boldsymbol{\alpha}_1+x_2\boldsymbol{\alpha}_2+x_3\boldsymbol{\alpha}_3$.

(3) 设向量 $\boldsymbol{\beta}=(66,74,136)^{\mathrm{T}}$，依题意可得向量方程组

$$x_1\boldsymbol{\alpha}_1+x_2\boldsymbol{\alpha}_2+x_3\boldsymbol{\alpha}_3=\boldsymbol{\beta}.$$

以 $\boldsymbol{\alpha}_1,\boldsymbol{\alpha}_2,\boldsymbol{\alpha}_3,\boldsymbol{\beta}$ 为列构造矩阵 $\overline{A}$，并对 $\overline{A}$ 进行初等行变换化为行最简形：

$$\overline{A}=(\boldsymbol{\alpha}_1,\boldsymbol{\alpha}_2,\boldsymbol{\alpha}_3,\boldsymbol{\beta})=\begin{pmatrix}3&4&5&\vdots&66\\7&4&3&\vdots&74\\8&8&9&\vdots&136\end{pmatrix}\rightarrow\begin{pmatrix}1&0&-1/2&\vdots&2\\0&1&13/8&\vdots&15\\0&0&0&\vdots&0\end{pmatrix},$$

得

$$\begin{cases} x_1 = 2 + \frac{1}{2}x_3, \\ x_2 = 15 - \frac{13}{8}x_3, \end{cases} \quad \text{其中 } x_3 \text{ 为自由未知量.}$$

由于 $x_1 \geqslant 0, x_2 \geqslant 0, x_3 \geqslant 0$ 且需为正整数,令 $x_3 = 0$, 可得 $x_1 = 2, x_2 = 15$; 令 $x_3 = 8$,可得 $x_1 = 6, x_2 = 2$.

因此可以设计该建筑物,使恰有 66 个三室单元、74 个两室单元、136 个一室单元,且有两种可行方案:

方案一:该建筑有 2 层采取 A 设计,有 15 层采取 B 设计,不采用 C 设计;

方案二:该建筑有 6 层采取 A 设计,有 2 层采取 B 设计,有 8 层采用 C 设计.

3.3.2 向量组的线性相关性

定义 3.5 给定向量组 $\boldsymbol{\alpha}_1, \boldsymbol{\alpha}_2, \cdots, \boldsymbol{\alpha}_m$,若存在一组不全为零的数 $k_1, k_2, \cdots, k_m$,使得

$$k_1\boldsymbol{\alpha}_1 + k_2\boldsymbol{\alpha}_2 + \cdots + k_m\boldsymbol{\alpha}_m = \boldsymbol{0}, \tag{3.8}$$

则称向量组 $\boldsymbol{\alpha}_1, \boldsymbol{\alpha}_2, \cdots, \boldsymbol{\alpha}_m$ 是**线性相关的**;否则,称为是**线性无关的**,即当且仅当 $k_1 = k_2 = \cdots = k_m = 0$ 时,才有(3.8)式成立,就称 $\boldsymbol{\alpha}_1, \boldsymbol{\alpha}_2, \cdots, \boldsymbol{\alpha}_m$ 是线性无关的.

注 (1) 根据定义,给定的某向量组要么线性相关,要么线性无关,两者必居其一;

(2) 向量组 $\boldsymbol{\alpha}_1, \boldsymbol{\alpha}_2, \cdots, \boldsymbol{\alpha}_m$ 线性无关是指对任意一组不全为零的数 $k_1, k_2, \cdots, k_m$ 都有

$$k_1\boldsymbol{\alpha}_1 + k_2\boldsymbol{\alpha}_2 + \cdots + k_m\boldsymbol{\alpha}_m \neq \boldsymbol{0}.$$

(3) 对于二维和三维向量:两个向量线性相关的几何意义是共线;三个及三个以上向量线性相关的几何意义是共线或共面.

(4) 判断向量组 $\boldsymbol{\alpha}_1, \boldsymbol{\alpha}_2, \cdots, \boldsymbol{\alpha}_m$ 线性相(无)关的关键是**能否找到**一组**不全为零**的数使得(3.8)式成立.

例 3.13 根据定义判断下列向量组的线性相关性:

(1) $\boldsymbol{e}_1 = (1,0,0), \boldsymbol{e}_2 = (0,1,0), \boldsymbol{e}_3 = (0,0,1)$;

(2) $\boldsymbol{\alpha}_1 = (1,2,0,1), \boldsymbol{\alpha}_2 = (2,4,0,2)$;

(3) $\boldsymbol{\alpha}_1 = (1,2,-1,3), \boldsymbol{\alpha}_2 = (0,0,0,0), \boldsymbol{\alpha}_3 = (1,5,4,7)$.

解 (1) 设有一组数 k_1, k_2, k_3,使得

$$k_1\boldsymbol{e}_1 + k_2\boldsymbol{e}_2 + k_3\boldsymbol{e}_3 = \boldsymbol{0}, \quad \text{即} (k_1, k_2, k_3) = (0,0,0).$$

从而有 $k_1 = k_2 = k_3 = 0$, 故 $\boldsymbol{e}_1, \boldsymbol{e}_2, \boldsymbol{e}_3$ 线性无关;

(2) 因为 $\boldsymbol{\alpha}_2 = 2\boldsymbol{\alpha}_1$,则存在不全为零的数 $2, -1$, 使得 $2\boldsymbol{\alpha}_1 - \boldsymbol{\alpha}_2 = \boldsymbol{0}$, 故 $\boldsymbol{\alpha}_1, \boldsymbol{\alpha}_2$ 线性相关;

(3) 存在不全为零的数 $0,1,0$,使得 $0 \cdot \boldsymbol{\alpha}_1 + 1 \cdot \boldsymbol{\alpha}_2 + 0 \cdot \boldsymbol{\alpha}_3 = \boldsymbol{0}$,故 $\boldsymbol{\alpha}_1, \boldsymbol{\alpha}_2, \boldsymbol{\alpha}_3$ 线性相关.

一般地,根据定义,我们有如下一些向量组**线性相(无)关的特殊判别方法**.

(1) n 维基本单位组 $\boldsymbol{e}_1 = (1,0,\cdots,0), \boldsymbol{e}_2 = (0,1,\cdots,0), \cdots, \boldsymbol{e}_n = (0,0,\cdots,1)$ 线性无关.

(2) 两个向量线性相关的充要条件是对应分量成比例;两个向量线性无关的充要条件是对应分量不成比例.

(3) 含有零向量的任意一个向量组必线性相关.

(4) 一个零向量必线性相关,而一个非零向量必线性无关.

因为若$\boldsymbol{\alpha}=\mathbf{0}$,则对任意的非零数$k$都有$k\boldsymbol{\alpha}=\mathbf{0}$成立,故一个零向量必线性相关;而当$\boldsymbol{\alpha}\neq\mathbf{0}$时,当且仅当$k=0$时才有$k\boldsymbol{\alpha}=\mathbf{0}$成立,故一个非零向量必线性无关.

3.3.3 向量组线性相关性的判断

本小节给出一些常用的判断向量组线性相关的定理和方法.

定理 3.4 向量组$\boldsymbol{\alpha}_1,\boldsymbol{\alpha}_2,\cdots,\boldsymbol{\alpha}_m(m\geqslant2)$线性相关的充分必要条件是其中至少有一个向量可由其余$m-1$个向量线性表示.

例如,在向量组$\boldsymbol{e}_1=(1,0),\boldsymbol{e}_2=(0,1),\boldsymbol{\alpha}=(1,2)$中,显然有$\boldsymbol{\alpha}=\boldsymbol{e}_1+2\boldsymbol{e}_2$,从而存在不全为零的数$1,2,-1$,使得$\boldsymbol{e}_1+2\boldsymbol{e}_2-\boldsymbol{\alpha}=\mathbf{0}$,故$\boldsymbol{e}_1,\boldsymbol{e}_2,\boldsymbol{\alpha}$线性相关.

定理 3.4 的证明 必要性.设m个向量$\boldsymbol{\alpha}_1,\boldsymbol{\alpha}_2,\cdots,\boldsymbol{\alpha}_m$线性相关,则存在不全为零的数$k_1,k_2,\cdots,k_m$,使

$$k_1\boldsymbol{\alpha}_1+k_2\boldsymbol{\alpha}_2+\cdots+k_m\boldsymbol{\alpha}_m=\mathbf{0},$$

不妨设$k_1\neq0$,则有

$$\boldsymbol{\alpha}_1=-\frac{k_2}{k_1}\boldsymbol{\alpha}_2-\cdots-\frac{k_m}{k_1}\boldsymbol{\alpha}_m,$$

即$\boldsymbol{\alpha}_1$可由$\boldsymbol{\alpha}_2,\cdots,\boldsymbol{\alpha}_m$线性表示.

充分性.不妨设$\boldsymbol{\alpha}_m$可由$\boldsymbol{\alpha}_1,\boldsymbol{\alpha}_2,\cdots,\boldsymbol{\alpha}_{m-1}$线性表示,即存在一组数$k_1,k_2,\cdots,k_{m-1}$,使

$$\boldsymbol{\alpha}_m=k_1\boldsymbol{\alpha}_1+k_2\boldsymbol{\alpha}_2+\cdots+k_{m-1}\boldsymbol{\alpha}_{m-1},$$

即

$$k_1\boldsymbol{\alpha}_1+k_2\boldsymbol{\alpha}_2+\cdots+k_{m-1}\boldsymbol{\alpha}_{m-1}-\boldsymbol{\alpha}_m=\mathbf{0}.$$

因$k_1,k_2,\cdots,k_{m-1},-1$不全为0,所以$\boldsymbol{\alpha}_1,\boldsymbol{\alpha}_2,\cdots,\boldsymbol{\alpha}_m$线性相关.

推论 向量组$\boldsymbol{\alpha}_1,\boldsymbol{\alpha}_2,\cdots,\boldsymbol{\alpha}_m(m\geqslant2)$线性无关的充分必要条件是其中每一个向量都不能由其余$m-1$个向量线性表示.

定理 3.5 若向量组$\boldsymbol{\alpha}_1,\boldsymbol{\alpha}_2,\cdots,\boldsymbol{\alpha}_m$线性无关,而向量组$\boldsymbol{\alpha}_1,\boldsymbol{\alpha}_2,\cdots,\boldsymbol{\alpha}_m,\boldsymbol{\beta}$线性相关,则$\boldsymbol{\beta}$可由$\boldsymbol{\alpha}_1,\boldsymbol{\alpha}_2,\cdots,\boldsymbol{\alpha}_m$线性表示,且表达式唯一.

例如,在向量组$\boldsymbol{e}_1=(1,0,0),\boldsymbol{e}_2=(0,1,0),\boldsymbol{e}_3=(0,0,1),\boldsymbol{\alpha}=(1,2,3)$中,$\boldsymbol{e}_1,\boldsymbol{e}_2,\boldsymbol{e}_3$线性无关,$\boldsymbol{e}_1,\boldsymbol{e}_2,\boldsymbol{e}_3,\boldsymbol{\alpha}$线性相关,$\boldsymbol{\alpha}$可由$\boldsymbol{e}_1,\boldsymbol{e}_2,\boldsymbol{e}_3$线性表示.

定理 3.5 的证明 由于$\boldsymbol{\alpha}_1,\boldsymbol{\alpha}_2,\cdots,\boldsymbol{\alpha}_m,\boldsymbol{\beta}$线性相关,则存在不全为零的数$k_1,k_2,\cdots,k_m,k$,使$k_1\boldsymbol{\alpha}_1+k_2\boldsymbol{\alpha}_2+\cdots+k_m\boldsymbol{\alpha}_m+k\boldsymbol{\beta}=\mathbf{0}$.若$k=0$,则有不全为零的数$k_1,k_2,\cdots,k_m$,使$k_1\boldsymbol{\alpha}_1+k_2\boldsymbol{\alpha}_2+\cdots+k_m\boldsymbol{\alpha}_m=\mathbf{0}$,这与$\boldsymbol{\alpha}_1,\boldsymbol{\alpha}_2,\cdots,\boldsymbol{\alpha}_m$线性无关矛盾,所以$k\neq0$,即$\boldsymbol{\beta}$可由$\boldsymbol{\alpha}_1,\boldsymbol{\alpha}_2,\cdots,\boldsymbol{\alpha}_m$线性表示.

下面证明唯一性.设有两个表示式,即

$$\boldsymbol{\beta}=k_1\boldsymbol{\alpha}_1+k_2\boldsymbol{\alpha}_2+\cdots+k_m\boldsymbol{\alpha}_m,$$
$$\boldsymbol{\beta}=l_1\boldsymbol{\alpha}_1+l_2\boldsymbol{\alpha}_2+\cdots+l_m\boldsymbol{\alpha}_m.$$

两式相减得，$(k_1-l_1)\boldsymbol{\alpha}_1+(k_2-l_2)\boldsymbol{\alpha}_2+\cdots+(k_m-l_m)\boldsymbol{\alpha}_m=\mathbf{0}$. 由$\boldsymbol{\alpha}_1,\boldsymbol{\alpha}_2,\cdots,\boldsymbol{\alpha}_m$线性无关可得$k_i=l_i(i=1,2,\cdots,m)$.

定理 3.6 若向量组中有一部分向量组(称为**部分组**)线性相关，则整个向量组线性相关.

例如，在向量组$\boldsymbol{\alpha}_1=(1,2,-1,3)$，$\boldsymbol{\alpha}_2=(2,4,-2,6)$，$\boldsymbol{\alpha}_3=(1,5,4,7)$中，因为$\boldsymbol{\alpha}_2=2\boldsymbol{\alpha}_1$，即$\boldsymbol{\alpha}_1,\boldsymbol{\alpha}_2$线性相关，从而$\boldsymbol{\alpha}_1,\boldsymbol{\alpha}_2,\boldsymbol{\alpha}_3$线性相关.

定理 3.6 的证明 设向量组$\boldsymbol{\alpha}_1,\boldsymbol{\alpha}_2,\cdots,\boldsymbol{\alpha}_m$中的$s(s\leqslant m)$个向量线性相关，不妨设为$\boldsymbol{\alpha}_1,\boldsymbol{\alpha}_2,\cdots,\boldsymbol{\alpha}_s$，则存在不全为零的数$k_1,k_2,\cdots,k_s$，使$k_1\boldsymbol{\alpha}_1+k_2\boldsymbol{\alpha}_2+\cdots+k_s\boldsymbol{\alpha}_s=\mathbf{0}$，从而有$k_1\boldsymbol{\alpha}_1+k_2\boldsymbol{\alpha}_2+\cdots+k_s\boldsymbol{\alpha}_s+0\cdot\boldsymbol{\alpha}_{s+1}+\cdots+0\cdot\boldsymbol{\alpha}_m=\mathbf{0}$，即$\boldsymbol{\alpha}_1,\boldsymbol{\alpha}_2,\cdots,\boldsymbol{\alpha}_m$线性相关.

推论 若一个向量组线性无关，则其任一部分组都线性无关.

例如，n维单位向量组$\boldsymbol{e}_1,\boldsymbol{e}_2,\cdots,\boldsymbol{e}_n$线性无关，因此它的任意一个部分组都线性无关.

定理 3.3 给出，判断向量$\boldsymbol{\beta}$是否可以由向量组$\boldsymbol{\alpha}_1,\boldsymbol{\alpha}_2,\cdots,\boldsymbol{\alpha}_m$线性表示归结于判断线性方程组$x_1\boldsymbol{\alpha}_1+x_2\boldsymbol{\alpha}_2+\cdots+x_m\boldsymbol{\alpha}_m=\boldsymbol{\beta}$是否有解. 同理，判断向量组$\boldsymbol{\alpha}_1,\boldsymbol{\alpha}_2,\cdots,\boldsymbol{\alpha}_n$是否线性相关也可以归结于判断齐次线性方程组$x_1\boldsymbol{\alpha}_1+x_2\boldsymbol{\alpha}_2+\cdots+x_m\boldsymbol{\alpha}_m=\mathbf{0}$是否有非零解.

例 3.14 判断向量组

$$\boldsymbol{\alpha}_1=(1,0,2,1),\quad \boldsymbol{\alpha}_2=(2,3,1,0),\quad \boldsymbol{\alpha}_3=(2,5,-1,4),\quad \boldsymbol{\alpha}_4=(1,-1,3,-1)$$

的线性相关性.

解 设存在一组数x_1,x_2,x_3,x_4，使得

$$x_1\boldsymbol{\alpha}_1+x_2\boldsymbol{\alpha}_2+x_3\boldsymbol{\alpha}_3+x_4\boldsymbol{\alpha}_4=\mathbf{0},$$

比较等式两端的对应分量得线性方程组

$$\begin{cases}x_1+2x_2+2x_3+x_4=0,\\ \qquad 3x_2+5x_3-x_4=0,\\ 2x_1+x_2-x_3+3x_4=0,\\ x_1\qquad +4x_3-x_4=0.\end{cases}$$

对其系数矩阵$\mathbf{A}$施行初等行变换化为行阶梯形：

$$\mathbf{A}=\begin{pmatrix}1&2&2&1\\0&3&5&-1\\2&1&-1&3\\1&0&4&-1\end{pmatrix}\longrightarrow\begin{pmatrix}1&2&2&1\\0&1&-1&1\\0&0&8&-4\\0&0&0&0\end{pmatrix}.$$

由$\mathbf{A}$的行阶梯形知$\mathrm{r}(\mathbf{A})=3<4$，方程组有非零解，故$\boldsymbol{\alpha}_1,\boldsymbol{\alpha}_2,\boldsymbol{\alpha}_3,\boldsymbol{\alpha}_4$线性相关.

定理 3.7 向量组$\boldsymbol{\alpha}_1,\boldsymbol{\alpha}_2,\cdots,\boldsymbol{\alpha}_m$线性相关的充分必要条件是齐次线性方程组

$$x_1\boldsymbol{\alpha}_1+x_2\boldsymbol{\alpha}_2+\cdots+x_m\boldsymbol{\alpha}_m=\mathbf{0} \tag{3.9}$$

有非零解.

推论 1 向量组$\boldsymbol{\alpha}_1,\boldsymbol{\alpha}_2,\cdots,\boldsymbol{\alpha}_m$线性无关的充分必要条件是齐次线性方程组(3.9)只有

零解.

推论 2 m 个 n 维向量线性相关的充分必要条件是以它们为列(行)构成的矩阵的秩小于 m；线性无关的充分必要条件是以它们为列(行)构成的矩阵的秩等于 m.

推论 3 当 $m=n$ 时，即 n 个 n 维向量线性相关的充分必要条件是它们构成的方阵 $\boldsymbol{A}$ 的行列式等于零；线性无关的充分必要条件是 $\boldsymbol{A}$ 的行列式不等于零.

推论 4 当 $m>n$ 时，任意 m 个 n 维向量都线性相关，即当向量组中所含向量个数大于向量的维数时，此向量组线性相关.

判断向量组$\boldsymbol{\alpha}_1,\boldsymbol{\alpha}_2,\cdots,\boldsymbol{\alpha}_m$是否线性相关的方法为：

以$\boldsymbol{\alpha}_1,\boldsymbol{\alpha}_2,\cdots,\boldsymbol{\alpha}_m$为列构造矩阵 $\boldsymbol{A}$，对 $\boldsymbol{A}$ 施行初等行变换化为行阶梯形矩阵，根据行阶梯形矩阵判断 $\boldsymbol{A}$ 的秩是否小于向量组所含向量的个数 m，即可得$\boldsymbol{\alpha}_1,\boldsymbol{\alpha}_2,\cdots,\boldsymbol{\alpha}_m$的线性相关性.

注 在构造矩阵 $\boldsymbol{A}$ 时，也可以以$\boldsymbol{\alpha}_1,\boldsymbol{\alpha}_2,\cdots,\boldsymbol{\alpha}_m$为行，但是为了与后面找向量组的一个极大无关组的方法统一，习惯上都是以$\boldsymbol{\alpha}_1,\boldsymbol{\alpha}_2,\cdots,\boldsymbol{\alpha}_m$为列构造矩阵 $\boldsymbol{A}$.

例 3.15 判断下列向量组的线性相关性.

(1) $\boldsymbol{\alpha}_1=(1,2,0,1)^{\mathrm{T}},\boldsymbol{\alpha}_2=(2,5,-1,0)^{\mathrm{T}},\boldsymbol{\alpha}_3=(3,7,-1,2)^{\mathrm{T}}$；

(2) $\boldsymbol{\alpha}_1=(1,2,3,1),\boldsymbol{\alpha}_2=(3,-1,2,-4),\boldsymbol{\alpha}_3=(-1,2,1,3),\boldsymbol{\alpha}_4=(-2,3,1,5)$；

(3) $\boldsymbol{\alpha}_1=(1,2,1),\boldsymbol{\alpha}_2=(2,-1,4),\boldsymbol{\alpha}_3=(1,5,4),\boldsymbol{\alpha}_4=(1,0,7)$.

解 (1) 以$\boldsymbol{\alpha}_1,\boldsymbol{\alpha}_2,\boldsymbol{\alpha}_3$为列构造矩阵 $\boldsymbol{A}$，用初等行变换把 $\boldsymbol{A}$ 化为行阶梯形矩阵，即

$$\boldsymbol{A}=(\boldsymbol{\alpha}_1,\boldsymbol{\alpha}_2,\boldsymbol{\alpha}_3)=\begin{pmatrix}1&2&3\\2&5&7\\0&-1&-1\\1&0&2\end{pmatrix}\to\begin{pmatrix}1&2&3\\0&1&1\\0&-1&-1\\0&-2&-1\end{pmatrix}\to\begin{pmatrix}1&2&3\\0&1&1\\0&0&1\\0&0&0\end{pmatrix},$$

得 $\mathrm{r}(\boldsymbol{A})=3$，故$\boldsymbol{\alpha}_1,\boldsymbol{\alpha}_2,\boldsymbol{\alpha}_3$线性无关.

(2) 方法 1 以$\boldsymbol{\alpha}_1,\boldsymbol{\alpha}_2,\boldsymbol{\alpha}_3,\boldsymbol{\alpha}_4$为列构造矩阵 $\boldsymbol{A}$，对 $\boldsymbol{A}$ 施行初等行变换化为行阶梯形矩阵，即

$$\boldsymbol{A}=(\boldsymbol{\alpha}_1^{\mathrm{T}},\boldsymbol{\alpha}_2^{\mathrm{T}},\boldsymbol{\alpha}_3^{\mathrm{T}},\boldsymbol{\alpha}_4^{\mathrm{T}})=\begin{pmatrix}1&3&-1&-2\\2&-1&2&3\\3&2&1&1\\1&-4&3&5\end{pmatrix}$$

$$\to\begin{pmatrix}1&3&-1&-2\\0&-7&4&7\\0&-7&4&7\\0&-7&4&7\end{pmatrix}\to\begin{pmatrix}1&3&-1&-2\\0&-7&4&7\\0&0&0&0\\0&0&0&0\end{pmatrix},$$

得 $\mathrm{r}(\boldsymbol{A})=2<4$，故$\boldsymbol{\alpha}_1,\boldsymbol{\alpha}_2,\boldsymbol{\alpha}_3,\boldsymbol{\alpha}_4$线性相关.

方法 2 以$\boldsymbol{\alpha}_1,\boldsymbol{\alpha}_2,\boldsymbol{\alpha}_3,\boldsymbol{\alpha}_4$为列构造矩阵 $\boldsymbol{A}$，计算 $\boldsymbol{A}$ 的行列式，即

$$|\boldsymbol{A}|=\begin{vmatrix}1&3&-1&-2\\2&-1&2&3\\3&2&1&1\\1&-4&3&5\end{vmatrix}=\begin{vmatrix}1&3&-1&-2\\0&-7&4&7\\0&-7&4&7\\0&-7&4&7\end{vmatrix}=0,$$

由定理 3.7 的推论 3 知,$\boldsymbol{\alpha}_1,\boldsymbol{\alpha}_2,\boldsymbol{\alpha}_3,\boldsymbol{\alpha}_4$ 线性相关.

(3) 因$\boldsymbol{\alpha}_1,\boldsymbol{\alpha}_2,\boldsymbol{\alpha}_3,\boldsymbol{\alpha}_4$都是三维向量,所以向量组所含向量的个数大于维数,故$\boldsymbol{\alpha}_1,\boldsymbol{\alpha}_2,\boldsymbol{\alpha}_3,\boldsymbol{\alpha}_4$ 线性相关.

例 3.16 设向量组$\boldsymbol{\alpha}_1,\boldsymbol{\alpha}_2,\boldsymbol{\alpha}_3$线性无关,证明向量组$\boldsymbol{\alpha}_1+\boldsymbol{\alpha}_2,\boldsymbol{\alpha}_2+\boldsymbol{\alpha}_3,\boldsymbol{\alpha}_3+\boldsymbol{\alpha}_1$也线性无关.

证明 设存在一组数 x_1,x_2,x_3 使

$$x_1(\boldsymbol{\alpha}_1+\boldsymbol{\alpha}_2)+x_2(\boldsymbol{\alpha}_2+\boldsymbol{\alpha}_3)+x_3(\boldsymbol{\alpha}_3+\boldsymbol{\alpha}_1)=\mathbf{0},$$

整理得

$$(x_1+x_3)\boldsymbol{\alpha}_1+(x_1+x_2)\boldsymbol{\alpha}_2+(x_2+x_3)\boldsymbol{\alpha}_3=\mathbf{0}.$$

由$\boldsymbol{\alpha}_1,\boldsymbol{\alpha}_2,\boldsymbol{\alpha}_3$线性无关,有

$$\begin{cases}x_1+x_3=0,\\x_1+x_2=0,\\x_2+x_3=0.\end{cases}$$

计算该线性方程组的系数矩阵的行列式,有

$$|\boldsymbol{A}|=\begin{vmatrix}1&0&1\\1&1&0\\0&1&1\end{vmatrix}=\begin{vmatrix}1&0&1\\0&1&-1\\0&1&1\end{vmatrix}=2\neq 0,$$

故 $x_1=x_2=x_3=0$,因此 $\boldsymbol{\alpha}_1+\boldsymbol{\alpha}_2,\boldsymbol{\alpha}_2+\boldsymbol{\alpha}_3,\boldsymbol{\alpha}_3+\boldsymbol{\alpha}_1$线性无关.

在例 3.15 中,对向量组(1)中的向量在对应的相同位置上都增加分量得向量组

$$\boldsymbol{\alpha}_1^*=(1,0,2,2,0,1)^{\mathrm{T}},\quad \boldsymbol{\alpha}_2^*=(2,3,5,1,-1,0)^{\mathrm{T}},\quad \boldsymbol{\alpha}_3^*=(3,1,7,4,-1,2)^{\mathrm{T}},$$

则$\boldsymbol{\alpha}_1^*,\boldsymbol{\alpha}_2^*,\boldsymbol{\alpha}_3^*$ 仍然线性无关. 因为,设以$\boldsymbol{\alpha}_1^*,\boldsymbol{\alpha}_2^*,\boldsymbol{\alpha}_3^*$为列构造的矩阵为 $\boldsymbol{B}$,则显然 $\mathrm{r}(\boldsymbol{B})\geqslant\mathrm{r}(\boldsymbol{A})=3$,故$\boldsymbol{\alpha}_1^*,\boldsymbol{\alpha}_2^*,\boldsymbol{\alpha}_3^*$ 线性无关. 类似地,对向量组(2)中的向量在对应的相同位置减少分量得向量组

$$\boldsymbol{\alpha}_1^*=(1,2,1),\quad \boldsymbol{\alpha}_2^*=(3,-1,-4),\quad \boldsymbol{\alpha}_3^*=(-1,2,3),\quad \boldsymbol{\alpha}_4^*=(-2,3,5),$$

则$\boldsymbol{\alpha}_1^*,\boldsymbol{\alpha}_2^*,\boldsymbol{\alpha}_3^*,\boldsymbol{\alpha}_4^*$ 线性相关. 因为,$\mathrm{r}(\boldsymbol{B})\leqslant\mathrm{r}(\boldsymbol{A})=2<4$,$\boldsymbol{B}$ 是以$\boldsymbol{\alpha}_1^*,\boldsymbol{\alpha}_2^*,\boldsymbol{\alpha}_3^*,\boldsymbol{\alpha}_4^*$ 为列构造的矩阵.

定理 3.8 如果 n 维向量组$\boldsymbol{\alpha}_1,\boldsymbol{\alpha}_2,\cdots,\boldsymbol{\alpha}_s$线性无关,则在每个向量对应的相同位置上都添加 m 个分量,所得到的 $n+m$ 维向量组$\boldsymbol{\alpha}_1^*,\boldsymbol{\alpha}_2^*,\cdots,\boldsymbol{\alpha}_s^*$ 也线性无关.

推论 如果 n 维向量组$\boldsymbol{\alpha}_1,\boldsymbol{\alpha}_2,\cdots,\boldsymbol{\alpha}_s$ 线性相关,则在每个向量对应的相同位置上都减少 m 个分量,所得到的 $n-m$ 维向量组$\boldsymbol{\alpha}_1^*,\boldsymbol{\alpha}_2^*,\cdots,\boldsymbol{\alpha}_s^*$ 也线性相关.

例如,对于向量组$\boldsymbol{\alpha}_1=(1,0,3,0,2)$,$\boldsymbol{\alpha}_2=(0,1,4,0,3)$,$\boldsymbol{\alpha}_3=(0,0,2,1,6)$,因为 $\boldsymbol{e}_1=(1,0,0)$,$\boldsymbol{e}_2=(0,1,0)$,$\boldsymbol{e}_3=(0,0,1)$线性无关,所以向量组$\boldsymbol{\alpha}_1,\boldsymbol{\alpha}_2,\boldsymbol{\alpha}_3$也线性无关. 而若已知向量组$\boldsymbol{\alpha}_1=(1,3,0,5)$,$\boldsymbol{\alpha}_2=(1,2,1,4)$,$\boldsymbol{\alpha}_3=(1,1,2,3)$线性相关,则向量组$\boldsymbol{\beta}_1=(1,3,5)$,$\boldsymbol{\beta}_2=(1,2,4)$,$\boldsymbol{\beta}_3=(1,1,3)$也线性相关.

习题 3.3

1. 试判断向量$\boldsymbol{\beta}=(-1,12,10,25)$可否由向量组$\boldsymbol{\alpha}_1=(1,1,3,1)$,$\boldsymbol{\alpha}_2=(5,-2,8,-9)$,

$\boldsymbol{\alpha}_3=(-1,1,-1,3)$,$\boldsymbol{\alpha}_4=(-1,3,1,7)$线性表出？若能，请试写出其一种表示法.

2. 试判断向量$\boldsymbol{\beta}=(2,4,8)$可否可由向量组$\boldsymbol{\alpha}_1=(2,1,1)$,$\boldsymbol{\alpha}_2=(-1,-1,-3)$,$\boldsymbol{\alpha}_3=(-1,1,3)$,$\boldsymbol{\alpha}_4=(-2,-1,-1)$线性表出？若能，请试写出其一种表示形式.

3. 判断下列向量组是否线性相关.

(1) $\boldsymbol{\alpha}_1=(3,1,2,-4)$,$\boldsymbol{\alpha}_2=(1,0,5,2)$,$\boldsymbol{\alpha}_3=(-1,2,0,3)$;

(2) $\boldsymbol{\alpha}_1=(3,-1,2)$,$\boldsymbol{\alpha}_2=(1,5,-7)$,$\boldsymbol{\alpha}_3=(7,-13,20)$,$\boldsymbol{\alpha}_4=(-2,6,1)$.

4. 设$\boldsymbol{\alpha}_1=(1,1,1)$,$\boldsymbol{\alpha}_2=(1,2,3)$,$\boldsymbol{\alpha}_3=(1,3,t)$

(1) 当 t 为何值时，向量组$\boldsymbol{\alpha}_1,\boldsymbol{\alpha}_2,\boldsymbol{\alpha}_3$线性相关？

(2) 当 t 为何值时，向量组$\boldsymbol{\alpha}_1,\boldsymbol{\alpha}_2,\boldsymbol{\alpha}_3$线性无关？

(3) 当$\boldsymbol{\alpha}_1,\boldsymbol{\alpha}_2,\boldsymbol{\alpha}_3$线性相关时，$\boldsymbol{\alpha}_3$可否由$\boldsymbol{\alpha}_1,\boldsymbol{\alpha}_2$线性表示？若能，求其表示系数.

5. 证明：若$\boldsymbol{\alpha}_1,\boldsymbol{\alpha}_2,\boldsymbol{\alpha}_3$线性相关，而$\boldsymbol{\alpha}_2,\boldsymbol{\alpha}_3,\boldsymbol{\alpha}_4$线性无关，则：

(1) $\boldsymbol{\alpha}_1$可由$\boldsymbol{\alpha}_2,\boldsymbol{\alpha}_3$线性表示；(2) $\boldsymbol{\alpha}_4$不可由$\boldsymbol{\alpha}_1,\boldsymbol{\alpha}_2,\boldsymbol{\alpha}_3$线性表示.

3.4 向量组的秩

我们知道，在平面直角坐标系中，任何一个向量都可由坐标向量 $\boldsymbol{e}_1=(1,0)^{\mathrm{T}}$ 和 $\boldsymbol{e}_2=(0,1)^{\mathrm{T}}$ 线性表示.由前面的讨论可知，线性方程组(3.4)的每个解都可由两个线性无关的向量$(2,1,0)^{\mathrm{T}}$ 和$(1,0,1)^{\mathrm{T}}$ 线性表示，且该方程组的全部解构成了一个平面.与 $\boldsymbol{e}_1,\boldsymbol{e}_2$ 类似，$(2,1,0)^{\mathrm{T}}$ 和$(1,0,1)^{\mathrm{T}}$ 是方程组(3.4)的全部解向量的一组“坐标向量”，起到了用有限个向量表示无穷多个向量的作用.那么，对于一般的向量组是否也存在这样的“坐标向量”组呢？本节主要介绍向量组的极大无关组、秩的相关概念和理论.在此之前，先引入等价向量组的概念.

3.4.1 向量组的等价

定义 3.6 设有两个向量组：(Ⅰ)$\boldsymbol{\alpha}_1,\boldsymbol{\alpha}_2,\cdots,\boldsymbol{\alpha}_m$；(Ⅱ)$\boldsymbol{\beta}_1,\boldsymbol{\beta}_2,\cdots,\boldsymbol{\beta}_s$.如果向量组(Ⅰ)中的每个向量都可由向量组(Ⅱ)线性表示，则称向量组(Ⅰ)可由向量组(Ⅱ)线性表示.若两个向量组可以相互线性表示，则称这两个**向量组等价**，记作(Ⅰ)≌(Ⅱ).

例如，基本单位向量组 $\boldsymbol{e}_1=(1,0,0)$,$\boldsymbol{e}_2=(0,1,0)$,$\boldsymbol{e}_3=(0,0,1)$与向量组$\boldsymbol{\alpha}_1=(1,0,0)$,$\boldsymbol{\alpha}_2=(1,1,0)$,$\boldsymbol{\alpha}_3=(1,1,1)$等价.因为

$$\boldsymbol{\alpha}_1=\boldsymbol{e}_1,\quad \boldsymbol{\alpha}_2=\boldsymbol{e}_1+\boldsymbol{e}_2,\quad \boldsymbol{\alpha}_3=\boldsymbol{e}_1+\boldsymbol{e}_2+\boldsymbol{e}_3,$$

且

$$\boldsymbol{e}_1=\boldsymbol{\alpha}_1,\quad \boldsymbol{e}_2=\boldsymbol{\alpha}_2-\boldsymbol{\alpha}_1,\quad \boldsymbol{e}_3=\boldsymbol{\alpha}_3-\boldsymbol{\alpha}_2.$$

根据定义不难看出，向量组等价满足下列 3 条性质.

(1) 反身性：每一个向量组都与其自身等价.

(2) 对称性：若向量组(Ⅰ)与(Ⅱ)等价，则向量组(Ⅱ)与(Ⅰ)也等价.

(3) 传递性：若向量组(Ⅰ)与(Ⅱ)等价，向量组(Ⅱ)与(Ⅲ)等价，则向量组(Ⅰ)与(Ⅲ)等价.

由定理 3.4 可知，若向量组$\boldsymbol{\alpha}_1,\boldsymbol{\alpha}_2,\cdots,\boldsymbol{\alpha}_r$可由其部分组$\boldsymbol{\alpha}_1,\boldsymbol{\alpha}_2,\cdots,\boldsymbol{\alpha}_s(s<r)$线性表示，则$\boldsymbol{\alpha}_1,\boldsymbol{\alpha}_2,\cdots,\boldsymbol{\alpha}_r$线性相关. 更一般地，有如下定理.

定理 3.9 若向量组$\boldsymbol{\alpha}_1,\boldsymbol{\alpha}_2,\cdots,\boldsymbol{\alpha}_r$可由向量组$\boldsymbol{\beta}_1,\boldsymbol{\beta}_2,\cdots,\boldsymbol{\beta}_s$线性表示，且 $r>s$，则$\boldsymbol{\alpha}_1,\boldsymbol{\alpha}_2,\cdots,\boldsymbol{\alpha}_r$线性相关.

例如，向量组$\boldsymbol{\alpha}_1=(1,1,0),\boldsymbol{\alpha}_2=(2,-1,0),\boldsymbol{\alpha}_3=(1,-1,0)$可由向量组 $\boldsymbol{e}_1=(1,0,0)$，$\boldsymbol{e}_2=(0,1,0)$线性表示，故$\boldsymbol{\alpha}_1,\boldsymbol{\alpha}_2,\boldsymbol{\alpha}_3$线性相关.

推论 1 如果向量组$\boldsymbol{\alpha}_1,\boldsymbol{\alpha}_2,\cdots,\boldsymbol{\alpha}_r$线性无关且可由向量组$\boldsymbol{\beta}_1,\boldsymbol{\beta}_2,\cdots,\boldsymbol{\beta}_s$线性表示，则$r\leqslant s$.

推论 2 两个等价的线性无关的向量组所含向量的个数相同.

证明 设$\boldsymbol{\alpha}_1,\boldsymbol{\alpha}_2,\cdots,\boldsymbol{\alpha}_r$与$\boldsymbol{\beta}_1,\boldsymbol{\beta}_2,\cdots,\boldsymbol{\beta}_s$满足命题的条件，则$\boldsymbol{\alpha}_1,\boldsymbol{\alpha}_2,\cdots,\boldsymbol{\alpha}_r$线性无关且可由$\boldsymbol{\beta}_1,\boldsymbol{\beta}_2,\cdots,\boldsymbol{\beta}_s$线性表出，由推论 1 知 $r\leqslant s$. 同理，$\boldsymbol{\beta}_1,\boldsymbol{\beta}_2,\cdots,\boldsymbol{\beta}_s$线性无关可由$\boldsymbol{\alpha}_1,\boldsymbol{\alpha}_2,\cdots,\boldsymbol{\alpha}_r$线性表出，则 $s\leqslant r$，于是 $s=r$.

3.4.2 极大线性无关组

线性方程组(3.4)的全部解向量的一个“坐标向量组”$(2,1,0)^{\mathrm{T}},(1,0,1)^{\mathrm{T}}$ 满足以下两条：

(1) $(2,1,0)^{\mathrm{T}}$ 和$(1,0,1)^{\mathrm{T}}$ 是方程组(3.5)的线性无关的解向量；

(2) 方程组(3.5)的每个解都可由$(2,1,0)^{\mathrm{T}}$ 和$(1,0,1)^{\mathrm{T}}$ 线性表示.

对一般的向量组，有如下极大线性无关组的概念.

定义 3.7 在向量组$\boldsymbol{\alpha}_1,\boldsymbol{\alpha}_2,\cdots,\boldsymbol{\alpha}_m$ 中，选取 r 个向量$\boldsymbol{\alpha}_{i_1},\boldsymbol{\alpha}_{i_2},\cdots,\boldsymbol{\alpha}_{i_r}$，如果满足：

(1) $\boldsymbol{\alpha}_{i_1},\boldsymbol{\alpha}_{i_2},\cdots,\boldsymbol{\alpha}_{i_r}$ 线性无关；

(2) $\boldsymbol{\alpha}_1,\boldsymbol{\alpha}_2,\cdots,\boldsymbol{\alpha}_m$ 中的任意一个向量都可由$\boldsymbol{\alpha}_{i_1},\boldsymbol{\alpha}_{i_2},\cdots,\boldsymbol{\alpha}_{i_r}$ 线性表示，则称部分组$\boldsymbol{\alpha}_{i_1},\boldsymbol{\alpha}_{i_2},\cdots,\boldsymbol{\alpha}_{i_r}$ 是向量组$\boldsymbol{\alpha}_1,\boldsymbol{\alpha}_2,\cdots,\boldsymbol{\alpha}_m$ 的一个极大线性无关组，简称为极大无关组.

例如，在向量组$\boldsymbol{\alpha}_1=(1,1,0),\boldsymbol{\alpha}_2=(0,1,1),\boldsymbol{\alpha}_3=(2,3,1)$中，部分组$\boldsymbol{\alpha}_1,\boldsymbol{\alpha}_2$ 线性无关，且由于$\boldsymbol{\alpha}_1=1\cdot\boldsymbol{\alpha}_1+0\cdot\boldsymbol{\alpha}_2,\boldsymbol{\alpha}_2=0\cdot\boldsymbol{\alpha}_1+1\cdot\boldsymbol{\alpha}_2,\boldsymbol{\alpha}_3=\boldsymbol{\alpha}_1+\boldsymbol{\alpha}_2$，所以$\boldsymbol{\alpha}_1,\boldsymbol{\alpha}_2,\boldsymbol{\alpha}_3$ 都可由$\boldsymbol{\alpha}_1,\boldsymbol{\alpha}_2$ 线性表示，故$\boldsymbol{\alpha}_1,\boldsymbol{\alpha}_2$ 是向量组的一个极大无关组. 此外，可以验证$\boldsymbol{\alpha}_1,\boldsymbol{\alpha}_3$ 和$\boldsymbol{\alpha}_2,\boldsymbol{\alpha}_3$ 也都是向量组的极大无关组.

注 (1) 极大无关组是向量组中个数最多的、线性无关的部分组. 因为若$\boldsymbol{\alpha}_{i_1},\boldsymbol{\alpha}_{i_2},\cdots,\boldsymbol{\alpha}_{i_r}$ 是向量组$\boldsymbol{\alpha}_1,\boldsymbol{\alpha}_2,\cdots,\boldsymbol{\alpha}_m$ 的一个极大无关组，由定义 3.7，向量组中每个向量都可由$\boldsymbol{\alpha}_{i_1},\boldsymbol{\alpha}_{i_2},\cdots,\boldsymbol{\alpha}_{i_r}$ 线性表示，从而向量组中任意 $r+1$ 个向量都可由含 r 个向量的$\boldsymbol{\alpha}_{i_1},\boldsymbol{\alpha}_{i_2},\cdots,\boldsymbol{\alpha}_{i_r}$ 线性表示，故向量组中任意 $r+1$ 个向量都线性相关.

(2) 极大无关组一般不唯一.

(3) 仅有零向量组成的向量组没有极大无关组.

(4) 线性无关的向量组的极大无关组就是这个向量组本身.

下面利用等价向量组的相关理论给出极大无关组的性质.

性质 3.1 向量组$\boldsymbol{\alpha}_1,\boldsymbol{\alpha}_2,\cdots,\boldsymbol{\alpha}_m$ 与它的极大无关组$\boldsymbol{\alpha}_{i_1},\boldsymbol{\alpha}_{i_2},\cdots,\boldsymbol{\alpha}_{i_r}$ 等价.

证明 由极大无关组的定义知,任一向量组都可由它的一个极大无关组$\boldsymbol{\alpha}_{i_1},\boldsymbol{\alpha}_{i_2},\cdots,\boldsymbol{\alpha}_{i_r}$ 线性表示.反之,因为极大无关组$\boldsymbol{\alpha}_{i_1},\boldsymbol{\alpha}_{i_2},\cdots,\boldsymbol{\alpha}_{i_r}$ 中的每一个向量都在原向量组$\boldsymbol{\alpha}_1,\boldsymbol{\alpha}_2,\cdots,\boldsymbol{\alpha}_m$ 中,故$\boldsymbol{\alpha}_{i_1},\boldsymbol{\alpha}_{i_2},\cdots,\boldsymbol{\alpha}_{i_r}$ 也可由$\boldsymbol{\alpha}_1,\boldsymbol{\alpha}_2,\cdots,\boldsymbol{\alpha}_m$ 线性表出,因此向量组$\boldsymbol{\alpha}_1,\boldsymbol{\alpha}_2,\cdots,\boldsymbol{\alpha}_m$ 与它的极大无关组等价.

由向量组等价的传递性可得下面的推论.

推论 向量组的任意两个极大无关组等价.

性质 3.2 向量组的任意两个极大无关组所含向量的个数相同.

证明 设向量组$\boldsymbol{\alpha}_1,\boldsymbol{\alpha}_2,\cdots,\boldsymbol{\alpha}_m$ 的两个极大无关组为(Ⅰ)$\boldsymbol{\alpha}_{i_1},\boldsymbol{\alpha}_{i_2},\cdots,\boldsymbol{\alpha}_{i_r}$ 和(Ⅱ)$\boldsymbol{\alpha}_{j_1},\boldsymbol{\alpha}_{j_2},\cdots,\boldsymbol{\alpha}_{j_t}$.由性质 3.1 的推论知(Ⅰ)与(Ⅱ)等价,再由定理 3.9 的推论 2 立即得到 $r=t$.

3.4.3 向量组的秩

由上一小节的讨论知,虽然一个向量组的极大无关组一般不唯一,但是不同极大无关组所含向量的个数却是唯一确定的.这一数值反映了向量组本身的性质.因此,我们引入如下概念.

定义 3.8 向量组的极大无关组所含向量的个数,称为该向量组的秩,记作

$$\mathrm{r}(\boldsymbol{\alpha}_1,\boldsymbol{\alpha}_2,\cdots,\boldsymbol{\alpha}_m).$$

注 (1) 规定仅有零向量的向量组的秩为零.

(2) 线性无关的向量组的秩就是这个向量组所含向量的个数.

定理 3.10 向量组线性无关的充分必要条件是它的秩等于它所含向量的个数.

根据定义 3.8,求给定向量组的秩,需要找到该向量组的一个极大无关组,那么如何找到它的一个极大无关组和秩呢?方便起见,我们将借助于矩阵的秩来回答这一问题.

由 n 维向量的定义知,行向量和列向量分别是 $1\times n$ 和 $n\times 1$ 的矩阵;反之,$m\times n$ 的矩阵$\boldsymbol{A}$ 也可以看作是由 m 个 n 维行向量或 n 个 m 维的列向量构成.设

$$\boldsymbol{A}=\begin{pmatrix} a_{11} & a_{12} & \cdots & a_{1n} \\ a_{21} & a_{22} & \cdots & a_{2n} \\ \vdots & \vdots & & \vdots \\ a_{m1} & a_{m2} & \cdots & a_{mn} \end{pmatrix},$$

令$\boldsymbol{\alpha}_i=(a_{i1},a_{i2},\cdots,a_{in})(i=1,2,\cdots,m)$表示 $\boldsymbol{A}$ 的第 i 行组成的向量,则称$\boldsymbol{\alpha}_1,\boldsymbol{\alpha}_2,\cdots,\boldsymbol{\alpha}_m$ 为 $\boldsymbol{A}$ 的行向量组;令$\boldsymbol{\beta}_j=(b_{j1},b_{j2},\cdots,b_{hm})^{\mathrm{T}}(j=1,2,\cdots,n)$表示 $\boldsymbol{A}$ 的第 j 列组成的向量,则称$\boldsymbol{\beta}_1,\boldsymbol{\beta}_2,\cdots,\boldsymbol{\beta}_n$ 为 $\boldsymbol{A}$ 的列向量组.由此,矩阵 $\boldsymbol{A}$ 可记为

$$A=\begin{pmatrix}\boldsymbol{\alpha}_1\\ \boldsymbol{\alpha}_2\\ \vdots\\ \boldsymbol{\alpha}_m\end{pmatrix}=(\boldsymbol{\beta}_1,\boldsymbol{\beta}_2,\cdots,\boldsymbol{\beta}_n) \tag{3.10}$$

称(3.10)式为矩阵 $\boldsymbol{A}$ 的向量形式.

定义 3.9 矩阵 $\boldsymbol{A}$ 的行向量组的秩称为矩阵 $\boldsymbol{A}$ 的行秩，而矩阵 $\boldsymbol{A}$ 的列向量组的秩称为矩阵 $\boldsymbol{A}$ 的列秩.

通过第 2 章的学习我们知道，矩阵的秩是其非零子式的最高阶数. 那么矩阵的秩、矩阵的行秩和矩阵的列秩三者有着怎样的关系呢？即向量组的秩和其对应的矩阵的秩是否存在着某种联系？

定理 3.11 任一矩阵的行秩与列秩相等，都等于该矩阵的秩.

例如，行阶梯形矩阵 $\boldsymbol{A}=\begin{pmatrix}1&1&2&2&1\\0&2&1&5&-1\\0&0&1&-1&1\\0&0&0&0&0\end{pmatrix}$ 的秩为 3，其列向量组为

$$\boldsymbol{\beta}_1=\begin{pmatrix}1\\0\\0\\0\end{pmatrix},\quad \boldsymbol{\beta}_2=\begin{pmatrix}1\\2\\0\\0\end{pmatrix},\quad \boldsymbol{\beta}_3=\begin{pmatrix}2\\1\\1\\0\end{pmatrix},\quad \boldsymbol{\beta}_4=\begin{pmatrix}2\\5\\-1\\0\end{pmatrix},\quad \boldsymbol{\beta}_5=\begin{pmatrix}1\\-1\\1\\0\end{pmatrix}$$

由判断向量组线性相关的方法和行阶梯形矩阵 $\boldsymbol{A}$ 可知，以 $\boldsymbol{\beta}_1,\boldsymbol{\beta}_2,\boldsymbol{\beta}_3$ 为列的矩阵 $\boldsymbol{B}$ 的秩为 3，故 $\boldsymbol{\beta}_1,\boldsymbol{\beta}_2,\boldsymbol{\beta}_3$ 线性无关. 同理可得，部分组 $\boldsymbol{\beta}_1,\boldsymbol{\beta}_2,\boldsymbol{\beta}_3,\boldsymbol{\beta}_4$ 和部分组 $\boldsymbol{\beta}_1,\boldsymbol{\beta}_2,\boldsymbol{\beta}_3,\boldsymbol{\beta}_5$ 都线性相关. 因此 $\boldsymbol{\beta}_1,\boldsymbol{\beta}_2,\boldsymbol{\beta}_3$ 是 $\boldsymbol{A}$ 的列向量组的一个极大无关组，从而 $\mathrm{r}(\boldsymbol{\beta}_1,\boldsymbol{\beta}_2,\boldsymbol{\beta}_3,\boldsymbol{\beta}_4,\boldsymbol{\beta}_5)=3=\mathrm{r}(\boldsymbol{A})$. 类似的方法可得 $\boldsymbol{A}$ 的行向量组的秩也是 3.

进一步，若需要求用 $\boldsymbol{\beta}_1,\boldsymbol{\beta}_2,\boldsymbol{\beta}_3$ 线性表示 $\boldsymbol{\beta}_4$ 的表达式，则可把以 $\boldsymbol{\beta}_1,\boldsymbol{\beta}_2,\boldsymbol{\beta}_3,\boldsymbol{\beta}_4$ 为列的矩阵施行初等行变换化为行最简形，根据行最简形矩阵写出表达式的系数. 求用 $\boldsymbol{\beta}_1,\boldsymbol{\beta}_2,\boldsymbol{\beta}_3$ 线性表示 $\boldsymbol{\beta}_5$ 的表达式时，需要做类似的处理. 因此，可以对矩阵 $\boldsymbol{A}$ 施行初等行变换化为行最简形，从而得到 $\boldsymbol{\beta}_4,\boldsymbol{\beta}_5$ 分别由 $\boldsymbol{\beta}_1,\boldsymbol{\beta}_2,\boldsymbol{\beta}_3$ 线性表示的表达式，即由

$$\boldsymbol{A}=\begin{pmatrix}1&1&2&2&1\\0&2&1&5&-1\\0&0&1&-1&1\\0&0&0&0&0\end{pmatrix}\to\begin{pmatrix}1&0&0&1&0\\0&1&0&3&-1\\0&0&1&-1&1\\0&0&0&0&0\end{pmatrix}$$

可得 $\boldsymbol{\beta}_4=\boldsymbol{\beta}_1+3\boldsymbol{\beta}_2-\boldsymbol{\beta}_3$，因为以行最简形矩阵的第 1,2,3,4 列为增广矩阵的线性方程组的解是 $x_1=1,x_2=3,x_3=-1$. 同理可得，$\boldsymbol{\beta}_5=-\boldsymbol{\beta}_2+\boldsymbol{\beta}_3$.

注 由行阶梯形矩阵 $\boldsymbol{A}$ 还可以看出，以 $\boldsymbol{\beta}_1,\boldsymbol{\beta}_2,\boldsymbol{\beta}_4$ 为列和以 $\boldsymbol{\beta}_1,\boldsymbol{\beta}_2,\boldsymbol{\beta}_5$ 为列的矩阵的秩都是 3，因此 $\boldsymbol{\beta}_1,\boldsymbol{\beta}_2,\boldsymbol{\beta}_4$ 和 $\boldsymbol{\beta}_1,\boldsymbol{\beta}_2,\boldsymbol{\beta}_5$ 都是 $\boldsymbol{A}$ 的列向量组的一个极大无关组.

由以上分析以及初等行变换在求矩阵的秩和向量线性表达式的应用，可得**求向量组的极大无关组和用该极大无关组表示其余向量的方法**：

以向量组的向量为列构造矩阵 $\boldsymbol{A}$，对 $\boldsymbol{A}$ 施行初等行变换，将其化为行阶梯形矩阵，由行阶梯形矩阵的列向量之间的线性相关性，就可得原向量组间的线性相关性，从而得到原向量组的极大无关组和秩；进一步，若需要用极大无关组表示其余向量，则对 $\boldsymbol{A}$ 继续施行初等行变换化为行最简形，由行最简形矩阵的列向量之间的线性表达式，就可得原向量组间的线性表达式，从而确定用极大无关组表示其余向量的表达式.

例 3.17 求向量组

(1) $\boldsymbol{\alpha}_1=(1,1,4),\boldsymbol{\alpha}_2=(1,0,4),\boldsymbol{\alpha}_3=(1,2,4),\boldsymbol{\alpha}_4=(1,3,4)$；

(2) $\boldsymbol{\alpha}_1=(1,1,1,2),\boldsymbol{\alpha}_2=(2,3,1,1),\boldsymbol{\alpha}_3=(2,1,3,7),\boldsymbol{\alpha}_4=(1,3,2,4)$

的一个极大无关组和秩.

解 (1) 令 $\boldsymbol{A}=(\boldsymbol{\alpha}_1^{\mathrm{T}},\boldsymbol{\alpha}_2^{\mathrm{T}},\boldsymbol{\alpha}_3^{\mathrm{T}},\boldsymbol{\alpha}_4^{\mathrm{T}})$，对 $\boldsymbol{A}$ 施行初等行变换，即

$$\boldsymbol{A}=\begin{pmatrix}1&1&1&1\\1&0&2&3\\4&4&4&4\end{pmatrix}\to\begin{pmatrix}1&1&1&1\\0&1&-1&-2\\0&0&0&0\end{pmatrix}.$$

由此可得，$\boldsymbol{\alpha}_1,\boldsymbol{\alpha}_2$ 是原向量组的一个极大无关组，$\mathrm{r}(\boldsymbol{\alpha}_1,\boldsymbol{\alpha}_2,\boldsymbol{\alpha}_3,\boldsymbol{\alpha}_4)=2$.

(2) 令 $\boldsymbol{A}=(\boldsymbol{\alpha}_1^{\mathrm{T}},\boldsymbol{\alpha}_2^{\mathrm{T}},\boldsymbol{\alpha}_3^{\mathrm{T}},\boldsymbol{\alpha}_4^{\mathrm{T}})$，对 $\boldsymbol{A}$ 施行初等行变换，即

$$\boldsymbol{A}=\begin{bmatrix}1&2&2&1\\1&3&1&3\\1&1&3&2\\2&1&7&4\end{bmatrix}\to\begin{bmatrix}1&2&2&1\\0&1&-1&-1\\0&0&0&1\\0&0&0&0\end{bmatrix}.$$

由此可得，$\boldsymbol{\alpha}_1,\boldsymbol{\alpha}_2,\boldsymbol{\alpha}_4$ 是原向量组的一个极大无关组，$\mathrm{r}(\boldsymbol{\alpha}_1,\boldsymbol{\alpha}_2,\boldsymbol{\alpha}_3,\boldsymbol{\alpha}_4)=3$.

例 3.18 求向量组

(1) $\boldsymbol{\alpha}_1=(1,3,1),\boldsymbol{\alpha}_2=(1,5,2),\boldsymbol{\alpha}_3=(2,0,-1),\boldsymbol{\alpha}_4=(1,-1,1)$；

(2) $\boldsymbol{\alpha}_1=(1,2,3,-1),\boldsymbol{\alpha}_2=(1,1,2,1),\boldsymbol{\alpha}_3=(1,3,4,-3),\boldsymbol{\alpha}_4=(2,3,5,4)$

的一个极大无关组和秩，并用该极大无关组表示其余向量.

解 (1) 令 $\boldsymbol{A}=(\boldsymbol{\alpha}_1^{\mathrm{T}},\boldsymbol{\alpha}_2^{\mathrm{T}},\boldsymbol{\alpha}_3^{\mathrm{T}},\boldsymbol{\alpha}_4^{\mathrm{T}})$. 对 $\boldsymbol{A}$ 进行初等行变换，即

$$\boldsymbol{A}=\begin{pmatrix}1&1&2&-1\\3&5&0&1\\1&2&-1&1\end{pmatrix}\to\begin{pmatrix}1&1&2&-1\\0&1&-3&2\\0&0&0&0\end{pmatrix}\to\begin{pmatrix}1&0&5&-3\\0&1&-3&2\\0&0&0&0\end{pmatrix}.$$

由此可得，$\boldsymbol{\alpha}_1,\boldsymbol{\alpha}_2$ 是原向量组的一个极大无关组，$\mathrm{r}(\boldsymbol{\alpha}_1,\boldsymbol{\alpha}_2,\boldsymbol{\alpha}_3,\boldsymbol{\alpha}_4)=2$，且 $\boldsymbol{\alpha}_3=5\boldsymbol{\alpha}_1-3\boldsymbol{\alpha}_2,\boldsymbol{\alpha}_4=-3\boldsymbol{\alpha}_1+2\boldsymbol{\alpha}_2$.

(2) 令 $\boldsymbol{A}=(\boldsymbol{\alpha}_1^{\mathrm{T}},\boldsymbol{\alpha}_2^{\mathrm{T}},\boldsymbol{\alpha}_3^{\mathrm{T}},\boldsymbol{\alpha}_4^{\mathrm{T}})$. 对 $\boldsymbol{A}$ 进行初等行变换，即

$$\boldsymbol{A}=\begin{bmatrix}1&1&1&2\\2&1&3&3\\3&2&4&5\\-1&1&-3&4\end{bmatrix}\to\begin{bmatrix}1&1&1&2\\0&-1&1&-1\\0&0&0&4\\0&0&0&0\end{bmatrix}\to\begin{bmatrix}1&0&2&0\\0&1&-1&0\\0&0&0&1\\0&0&0&0\end{bmatrix}.$$

由此可得，$\boldsymbol{\alpha}_1,\boldsymbol{\alpha}_2,\boldsymbol{\alpha}_4$ 是原向量组的一个极大无关组，$\mathrm{r}(\boldsymbol{\alpha}_1,\boldsymbol{\alpha}_2,\boldsymbol{\alpha}_3,\boldsymbol{\alpha}_4)=3$，且 $\boldsymbol{\alpha}_3=2\boldsymbol{\alpha}_1-\boldsymbol{\alpha}_2$.

由定理 3.11 及矩阵可逆的等价结论可得如下推论.

推论 n 方阵 $\boldsymbol{A}$ 可逆的充要条件是 $\boldsymbol{A}$ 的行(列)向量组线性无关.

利用定理 3.9 和等价向量组的相关结论,可以得到向量组的秩和矩阵的秩的如下结论.

定理 3.12 若向量组 $\boldsymbol{\alpha}_1,\boldsymbol{\alpha}_2,\cdots,\boldsymbol{\alpha}_m$ 可由向量组 $\boldsymbol{\beta}_1,\boldsymbol{\beta}_2,\cdots,\boldsymbol{\beta}_n$ 线性表示,则

$$\mathrm{r}(\boldsymbol{\alpha}_1,\boldsymbol{\alpha}_2,\cdots,\boldsymbol{\alpha}_m)\leqslant \mathrm{r}(\boldsymbol{\beta}_1,\boldsymbol{\beta}_2,\cdots,\boldsymbol{\beta}_n).$$

证明 设向量组 $\boldsymbol{\alpha}_{i_1},\boldsymbol{\alpha}_{i_2},\cdots,\boldsymbol{\alpha}_{i_s}$ 和 $\boldsymbol{\beta}_{j_1},\boldsymbol{\beta}_{j_2},\cdots,\boldsymbol{\beta}_{j_r}$ 分别是向量组 $\boldsymbol{\alpha}_1,\boldsymbol{\alpha}_2,\cdots,\boldsymbol{\alpha}_m$ 和 $\boldsymbol{\beta}_1,\boldsymbol{\beta}_2,\cdots,\boldsymbol{\beta}_n$ 的一个极大无关组,则 $\boldsymbol{\alpha}_{i_1},\boldsymbol{\alpha}_{i_2},\cdots,\boldsymbol{\alpha}_{i_s}$ 与 $\boldsymbol{\alpha}_1,\boldsymbol{\alpha}_2,\cdots,\boldsymbol{\alpha}_m$ 等价,$\boldsymbol{\beta}_{j_1},\boldsymbol{\beta}_{j_2},\cdots,\boldsymbol{\beta}_{j_r}$ 与 $\boldsymbol{\beta}_1,\boldsymbol{\beta}_2,\cdots,\boldsymbol{\beta}_n$ 等价. 又已知 $\boldsymbol{\alpha}_1,\boldsymbol{\alpha}_2,\cdots,\boldsymbol{\alpha}_m$ 可由向量组 $\boldsymbol{\beta}_1,\boldsymbol{\beta}_2,\cdots,\boldsymbol{\beta}_n$ 线性表示,从而极大无关组 $\boldsymbol{\alpha}_{i_1},\boldsymbol{\alpha}_{i_2},\cdots,\boldsymbol{\alpha}_{i_s}$ 可由 $\boldsymbol{\beta}_{j_1},\boldsymbol{\beta}_{j_2},\cdots,\boldsymbol{\beta}_{j_r}$ 线性表示,由定理 3.9 的推论 2 即可得 $s\leqslant r$,结论成立.

由定理 3.12 立即可得如下的结论.

定理 3.13 等价向量组的秩相等.

定理 3.13 的逆定理并不成立. 即两个向量组的秩相等时,它们未必是等价的.

例如,向量组 $\boldsymbol{\alpha}_1=(1,0,0),\boldsymbol{\alpha}_2=(0,1,0)$ 与向量组 $\boldsymbol{\beta}_1=(0,0,1),\boldsymbol{\beta}_2=(0,1,1)$ 的秩都是 2,但这两个向量组显然不等价.

定理 3.14 如果两个向量组的秩相等且其中一个向量组可由另一个线性表出,则这两个向量组等价.

证明略.

例 3.19 设 $\boldsymbol{A},\boldsymbol{B}$ 分别是 $m\times l$ 和 $l\times n$ 的矩阵,证明:$\mathrm{r}(\boldsymbol{AB})\leqslant\min\{\mathrm{r}(\boldsymbol{A}),\mathrm{r}(\boldsymbol{B})\}$.

证明 设

$$\boldsymbol{A}=\begin{pmatrix} a_{11} & a_{12} & \cdots & a_{1n}\\ a_{21} & a_{22} & \cdots & a_{2n}\\ \vdots & \vdots & & \vdots\\ a_{m1} & a_{m2} & \cdots & a_{mn}\end{pmatrix},\quad \boldsymbol{B}=\begin{pmatrix} b_{11} & b_{12} & \cdots & b_{1s}\\ b_{21} & b_{22} & \cdots & b_{2s}\\ \vdots & \vdots & & \vdots\\ b_{n1} & b_{n2} & \cdots & b_{ns}\end{pmatrix},$$

将 $\boldsymbol{A}$ 分块成以列向量为子块的 $1\times n$ 分块矩阵

$$\boldsymbol{A}=(\boldsymbol{\alpha}_1,\boldsymbol{\alpha}_2,\cdots,\boldsymbol{\alpha}_n).$$

于是由分块乘法得

$$\begin{aligned}\boldsymbol{AB}&=(\boldsymbol{\alpha}_1,\boldsymbol{\alpha}_2,\cdots,\boldsymbol{\alpha}_n)\begin{pmatrix} b_{11} & b_{12} & \cdots & b_{1s}\\ b_{21} & b_{22} & \cdots & b_{2s}\\ \vdots & \vdots & & \vdots\\ b_{n1} & b_{n2} & \cdots & b_{ns}\end{pmatrix}\\ &=(b_{11}\boldsymbol{\alpha}_1+b_{21}\boldsymbol{\alpha}_2+\cdots+b_{n1}\boldsymbol{\alpha}_n,b_{12}\boldsymbol{\alpha}_1+b_{22}\boldsymbol{\alpha}_2+\cdots+\\ &\quad b_{n2}\boldsymbol{\alpha}_n,\cdots,b_{1s}\boldsymbol{\alpha}_1+b_{2s}\boldsymbol{\alpha}_2+\cdots+b_{ns}\boldsymbol{\alpha}_n).\end{aligned}$$

因而 $\boldsymbol{AB}$ 的列向量组是

$$\boldsymbol{\gamma}_1=b_{11}\boldsymbol{\alpha}_1+b_{21}\boldsymbol{\alpha}_2+\cdots+b_{n1}\boldsymbol{\alpha}_n,$$

$$\boldsymbol{\gamma}_2 = b_{12}\boldsymbol{\alpha}_1 + b_{22}\boldsymbol{\alpha}_2 + \cdots + b_{n2}\boldsymbol{\alpha}_n,$$
$$\vdots$$
$$\boldsymbol{\gamma}_s = b_{1s}\boldsymbol{\alpha}_1 + b_{2s}\boldsymbol{\alpha}_2 + \cdots + b_{ns}\boldsymbol{\alpha}_n.$$

这表明 $\boldsymbol{AB}$ 的列向量组$\boldsymbol{\gamma}_1,\boldsymbol{\gamma}_2,\cdots,\boldsymbol{\gamma}_s$ 可由 $\boldsymbol{A}$ 的列向量组$\boldsymbol{\alpha}_1,\boldsymbol{\alpha}_2,\cdots,\boldsymbol{\alpha}_n$ 线性表示,因此

$$\mathrm{r}(\boldsymbol{\gamma}_1,\boldsymbol{\gamma}_2,\cdots,\boldsymbol{\gamma}_s) \leqslant \mathrm{r}(\boldsymbol{\alpha}_1,\boldsymbol{\alpha}_2,\cdots,\boldsymbol{\alpha}_n).$$

从而,$\mathrm{r}(\boldsymbol{AB})\leqslant\mathrm{r}(\boldsymbol{A})$.

再证 $\mathrm{r}(\boldsymbol{AB})\leqslant\mathrm{r}(\boldsymbol{B})$,这是因为

$$\mathrm{r}(\boldsymbol{AB}) = \mathrm{r}[(\boldsymbol{AB})^{\mathrm{T}}] = \mathrm{r}(\boldsymbol{B}^{\mathrm{T}}\boldsymbol{A}^{\mathrm{T}}) \leqslant \mathrm{r}(\boldsymbol{B}^{\mathrm{T}}) = \mathrm{r}(\boldsymbol{B}).$$

综上所述,即有

$$\mathrm{r}(\boldsymbol{AB}) \leqslant \min\{\mathrm{r}(\boldsymbol{A}),\mathrm{r}(\boldsymbol{B})\}.$$

习题 3.4

1. 求下列向量组的秩和一个极大无关组.

(1) $\boldsymbol{\alpha}_1=(1,-1,2,4),\boldsymbol{\alpha}_2=(0,3,1,2),\boldsymbol{\alpha}_3=(3,0,7,14),\boldsymbol{\alpha}_4=(1,-2,2,0),\boldsymbol{\alpha}_5=(2,1,5,10)$;

(2) $\boldsymbol{\alpha}_1=(1,1,1,-1),\boldsymbol{\alpha}_2=(1,1,-1,-1),\boldsymbol{\alpha}_3=(1,-1,-1,1),\boldsymbol{\alpha}_4=(-1,-1,-1,-1)$.

2. 求下列向量组的一个极大无关组,并将该组中其余某一个向量由此极大无关组线性表示.

(1) $\boldsymbol{\alpha}_1=(1,1,2,2),\boldsymbol{\alpha}_2=(0,2,1,5),\boldsymbol{\alpha}_3=(2,0,3,-1),\boldsymbol{\alpha}_4=(1,1,0,4)$;

(2) $\boldsymbol{\alpha}_1=(1,-2,-3,0),\boldsymbol{\alpha}_2=(-1,2,3,3),\boldsymbol{\alpha}_3=(2,-1,0,2),\boldsymbol{\alpha}_4=(1,1,3,5)$.

3. 证明:若向量组$\boldsymbol{\alpha}_1,\boldsymbol{\alpha}_2,\cdots,\boldsymbol{\alpha}_s$ 线性相关,则向量组$\boldsymbol{\beta}_1=\boldsymbol{\alpha}_1,\boldsymbol{\beta}_2=\boldsymbol{\alpha}_1+\boldsymbol{\alpha}_2,\cdots,\boldsymbol{\beta}_s=\boldsymbol{\alpha}_1+\boldsymbol{\alpha}_2+\cdots+\boldsymbol{\alpha}_s$ 也线性相关.

4. 证明:若向量组$\boldsymbol{\alpha}_1,\boldsymbol{\alpha}_2,\boldsymbol{\alpha}_3$ 可由向量组$\boldsymbol{\beta}_1,\boldsymbol{\beta}_2,\boldsymbol{\beta}_3$ 线性表示,$\boldsymbol{\beta}_1,\boldsymbol{\beta}_2,\boldsymbol{\beta}_3$ 线性相关,则$\boldsymbol{\alpha}_1,\boldsymbol{\alpha}_2,\boldsymbol{\alpha}_3$ 也线性相关.

3.5 线性方程组解的结构

3.1 节给出了线性方程组的一般解法和解的判定定理,本节将借助 n 维向量的相关理论给出线性方程组解的结构. 由前面的学习知道,在线性方程组有解时,解的情况只有两种可能:有唯一解或有无穷多个解. 在有无穷多个解的情况下,是否可将全部的解用有限多个解表示出来?如果能的话,如何表示?这有限多个解又如何找到?解与解之间的关系又是怎样的?这就是所谓的解的结构问题.

3.5.1 齐次线性方程组解的结构

设齐次线性方程组为

$$\begin{cases}a_{11}x_1+a_{12}x_2+\cdots+a_{1n}x_n=0,\\ a_{21}x_1+a_{22}x_2+\cdots+a_{2n}x_n=0,\\ \qquad\vdots\\ a_{m1}x_1+a_{m2}x_2+\cdots+a_{mn}x_n=0,\end{cases}$$

其系数矩阵记为 $\boldsymbol{A}$,矩阵形式记为 $\boldsymbol{Ax}=\boldsymbol{0}$.

若 $\boldsymbol{\xi}=(c_1,c_2,\cdots,c_n)^{\mathrm{T}}$ 为齐次线性方程组的一个解向量,则有 $\boldsymbol{A\xi}=\boldsymbol{0}$.

我们在 3.1 节提到,$\boldsymbol{0}=(0,0,\cdots,0)^{\mathrm{T}}$ 是齐次线性方程组 $\boldsymbol{Ax}=\boldsymbol{0}$ 的零解. 若非零列向量 $(c_1,c_2,\cdots,c_n)^{\mathrm{T}}$ 也是齐次线性方程组 $\boldsymbol{Ax}=\boldsymbol{0}$ 的解,则称之为**非零解**.

由解向量的定义不难验证齐次线性方程组的解具有下列性质.

性质 3.3 若 $\boldsymbol{\xi}_1,\boldsymbol{\xi}_2$ 是齐次线性方程组 $\boldsymbol{Ax}=\boldsymbol{0}$ 的解,则 $\boldsymbol{\xi}_1+\boldsymbol{\xi}_2$ 也是 $\boldsymbol{Ax}=\boldsymbol{0}$ 的解.

性质 3.4 若 $\boldsymbol{\xi}$ 是齐次线性方程组 $\boldsymbol{Ax}=\boldsymbol{0}$ 的解,k 为实数,则 $k\boldsymbol{\xi}$ 也是 $\boldsymbol{Ax}=\boldsymbol{0}$ 的解.

由上两个性质可得如下的结论.

性质 3.5 若 $\boldsymbol{\xi}_1,\boldsymbol{\xi}_2,\cdots,\boldsymbol{\xi}_s$ 都是齐次线性方程组 $\boldsymbol{Ax}=\boldsymbol{0}$ 的解,则其线性组合 $k_1\boldsymbol{\xi}_1+k_2\boldsymbol{\xi}_2+\cdots+k_s\boldsymbol{\xi}_s$ 也是齐次线性方程组 $\boldsymbol{Ax}=\boldsymbol{0}$ 的解,其中 $k_1,k_2,\cdots,k_s$ 是任意常数.

上述性质表明,若齐次线性方程组 $\boldsymbol{Ax}=\boldsymbol{0}$ 有非零解,则它就有无穷多个解. 因为 $\boldsymbol{Ax}=\boldsymbol{0}$ 的每个解都是一个 n 维向量,它的无穷多个解就构成了一个 n 维向量组. 若能求出该向量组的一个"极大无关组",就能用它的线性组合来表示 $\boldsymbol{Ax}=\boldsymbol{0}$ 的全部解. 这个极大无关组在线性方程组解的理论中,就是下面要介绍的基础解系.

定义 3.10 若齐次线性方程组 $\boldsymbol{Ax}=\boldsymbol{0}$ 的解 $\boldsymbol{\xi}_1,\boldsymbol{\xi}_2,\cdots,\boldsymbol{\xi}_s$ 满足

(1) $\boldsymbol{\xi}_1,\boldsymbol{\xi}_2,\cdots,\boldsymbol{\xi}_s$ 线性无关,

(2) 方程组的任一解都可由 $\boldsymbol{\xi}_1,\boldsymbol{\xi}_2,\cdots,\boldsymbol{\xi}_s$ 线性表示,

则称 $\boldsymbol{\xi}_1,\boldsymbol{\xi}_2,\cdots,\boldsymbol{\xi}_s$ 是 $\boldsymbol{Ax}=\boldsymbol{0}$ 的一个基础解系.

那么,是否任何一个齐次线性方程组都有基础解系? 如果有的话,如何求出它的基础解系? 基础解系中含有多少个解向量?

引例 解齐次线性方程组

$$\begin{cases}x_1+x_2-x_3-x_4=0,\\ 2x_1-5x_2+3x_3+2x_4=0,\\ 7x_1-7x_2+3x_3+x_4=0,\end{cases}\tag{3.11}$$

并将其解表示成向量的形式.

解 对原线性方程组的系数矩阵 $\boldsymbol{A}$ 施行初等行变换:

$$\boldsymbol{A}=\begin{pmatrix}1&1&-1&-1\\2&-5&3&2\\7&-7&3&1\end{pmatrix}\to\begin{pmatrix}1&1&-1&-1\\0&-7&5&4\\0&0&0&0\end{pmatrix}\to\begin{pmatrix}1&0&-2/7&-3/7\\0&1&-5/7&-4/7\\0&0&0&0\end{pmatrix}.$$

由 $\boldsymbol{A}$ 的行最简形得同解方程组 $\begin{cases}x_1=\dfrac{2}{7}x_3+\dfrac{3}{7}x_4,\\ x_2=\dfrac{5}{7}x_3+\dfrac{4}{7}x_4,\end{cases}$ x_3,x_4 为自由未知量.

令 $x_3=k_1,x_4=k_2$，得原方程组的解为

$$\begin{cases}x_1=\dfrac{2}{7}k_1+\dfrac{3}{7}k_2\\ x_2=\dfrac{5}{7}k_1+\dfrac{4}{7}k_2, \quad k_1,k_2\text{ 为任意常数，}\\ x_3=k_1,\\ x_4=k_2,\end{cases}$$

其向量形式为

$$\begin{pmatrix}x_1\\x_2\\x_3\\x_4\end{pmatrix}=\begin{pmatrix}\dfrac{2}{7}k_1+\dfrac{3}{7}k_2\\ \dfrac{5}{7}k_1+\dfrac{4}{7}k_2\\ k_1\\ k_2\end{pmatrix}=\begin{pmatrix}\dfrac{2}{7}k_1\\ \dfrac{5}{7}k_1\\ k_1\\ 0\end{pmatrix}+\begin{pmatrix}\dfrac{3}{7}k_2\\ \dfrac{4}{7}k_2\\ 0\\ k_2\end{pmatrix}=k_1\begin{pmatrix}\dfrac{2}{7}\\ \dfrac{5}{7}\\ 1\\ 0\end{pmatrix}+k_2\begin{pmatrix}\dfrac{3}{7}\\ \dfrac{4}{7}\\ 0\\ 1\end{pmatrix}, \tag{3.12}$$

k_1,k_2 为任意常数. 令

$$\boldsymbol{\xi}_1=\left(\frac{2}{7},\frac{5}{7},1,0\right)^{\mathrm{T}}, \quad \boldsymbol{\xi}_2=\left(\frac{3}{7},\frac{4}{7},0,1\right)^{\mathrm{T}},$$

则 $\boldsymbol{\xi}_1,\boldsymbol{\xi}_2$ 分别是 $x_3=1,x_4=0$ 和 $x_3=0,x_4=1$ 时齐次线性方程组(3.11)的解. 因向量组 $(1,0)^{\mathrm{T}},(0,1)^{\mathrm{T}}$ 线性无关，故 $\boldsymbol{\xi}_1,\boldsymbol{\xi}_2$ 也线性无关. 再由(3.12)式可知方程组(3.11)的任何一个解都可由 $\boldsymbol{\xi}_1,\boldsymbol{\xi}_2$ 线性表示，因此 $\boldsymbol{\xi}_1,\boldsymbol{\xi}_2$ 是齐次线性方程组(3.11)的一个基础解系. 由 $\boldsymbol{\xi}_1,\boldsymbol{\xi}_2$ 的取法可知，基础解系所含解向量的个数等于自由未知量的个数.

定理 3.15 设 $\boldsymbol{A}$ 是 $m\times n$ 矩阵，$\mathrm{r}(\boldsymbol{A})=r<n$，则齐次线性方程组 $\boldsymbol{Ax}=\boldsymbol{0}$ 的基础解系存在，且基础解系中所含解向量的个数为 $n-r$. 若 $\boldsymbol{\xi}_1,\boldsymbol{\xi}_2,\cdots,\boldsymbol{\xi}_{n-r}$ 是一个基础解系，则 $\boldsymbol{Ax}=\boldsymbol{0}$ 的全部解可表示为

$$\boldsymbol{\xi}=k_1\boldsymbol{\xi}_1+k_2\boldsymbol{\xi}_2+\cdots+k_{n-r}\boldsymbol{\xi}_{n-r}, \quad k_1,k_2,\cdots,k_{n-r}\text{ 为任意常数，}$$

也称为**齐次线性方程组** $\boldsymbol{Ax}=\boldsymbol{0}$ **的通解**.

求齐次线性方程组 $\boldsymbol{Ax}=\boldsymbol{0}$ 的通解的一般方法：

对系数矩阵 $\boldsymbol{A}$ 施行初等行变换，将其化为行阶梯形矩阵，由矩阵的秩 $n-\mathrm{r}(\boldsymbol{A})$ 和未知量个数 n 之间的关系，判断 $\boldsymbol{Ax}=\boldsymbol{0}$ 是否有非零解；若有非零解，则对 $\boldsymbol{A}$ 继续施行初等行变换化为行最简形，由行最简形矩阵得到同解方程组和 $n-\mathrm{r}(\boldsymbol{A})$ 个自由未知量，令自由未知量构成的向量分别取 $n-\mathrm{r}(\boldsymbol{A})$ 维基本单位向量组中的向量，就可得原方程组的一个基础解系，基础解系的所有线性组合就是齐次线性方程组的通解.

例 3.20 求下列齐次线性方程组的通解：

(1) $\begin{cases}x_1+2x_2+2x_3+x_4=0,\\ 2x_1+x_2-2x_3-2x_4=0,\\ x_1-x_2-4x_3-3x_4=0;\end{cases}$ (2) $\begin{cases}x_1+x_2+x_3+x_4=0,\\ 3x_1+x_2+2x_3+x_4=0,\\ 2x_2+x_3+3x_4=0,\\ 5x_1+3x_2+4x_3+3x_4=0.\end{cases}$

解 (1) 对原方程组的系数矩阵 $\boldsymbol{A}$ 施行初等行变换：

$$A=\begin{pmatrix}1&2&2&1\\2&1&-2&-2\\1&-1&-4&-3\end{pmatrix}\longrightarrow\begin{pmatrix}1&2&2&1\\0&-3&-6&-4\\0&-3&-6&-4\end{pmatrix}\longrightarrow$$

$$\begin{pmatrix}1&2&2&1\\0&1&2&4/3\\0&0&0&0\end{pmatrix}\longrightarrow\begin{pmatrix}1&0&-2&-5/3\\0&1&2&4/3\\0&0&0&0\end{pmatrix}.$$

由最后的行最简形得同解方程组为

$$\begin{cases}x_1=2x_3+\dfrac{5}{3}x_4,\\ x_2=-2x_3-\dfrac{4}{3}x_4,\end{cases}\quad x_3,x_4 \text{ 为自由未知量.}$$

令$(x_3,x_4)^{\mathrm{T}}$ 分别取$(1,0)^{\mathrm{T}}$ 和$(0,3)^{\mathrm{T}}$ 得基础解系为

$$\boldsymbol{\xi}_1=(2,-2,1,0)^{\mathrm{T}},\quad \boldsymbol{\xi}_2=(5,-4,0,3)^{\mathrm{T}},$$

故原方程组的通解为$\boldsymbol{\xi}=k_1\boldsymbol{\xi}_1+k_2\boldsymbol{\xi}_2$,$k_1,k_2$ 为任意常数.

(2) 对原方程组的系数矩阵 $\boldsymbol{A}$ 施行初等行变换:

$$A=\begin{pmatrix}1&1&1&1\\3&1&2&1\\0&2&1&3\\5&3&4&3\end{pmatrix}\to\begin{pmatrix}1&1&1&1\\0&-2&-1&-2\\0&0&0&1\\0&0&0&0\end{pmatrix}\to\begin{pmatrix}1&0&1/2&0\\0&1&1/2&0\\0&0&0&1\\0&0&0&0\end{pmatrix}.$$

由最后的行最简形得同解方程组为

$$\begin{cases}x_1=-\dfrac{1}{2}x_3,\\ x_2=-\dfrac{1}{2}x_3,\\ x_4=0,\end{cases}\quad x_3 \text{ 为自由未知量.}$$

令 $x_3=2$ 得基础解系为$\boldsymbol{\xi}_1=(-1,-1,2,0)^{\mathrm{T}}$,故原方程组的通解为

$$\boldsymbol{\xi}=k\boldsymbol{\xi}_1,\quad k \text{ 为任意常数.}$$

3.5.2 非齐次线性方程组解的结构

本小节将借助齐次线性方程组解的结构,给出有无穷多解时,非齐次线性方程组解的结构.

设非齐次线性方程组为

$$\begin{cases}a_{11}x_1+a_{12}x_2+\cdots+a_{1n}x_n=b_1,\\ a_{21}x_1+a_{22}x_2+\cdots+a_{2n}x_n=b_2,\\ \qquad\vdots\\ a_{m1}x_1+a_{m2}x_2+\cdots+a_{mn}x_n=b_m.\end{cases}\tag{3.13}$$

其系数矩阵记为 $\boldsymbol{A}$,常数列向量记为 $\boldsymbol{b}$,矩阵形式为 $\boldsymbol{Ax}=\boldsymbol{b}$. 若$\boldsymbol{\eta}$ 是方程组(3.13)的一个解向量,则必有 $\boldsymbol{A\eta}=\boldsymbol{b}$.

当 $\boldsymbol{b}=\boldsymbol{0}$,齐次线性方程组 $\boldsymbol{Ax}=\boldsymbol{0}$ 称为非齐次线性方程组 $\boldsymbol{Ax}=\boldsymbol{b}$ 的导出组.

下面给出非齐次线性方程组的解与其导出组的解之间的关系.

性质 3.6 若$\boldsymbol{\eta}_1,\boldsymbol{\eta}_2$是非齐次线性方程组$\boldsymbol{Ax}=\boldsymbol{b}$的解,则$\boldsymbol{\eta}_1-\boldsymbol{\eta}_2$是其导出组$\boldsymbol{Ax}=\boldsymbol{0}$的解.

性质 3.7 若$\boldsymbol{\eta}$是非齐次线性方程组$\boldsymbol{Ax}=\boldsymbol{b}$的解,$\boldsymbol{\xi}$是其导出组$\boldsymbol{Ax}=\boldsymbol{0}$的解,则$\boldsymbol{\eta}+\boldsymbol{\xi}$是$\boldsymbol{Ax}=\boldsymbol{b}$的解.

根据以上两个性质可以得到非齐次线性方程组解的结构定理.

定理 3.16 设$\boldsymbol{\eta}_0$是非齐次线性方程组$\boldsymbol{Ax}=\boldsymbol{0}$的一个解(习惯上,称之为**特解**),$\boldsymbol{\xi}_1,\boldsymbol{\xi}_2,\cdots,\boldsymbol{\xi}_{n-r}$是其导出组$\boldsymbol{Ax}=\boldsymbol{0}$的一个基础解系,$r$是系数矩阵$\boldsymbol{A}$的秩,则非齐次线性方程组$\boldsymbol{Ax}=\boldsymbol{b}$的通解为

$$\boldsymbol{\eta}=\boldsymbol{\eta}_0+k_1\boldsymbol{\xi}_1+k_2\boldsymbol{\xi}_2+\cdots+k_{n-r}\boldsymbol{\xi}_{n-r},\quad k_1,k_2,\cdots,k_{n-r}\text{ 为任意常数.}$$

求非齐次线性方程组$\boldsymbol{Ax}=\boldsymbol{b}$的通解的一般方法:

对增广矩阵$\overline{\boldsymbol{A}}=(\boldsymbol{A},\boldsymbol{b})$施行初等行变换,先化为行阶梯形矩阵,由$\mathrm{r}(\boldsymbol{A})$与$\mathrm{r}(\overline{\boldsymbol{A}})$之间的关系,判断$\boldsymbol{Ax}=\boldsymbol{b}$是否有解.若有解,则对$\overline{\boldsymbol{A}}$继续施行初等行变换化为行最简形,由行最简形矩阵得到同解方程组和$n-\mathrm{r}(\boldsymbol{A})$个自由未知量,令自由未知量构成的向量任取一个$n-\mathrm{r}(\boldsymbol{A})$维的向量,如$(0,0,\cdots,0)^{\mathrm{T}}$,得到一个特解$\boldsymbol{\eta}_0$;再令同解方程组的常数项都为0,得到导出组的同解方程组,进而可得导出组的一个基础解系$\boldsymbol{\xi}_1,\boldsymbol{\xi}_2,\cdots,\boldsymbol{\xi}_{n-r}$,最终可得非齐次线性方程组的通解.

例 3.21 求下列非齐次线性方程组的通解.

(1) $\begin{cases}x_1+3x_2-x_3-x_4=-1,\\x_1-2x_2+x_3+3x_4=3,\\3x_1+4x_2-x_3+x_4=1;\end{cases}$ (2) $\begin{cases}x_1-x_2-x_3+x_4=0,\\x_1-x_2+x_3-4x_4=1,\\x_1-x_2-2x_3+3x_4=-1.\end{cases}$

解 (1) 对原方程组的增广矩阵$\overline{\boldsymbol{A}}=(\boldsymbol{A},\boldsymbol{b})$施行初等行变换:

$$\overline{\boldsymbol{A}}=\left(\begin{array}{cccc:c}1&3&-1&-1&-1\\1&-2&1&3&3\\3&4&-1&1&1\end{array}\right)\longrightarrow\left(\begin{array}{cccc:c}1&3&-1&-1&-1\\0&-5&2&4&4\\0&0&0&0&0\end{array}\right)$$

$$\longrightarrow\left(\begin{array}{cccc:c}1&3&-1&-1&-1\\0&1&-2/5&-4/5&-4/5\\0&0&0&0&0\end{array}\right)\longrightarrow\left(\begin{array}{cccc:c}1&0&1/5&7/5&7/5\\0&1&-2/5&-4/5&-4/5\\0&0&0&0&0\end{array}\right).$$

由最后的行最简形得同解方程组为

$$\begin{cases}x_1=\dfrac{7}{5}-\dfrac{1}{5}x_3-\dfrac{7}{5}x_4,\\x_2=-\dfrac{4}{5}+\dfrac{2}{5}x_3+\dfrac{4}{5}x_4,\end{cases}\quad x_3,x_4\text{ 为自由未知量.}$$

令$(x_3,x_4)^{\mathrm{T}}=(0,0)^{\mathrm{T}}$,得原方程组的一个特解为$\boldsymbol{\eta}_0=\left(\dfrac{7}{5},-\dfrac{4}{5},0,0\right)^{\mathrm{T}}$.

导出组的同解方程组为

$$\begin{cases}x_1=-\dfrac{1}{5}x_3-\dfrac{7}{5}x_4,\\x_2=\dfrac{2}{5}x_3+\dfrac{4}{5}x_4,\end{cases}\quad x_3,x_4\text{ 为自由未知量.}$$

令$(x_3,x_4)^{\mathrm{T}}$分别取$(1,0)^{\mathrm{T}}$,$(0,1)^{\mathrm{T}}$,得导出组的一个基础解系为

$$\boldsymbol{\xi}_1=\left(-\frac{1}{5},\frac{2}{5},1,0\right)^{\mathrm{T}},\quad \boldsymbol{\xi}_2=\left(-\frac{7}{5},\frac{4}{5},0,1\right)^{\mathrm{T}}.$$

故原方程组的通解可表示为

$$\boldsymbol{\eta}=\boldsymbol{\eta}_0+k_1\boldsymbol{\xi}_1+k_2\boldsymbol{\xi}_2,\quad k_1,k_2\text{ 为任意常数}.$$

(2) 对原方程组的增广矩阵$\overline{\boldsymbol{A}}=(\boldsymbol{A},\boldsymbol{b})$施行初等行变换:

$$\overline{\boldsymbol{A}}=\left(\begin{array}{cccc:c}1&-1&-1&1&0\\1&-1&1&-4&1\\1&-1&-2&3&-1\end{array}\right)\to\left(\begin{array}{cccc:c}1&-1&-1&1&0\\0&0&-1&2&-1\\0&0&0&-1&-1\end{array}\right)\to\left(\begin{array}{cccc:c}1&-1&0&0&2\\0&0&1&0&3\\0&0&0&1&1\end{array}\right).$$

由最后的行最简形得同解方程组为

$$\begin{cases}x_1=2+x_2,\\x_3=3,\\x_4=1,\end{cases}\qquad x_2\text{ 为自由未知量}.$$

令$x_2=0$得原方程组的一个特解为$\boldsymbol{\eta}_0=(2,0,3,1)^{\mathrm{T}}$.

导出组的同解方程组为

$$\begin{cases}x_1=x_2,\\x_3=0,\\x_4=0,\end{cases}\qquad x_2\text{ 为自由未知量}.$$

令$x_2=1$得导出组的一个基础解系为$\boldsymbol{\xi}_1=(1,1,0,0)^{\mathrm{T}}$.故原方程组的通解可表示为

$$\boldsymbol{\eta}=\boldsymbol{\eta}_0+k\boldsymbol{\xi}_1,\quad k\text{ 为任意常数}.$$

3.5.3 线性方程组的应用

1. 投入产出模型

"投入产出"模型,是美国哈佛大学教授列昂惕夫领导的项目组在对美国国民经济系统的投入与产出进行分析时,汇总了美国劳动统计署历时两年紧张工作所得的250 000多条数据提出的.列昂惕夫把美国经济分解为500个部门,如汽车工业、石油工业、通信业、农业等,针对每个部门列出了一个线性方程,以描述该部门如何向其他部门分配产出.

投入产出模型是一种宏观的经济模型,在建立模型时,将一个经济系统划分成若干个经济部门,并将每个部门的产品综合成一种产品.每个经济部门将其他经济部门的产品经过加工变为本部门的产品,在这一过程中,消耗的其他经济部门的产品为"投入",生产的本部门产品为"产出",每个经济部门直接出售一部分产品给公众称为最终需求.为了保证经济系统的稳定性,投入产出模型要求各个经济部门的总投入与总产出相等.

例 3.22 假设一个经济体系分为制造业、农业和服务业三个部门,见图3.6.制造业每单位产出需要0.5单位制造业产品,0.2单位农业产品和0.1单位服务产品投入;每单位农业产出需要0.4单位它自己的产出,0.3单位制造业产出,0.1单位服务产出;服务业的每单位产出消耗0.3单位服务,0.2单位制造业产品,0.1单位农业产出,见表3.1.为了满足总需求为50单位制造业产品,30单位农业产品,20单位服务,总的产出水平应为多少?

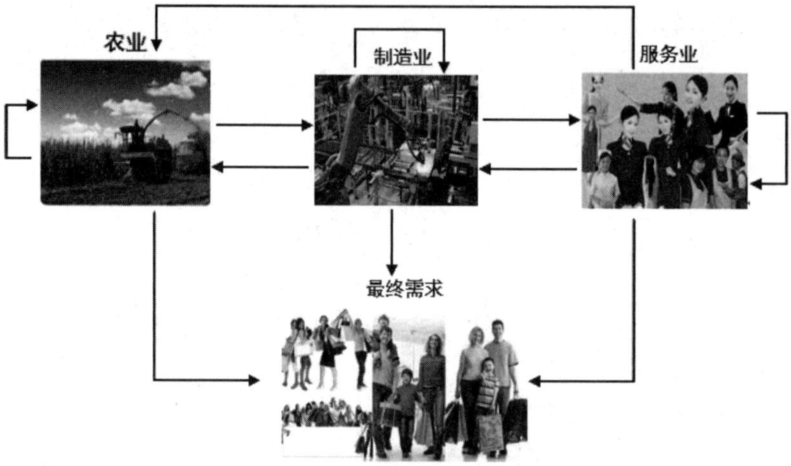

图 3.6 投入产出分析简图

表 3.1 每单位的投入产出表

产出 / 投入	制造业	农业	服务业	最终需求	总产出
制造业	0.5	0.4	0.2	50	x_1
农业	0.2	0.3	0.1	30	x_2
服务业	0.1	0.1	0.3	20	x_3

解 设制造业、农业、服务业的总产出分别为 x_1 单位、x_2 单位和 x_3 单位，则根据每个经济部门的总投入等于总产出可得

$$\begin{cases} x_1 = 0.5x_1 + 0.4x_2 + 0.2x_3 + 50, \\ x_2 = 0.2x_1 + 0.3x_2 + 0.1x_3 + 30, \\ x_3 = 0.1x_1 + 0.1x_2 + 0.3x_3 + 20. \end{cases}$$

记

$$\boldsymbol{C} = \begin{pmatrix} 0.5 & 0.4 & 0.2 \\ 0.2 & 0.3 & 0.1 \\ 0.1 & 0.1 & 0.3 \end{pmatrix}, \quad \boldsymbol{d} = \begin{pmatrix} 50 \\ 30 \\ 20 \end{pmatrix}, \quad \boldsymbol{x} = \begin{pmatrix} x_1 \\ x_2 \\ x_3 \end{pmatrix},$$

则有

$$\boldsymbol{x} = \boldsymbol{C}\boldsymbol{x} + \boldsymbol{d}, \quad 或(\boldsymbol{E} - \boldsymbol{C})\boldsymbol{x} = \boldsymbol{d}.$$

这里称 $\boldsymbol{C}$ 为消耗矩阵，$\boldsymbol{d}$ 为最终需求向量，$\boldsymbol{E}-\boldsymbol{C}$ 为列昂惕夫矩阵.

解线性方程组$(\boldsymbol{E}-\boldsymbol{C})\boldsymbol{x}=\boldsymbol{d}$ 得 $x_1 = 225\dfrac{25}{27} \approx 226$，$x_2 = 118\dfrac{14}{27} \approx 119$，$x_3 = 77\dfrac{7}{9} \approx 78$.

2. 网络流模型

网络流模型广泛应用于交通、运输、通信、电力分配、城市规划以及任务分派等众多领域. 例如，城市规划和交通工程人员监控一个网格状的市区道路的交通流量模式；电气工程师计算流经电路的电流；以及经济学家分析产品通过批发商和零售商网络从生产者到消费者的分配等.

网络流的基本假设是网络的总流入量等于总流出量，且流经一个连接点(称为节点)的总输入等于总输出.

例 3.23 对城市道路网中每条道路、每个交叉路口的车流量进行调查，是分析、评价及改善城市交通状况的基础. 根据车流量信息可以设计流量控制方案，必要时设置单行线，以免车辆长时间拥堵.

某城市单行道路的交通流量如图 3.7，其中数字表示该路段每小时按箭头方向行驶的车流量(单位：辆)，建立确定每条道路流量的线性方程组.

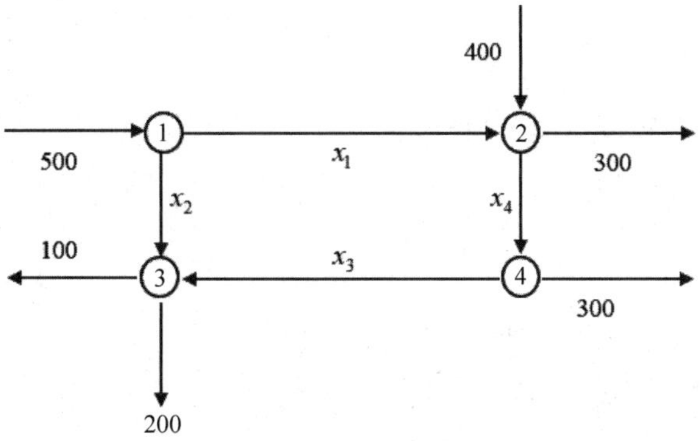

图 3.7

(1) 为了确定未知车流量，还需要增加哪几条道路的流量信息?

(2) 当 $x_4=350$ 时，确定 x_1,x_2,x_3 的值.

(3) 当 $x_4=200$ 时，单行线如何改动才合理?

解 (1) 根据图 3.7 和网络流模型假设，在①②③④这 4 个路口进出车辆数目分别满足

$$\begin{cases}500=x_1+x_2,\\400+x_1=x_4+300,\\x_2+x_3=100+200,\\x_4=x_3+300,\end{cases}\quad\text{即}\begin{cases}x_1+x_2=500,\\x_1+x_4=-100,\\x_2+x_3=300,\\-x_3+x_4=300.\end{cases}$$

对线性方程组的增广矩阵进行初等行变换化为行最简形，有

$$\overline{\boldsymbol{A}}=\left(\begin{array}{cccc:c}1&1&0&0&500\\1&0&0&-1&-100\\0&1&1&0&300\\0&0&-1&1&300\end{array}\right)\rightarrow\left(\begin{array}{cccc:c}1&0&0&-1&-100\\0&1&0&1&600\\0&0&1&-1&-300\\0&0&0&0&0\end{array}\right).$$

由此可得

$$\begin{cases}x_1=x_4-100,\\x_2=-x_4+600,\\x_3=x_4-300.\end{cases}$$

由此可知，为了唯一确定未知车流量，只要增加 x_4 的流量信息即可.

(2) 当 $x_4=350$ 时，可以确定 $x_1=250,x_2=250,x_3=50$.

(3) 当 $x_4=200$ 时，则 $x_1=100,x_2=400,x_3=-100<0$，这表明单行线"③←④"应改为"③→④"才合理.

习题 3.5

1. 求下列齐次线性方程组的通解：

(1) $\begin{cases} x_1-x_2-x_3-x_4=0, \\ 2x_1-2x_2-x_3+x_4=0, \\ 3x_1-3x_2-4x_3-6x_4=0; \end{cases}$ (2) $\begin{cases} x_1-x_2+5x_3-x_4=0, \\ x_1+x_2-2x_3+3x_4=0, \\ 3x_1-x_2+8x_3+x_4=0, \\ x_1+3x_2-9x_3+7x_4=0. \end{cases}$

2. 求下列非齐次线性方程组的通解：

(1) $\begin{cases} x_1+x_2-x_3+2x_4=3, \\ 2x_1+x_2-3x_4=1, \\ -4x_1-2x_2+6x_4=-2; \end{cases}$ (2) $\begin{cases} 2x_1-4x_2+5x_3+3x_4=1, \\ 3x_1-6x_2+4x_3+2x_4=0, \\ 4x_1-8x_2+11x_3+7x_4=3; \end{cases}$

(3) $\begin{cases} x_1 \qquad\quad +x_3+2x_4=2, \\ \qquad x_2+2x_3+x_4=1, \\ 2x_1+x_2+4x_3+5x_4=5. \end{cases}$

3. 判断 a,b 取何值时，线性方程组

$$\begin{cases} x_1+x_2+x_3+x_4+x_5=1, \\ 3x_1+2x_2+x_3+x_4-3x_5=a, \\ \qquad x_2+2x_3+2x_4+6x_5=3, \\ 5x_1+4x_2+3x_3+3x_4-x_5=b \end{cases}$$

有解，并求出通解.

第 3 章总复习题

一、填空题

1. 向量$\boldsymbol{\alpha}_1=(\lambda-5,1,-3)$，$\boldsymbol{\alpha}_2=(1,\lambda-5,3)$，$\boldsymbol{\alpha}_3=(-3,3,\lambda-3)$，则当 $\lambda=$________时，$\boldsymbol{\alpha}_1,\boldsymbol{\alpha}_2,\boldsymbol{\alpha}_3$ 线性相关；当 $\lambda=$________时，$\boldsymbol{\alpha}_1,\boldsymbol{\alpha}_2,\boldsymbol{\alpha}_3$ 线性无关.

2. 向量$\boldsymbol{\alpha}_1=(5,1,8,0,0)$，$\boldsymbol{\alpha}_2=(6,0,2,1,0)$，$\boldsymbol{\alpha}_3=(9,0,-1,0,1)$的线性关系是________.

3. 设 $\boldsymbol{A}$ 为 $m\times n$ 矩阵，以 $\boldsymbol{A}$ 为系数矩阵的齐次线性方程组仅有零解的充要条件是 $\boldsymbol{A}$ 的列向量组线性________.

4. 非齐次线性方程组有唯一解的必要条件是其导出组________解（填写解的情况）.

5. 设 n 阶行列式$|a_{ij}|\neq 0$，则线性方程组

$$\begin{cases} a_{11}x_1+a_{12}x_2+\cdots+a_{1n-1}x_{n-1}=a_{1n}, \\ a_{21}x_1+a_{22}x_2+\cdots+a_{2n-1}x_{n-1}=a_{2n}, \\ \qquad\vdots \\ a_{n1}x_1+a_{n2}x_2+\cdots+a_{nn-1}x_{n-1}=a_{nn} \end{cases}$$

的解的情况是________.

6. 线性方程组

$$\begin{cases}x_1+x_2+x_3+x_4=1,\\4x_1+5x_2+3x_3+2x_4=6,\\16x_1+25x_2+9x_3+4x_4=36,\\64x_1+125x_2+27x_3+8x_4=216\end{cases}$$

的解的情况是________.

7. 设矩阵 $\boldsymbol{A}_{m\times n}$,若 $\boldsymbol{A}$ 中每一行元素之和均为零,且秩为 $n-1$,则以 $\boldsymbol{A}_{m\times n}$ 为系数矩阵的齐次线性方程组的通解为________.

二、选择题

1. 若向量$(2,3,-1,0,1)$与$(-4,-6,2,a,-2)$线性相关,则 a 的取值为(　　).

A. $a=0$　　B. $a\neq0$　　C. $a>0$　　D. a 为任意数

2. 向量组$(2,-1,3,0)$,$(0,3,-2,1)$,$(6,0,7,1)$,$(1,1,1,1)$的秩为(　　).

A. 1　　B. 2　　C. 3　　D. 4

3. 设向量组$(a+1,2,-6)$,$(1,a,-3)$,$(1,1,a-4)$线性无关,则 a 的值为(　　).

A. $a=0$　　B. $a\neq0$　　C. $a=1$　　D. $a\neq1$

4. 设向量组(Ⅰ),(Ⅱ),(Ⅱ)是(Ⅰ)的部分组,则下列断语正确的是(　　).

A. 若(Ⅰ)线性相关,则(Ⅱ)也线性相关　　B. 若(Ⅰ)线性无关,则(Ⅱ)也线性无关

C. 若(Ⅱ)线性无关,则(Ⅰ)也线性无关　　D. (Ⅰ)的相关性与(Ⅱ)的相关性无关

5. 若有一组 n 维向量$\boldsymbol{\alpha}_1,\boldsymbol{\alpha}_2,\cdots,\boldsymbol{\alpha}_s$,使得任一 n 维向量$\boldsymbol{\beta}$ 都可由这个向量组线性表示,则(　　).

A. $s=n$　　B. $s<n$　　C. $s>n$　　D. $s\geqslant n$

6. 设线性方程组

$$\begin{cases}2x+y+z=0,\\kx+y+z=0,\\x-y+z=0\end{cases}$$

有非零解,则(　　).

A. $k=1$　　B. $k=2$　　C. $k=-1$　　D. $k=-2$

7. 若齐次线性方程组

$$\begin{cases}a_{11}x_1+a_{12}x_2+\cdots+a_{1n}x_n=0,\\a_{21}x_1+a_{22}x_2+\cdots+a_{2n}x_n=0,\\\qquad\vdots\\a_{s1}x_1+a_{s2}x_2+\cdots+a_{sn}x_n=0\end{cases}$$

有非零解,则(　　).

A. $s<n$　　B. $s=n$　　C. $s>n$　　D. 都有可能

8. 若齐次线性方程组

$$\begin{cases}a_{11}x_1+a_{12}x_2+\cdots+a_{1p}x_p=0,\\a_{21}x_1+a_{22}x_2+\cdots+a_{2p}x_p=0,\\\qquad\vdots\\a_{s1}x_1+a_{s2}x_2+\cdots+a_{sp}x_p=0\end{cases}$$

有非零解，且系数矩阵的秩为 q，则它的基础解系中含有向量的个数为(　　).

A. $s-q$　　B. $s-p$　　C. $q-p$　　D. $p-q$

三、计算题

1. 已知向量$\boldsymbol{\beta}=(1,2,1,1)$，$\boldsymbol{\alpha}_1=(1,1,1,1)$，$\boldsymbol{\alpha}_2=(1,1,-1,-1)$，$\boldsymbol{\alpha}_3=(1,-1,1,-1)$，$\boldsymbol{\alpha}_4=(1,-1,-1,1)$. 试求 $\boldsymbol{\beta}$ 用$\boldsymbol{\alpha}_1$，$\boldsymbol{\alpha}_2$，$\boldsymbol{\alpha}_3$，$\boldsymbol{\alpha}_4$ 线性表示的表达式.

2. 已知向量组$\boldsymbol{\alpha}_1=(1,0,2,0)$，$\boldsymbol{\alpha}_2=(0,-1,1,2)$，$\boldsymbol{\alpha}_3=(1,-2,4,4)$，$\boldsymbol{\alpha}_4=(2,-1,4,2)$，$\boldsymbol{\alpha}_5=(2,-1,6,2)$.

(1) 试求该向量组的一个极大线性无关组与秩；

(2) 写出每个向量用极大无关组线性表示的表达式.

3. 求线性方程组$\begin{cases}x_1+3x_2+3x_3-2x_4+x_5=3,\\2x_1+6x_2+x_3-3x_4=2,\\x_1+3x_2-2x_3-x_4-x_5=-1,\\3x_1+9x_2+4x_3-5x_4+x_5=5\end{cases}$的通解.

第 3 章综合提升题

一、选择题

1. 在空间直角坐标系 $O\text{-}xyz$ 中，3 张平面 $\pi_i:a_ix+b_iy+c_iz=d_i(i=1,2,3)$的位置关系如图 3.8 所示，记$\boldsymbol{\alpha}_i=(a_i,b_i,c_i)$，$\boldsymbol{\beta}_i=(a_i,b_i,c_i,d_i)$，若 $\mathrm{r}\begin{pmatrix}\boldsymbol{\alpha}_1\\\boldsymbol{\alpha}_2\\\boldsymbol{\alpha}_3\end{pmatrix}=m$，$\mathrm{r}\begin{pmatrix}\boldsymbol{\beta}_1\\\boldsymbol{\beta}_2\\\boldsymbol{\beta}_3\end{pmatrix}=n$，则(　　).

A. $m=1,n=2$　　B. $m=n=2$　　C. $m=2,n=3$　　D. $m=n=3$

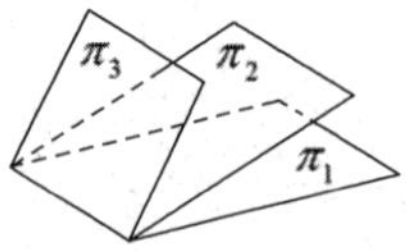

图 3.8

2. 已知向量$\boldsymbol{\alpha}_1=\begin{pmatrix}1\\2\\3\end{pmatrix}$，$\boldsymbol{\alpha}_2=\begin{pmatrix}2\\1\\1\end{pmatrix}$，$\boldsymbol{\beta}_1=\begin{pmatrix}2\\5\\9\end{pmatrix}$，$\boldsymbol{\beta}_2=\begin{pmatrix}1\\0\\1\end{pmatrix}$. 若$\boldsymbol{\gamma}$ 既可由$\boldsymbol{\alpha}_1$，$\boldsymbol{\alpha}_2$ 线性表示，也可由$\boldsymbol{\beta}_1$，$\boldsymbol{\beta}_2$ 线性表示，则$\boldsymbol{\gamma}=$(　　).

A. $k\begin{pmatrix}3\\3\\4\end{pmatrix}, k\in\mathbb{R}$ B. $k\begin{pmatrix}3\\5\\10\end{pmatrix}, k\in\mathbb{R}$ C. $k\begin{pmatrix}-1\\1\\2\end{pmatrix}, k\in\mathbb{R}$ D. $k\begin{pmatrix}1\\5\\8\end{pmatrix}, k\in\mathbb{R}$

3．设矩阵 $\boldsymbol{A},\boldsymbol{B}$ 均为 n 方阵，若 $\boldsymbol{Ax}=\boldsymbol{0}$ 与 $\boldsymbol{Bx}=\boldsymbol{0}$ 同解，则(　　)．

A. $\begin{pmatrix}\boldsymbol{A} & \boldsymbol{0}\\ \boldsymbol{E} & \boldsymbol{B}\end{pmatrix}\boldsymbol{x}=\boldsymbol{0}$ 仅有零解

B. $\begin{pmatrix}\boldsymbol{AB} & \boldsymbol{B}\\ \boldsymbol{0} & \boldsymbol{A}\end{pmatrix}\boldsymbol{x}=\boldsymbol{0}$ 仅有零解

C. $\begin{pmatrix}\boldsymbol{A} & \boldsymbol{B}\\ \boldsymbol{0} & \boldsymbol{B}\end{pmatrix}\boldsymbol{x}=\boldsymbol{0}$ 与 $\begin{pmatrix}\boldsymbol{B} & \boldsymbol{A}\\ \boldsymbol{0} & \boldsymbol{A}\end{pmatrix}\boldsymbol{x}=\boldsymbol{0}$ 同解

D. $\begin{pmatrix}\boldsymbol{AB} & \boldsymbol{B}\\ \boldsymbol{0} & \boldsymbol{A}\end{pmatrix}\boldsymbol{x}=\boldsymbol{0}$ 与 $\begin{pmatrix}\boldsymbol{BA} & \boldsymbol{A}\\ \boldsymbol{0} & \boldsymbol{B}\end{pmatrix}\boldsymbol{x}=\boldsymbol{0}$ 同解

4．设 $\boldsymbol{\alpha}_1=\begin{pmatrix}\lambda\\1\\1\end{pmatrix}, \boldsymbol{\alpha}_2=\begin{pmatrix}1\\\lambda\\1\end{pmatrix}, \boldsymbol{\alpha}_3=\begin{pmatrix}1\\1\\\lambda\end{pmatrix}, \boldsymbol{\alpha}_4=\begin{pmatrix}1\\\lambda\\\lambda^2\end{pmatrix}$，若 $\boldsymbol{\alpha}_1,\boldsymbol{\alpha}_2,\boldsymbol{\alpha}_3$ 与 $\boldsymbol{\alpha}_1,\boldsymbol{\alpha}_2,\boldsymbol{\alpha}_4$ 等价，则 $\lambda\in$(　　)．

A. $\{0,1\}$

B. $\{\lambda\mid\lambda\in\mathbb{R},\lambda\neq-1\}$

C. $\{\lambda\mid\lambda\in\mathbb{R},\lambda\neq-1,\lambda\neq-2\}$

D. $\{\lambda\mid\lambda\in\mathbb{R},\lambda\neq-2\}$

5．设矩阵 $\boldsymbol{A}=\begin{pmatrix}1 & 1 & 1\\1 & a & a^2\\1 & b & b^2\end{pmatrix}, \boldsymbol{b}=\begin{pmatrix}1\\2\\4\end{pmatrix}$，则线性方程组 $\boldsymbol{Ax}=\boldsymbol{b}$ 解的情况(　　)．

A. 无解

B. 有解

C. 有无穷多解或无解

D. 有唯一解或无解

6．设三阶矩阵 $\boldsymbol{A}=(\boldsymbol{\alpha}_1,\boldsymbol{\alpha}_2,\boldsymbol{\alpha}_3)$，$\boldsymbol{B}=(\boldsymbol{\beta}_1,\boldsymbol{\beta}_2,\boldsymbol{\beta}_3)$．若向量组 $\boldsymbol{\alpha}_1,\boldsymbol{\alpha}_2,\boldsymbol{\alpha}_3$ 可以由向量组 $\boldsymbol{\beta}_1,\boldsymbol{\beta}_2,\boldsymbol{\beta}_3$ 线性表示出，则(　　)．

A. $\boldsymbol{Ax}=\boldsymbol{0}$ 的解均为 $\boldsymbol{Bx}=\boldsymbol{0}$ 的解

B. $\boldsymbol{A}^{\mathrm{T}}\boldsymbol{x}=\boldsymbol{0}$ 的解均为 $\boldsymbol{B}^{\mathrm{T}}\boldsymbol{x}=\boldsymbol{0}$ 的解

C. $\boldsymbol{Bx}=\boldsymbol{0}$ 的解均为 $\boldsymbol{Ax}=\boldsymbol{0}$ 的解

D. $\boldsymbol{B}^{\mathrm{T}}\boldsymbol{x}=\boldsymbol{0}$ 的解均为 $\boldsymbol{A}^{\mathrm{T}}\boldsymbol{x}=\boldsymbol{0}$ 的解

7．已知直线 $l_1:\dfrac{x-a_2}{a_1}=\dfrac{y-b_2}{b_1}=\dfrac{z-c_2}{c_1}$ 与直线 $l_2:\dfrac{x-a_3}{a_2}=\dfrac{y-b_3}{b_2}=\dfrac{z-c_3}{c_2}$ 相交于一点，记向量 $\boldsymbol{\alpha}_i=\begin{pmatrix}a_i\\b_i\\c_i\end{pmatrix}, i=1,2,3$，则(　　)．

A. $\boldsymbol{\alpha}_1$ 可由 $\boldsymbol{\alpha}_2,\boldsymbol{\alpha}_3$ 线性表示

B. $\boldsymbol{\alpha}_2$ 可由 $\boldsymbol{\alpha}_1,\boldsymbol{\alpha}_3$ 线性表示

C. $\boldsymbol{\alpha}_3$ 可由 $\boldsymbol{\alpha}_1,\boldsymbol{\alpha}_2$ 线性表示

D. $\boldsymbol{\alpha}_1,\boldsymbol{\alpha}_2,\boldsymbol{\alpha}_3$ 线性无关

8．设 4 阶矩阵 $\boldsymbol{A}=(a_{ij})$ 不可逆，a_{12} 的代数余子式 $A_{12}\neq0$，$\boldsymbol{\alpha}_1,\boldsymbol{\alpha}_2,\boldsymbol{\alpha}_3,\boldsymbol{\alpha}_4$ 为矩阵 $\boldsymbol{A}$ 的列向量组，$\boldsymbol{A}^*$ 为 $\boldsymbol{A}$ 的伴随矩阵，则方程组 $\boldsymbol{A}^*\boldsymbol{x}=\boldsymbol{0}$ 的通解为(　　)．

A. $\boldsymbol{x}=k_1\boldsymbol{\alpha}_1+k_2\boldsymbol{\alpha}_2+k_3\boldsymbol{\alpha}_3$，其中 k_1,k_2,k_3 为任意常数

B. $\boldsymbol{x}=k_1\boldsymbol{\alpha}_1+k_2\boldsymbol{\alpha}_2+k_3\boldsymbol{\alpha}_4$，其中 k_1,k_2,k_3 为任意常数

C. $\boldsymbol{x}=k_1\boldsymbol{\alpha}_1+k_2\boldsymbol{\alpha}_3+k_3\boldsymbol{\alpha}_4$，其中 k_1,k_2,k_3 为任意常数

D. $\boldsymbol{x}=k_1\boldsymbol{\alpha}_2+k_2\boldsymbol{\alpha}_3+k_3\boldsymbol{\alpha}_4$，其中 k_1,k_2,k_3 为任意常数

二、填空题

1. 设向量$\boldsymbol{\alpha}_1=\begin{pmatrix}a\\1\\-1\\1\end{pmatrix}$，$\boldsymbol{\alpha}_2=\begin{pmatrix}1\\1\\b\\a\end{pmatrix}$，$\boldsymbol{\alpha}_3=\begin{pmatrix}1\\a\\-1\\1\end{pmatrix}$. 若$\boldsymbol{\alpha}_1$，$\boldsymbol{\alpha}_2$，$\boldsymbol{\alpha}_3$ 线性相关，且其中任意两个向量均线性无关，则 $ab=$________.

2. 已知线性方程组

$$\begin{cases}ax_1+x_2=1,\\x_1+ax_2+x_3=0,\\x_1+2x_2+ax_3=0,\\ax_1+bx_2=2\end{cases}$$

有解，其中 a，b 为常数，若$\begin{vmatrix}a&0&1\\1&a&1\\1&2&a\end{vmatrix}=4$，则$\begin{vmatrix}1&a&1\\1&2&a\\a&b&0\end{vmatrix}=$________.

三、综合题

设矩阵 $\boldsymbol{A}=\begin{pmatrix}1&-1&0&-1\\1&1&0&3\\2&1&2&6\end{pmatrix}$，$\boldsymbol{B}=\begin{pmatrix}1&0&1&2\\1&-1&a&a-1\\2&-3&2&-2\end{pmatrix}$，向量$\boldsymbol{\alpha}=\begin{pmatrix}0\\2\\3\end{pmatrix}$，$\boldsymbol{\beta}=\begin{pmatrix}1\\0\\-1\end{pmatrix}$.

(1) 证明：方程组 $\boldsymbol{Ax}=\boldsymbol{\alpha}$ 的解均为方程组 $\boldsymbol{Bx}=\boldsymbol{\beta}$ 的解.

(2) 若方程组 $\boldsymbol{Ax}=\boldsymbol{\alpha}$ 的解与方程组 $\boldsymbol{Bx}=\boldsymbol{\beta}$ 不同解，求 a 的值.

第4章

向量空间

向量，最初应用在物理学中，被称为矢量，是既有大小又有方向的量. 在 18 世纪之前，“向量”只在具有“矢量”性质的力学对象（如速度、力、力矩、角速度）中，隐隐地以“平行四边形法则”的形式出现，这相当于是向量的加法.

18 世纪末期，挪威测量学家威塞尔（C. Wessel）首次利用坐标平面上的点来表示复数，给了复数合理的几何解释. 除此之外，威塞尔还借助“有向线段”和平行四边形法则建立了复数的加法和乘法，使得“向量”第一次正式地以纯数学的方式进入我们的视野. 从此，平面向量成为解决代数问题的有力工具.

数学家们希望将“向量”的方法运用到物理领域，但是发现建立在复数基础上的“向量”不能解决三元的物理问题. 数学家们兵分两路，一部分从物理应用出发建立了高维向量系统，而另一部分从数学的角度寻求突破，发现了“四元数”. 格拉斯曼 19 世纪 80 年代的扩张论更接近我们现代的向量理论.

1844 年，德国的格拉斯曼（H. G. Grassmann）在其著作《扩张论》中（参见图 4.1），把现代的向量作为“扩张量”的一部分，使向量在三元空间也不受限制. 在此意义下，格拉斯曼不仅首次提出并推广了向量的概念，还引入了向量空间的概念，即由向量组成的集合，其中包括了加法、数乘以及向量之间的线性组合等基本运算. 他认为，向量不仅仅可以用来表示几何图形中的有向线段，而且还可以应用于描述各种各样的现象，如力、速度、温度等；向量空间是一种理想化的数学结构，可以应用于广泛的领域，如几何学、物理学、经济学等. 这种抽象的视角为数学的发展开辟了新的道路.

图 4.1　格拉斯曼

所谓空间就是在其元素之间以公理形式给出了某些关系的集合. 本章所研究的向量空间是定义了加法与数量乘法两种运算的集合. 为了进一步研究实矩阵，本章还将把空间几何中向量的内积、正交性等概念推广到 n 维实向量空间$\mathbb{R}^n$.

4.1　n 维向量空间

在解析几何里，平面或空间上的任意两个向量可以相加，也可以用一个实数去乘一个向量，而且运算的结果仍然在原平面或空间上. 此外，这种向量的加法以及数与向量的乘法满足一定的运算规律. 向量空间正是这一现象的一般化.

4.1.1 向量空间的定义

定义 4.1 设 V 是 n 维向量的集合. 如果 V 非空，且对加法和数乘两种运算都封闭，即

(1) 若 $\boldsymbol{\alpha}\in V,\boldsymbol{\beta}\in V$，则 $\boldsymbol{\alpha}+\boldsymbol{\beta}\in V$，

(2) 若 $\boldsymbol{\alpha}\in V,k\in\mathbb{R}$，则 $k\boldsymbol{\alpha}\in V$，

则称集合 V 是 $\mathbb{R}$ 上的向量空间.

记全体 n 维实向量的集合为 $\mathbb{R}^n$，则容易验证 $\mathbb{R}^n$ 对向量的加法和数乘两种运算都封闭. 因而集合 $\mathbb{R}^n$ 构成一向量空间，称为 **n 维向量空间**. 特别地，$n=1$ 时，一维向量空间 $\mathbb{R}^1$ 表示数轴；$n=2$ 时，二维向量空间 $\mathbb{R}^2$ 表示平面；$n=3$ 时，三维向量空间 $\mathbb{R}^3$ 表示空间；$n>3$ 时，$\mathbb{R}^n$ 没有直观的几何形象.

例 4.1 判断下列集合是否构成向量空间.

(1) $V_1=\{(x,y)\mid y=2x,x\in\mathbb{R}\}$， (2) $V_2=\{(x,y)\mid y=x+1,x\in\mathbb{R}\}$.

解 (1) 设 $(a,2a),(b,2b)$ 是 V_1 中的任意两个元素，k 为任意实数，则

$$(a,2a)+(b,2b)=(a+b,2(a+b))\in V_1,\quad k(a,2a)=(ka,2(ka))\in V_1.$$

因此 V_1 是 $\mathbb{R}$ 上的一个向量空间.

(2) 设 $(a,a+1),(b,b+1)$ 是 V_2 中的任意两个元素，则

$$(a,a+1)+(b,b+1)=(a+b,(a+b)+2)\notin V_2.$$

因此 V_2 不是 $\mathbb{R}$ 上的向量空间.

例 4.2 设 $\boldsymbol{A}$ 是 $m\times n$ 矩阵，证明：齐次线性方程组 $\boldsymbol{Ax}=\boldsymbol{0}$ 的全体解构成向量空间.

证明 设 V 是齐次线性方程组 $\boldsymbol{Ax}=\boldsymbol{0}$ 的全体解构成的集合，即

$$V=\{\boldsymbol{\xi}\mid \boldsymbol{A\xi}=\boldsymbol{0},\boldsymbol{\xi}\in\mathbb{R}^n\}.$$

因为 $\boldsymbol{Ax}=\boldsymbol{0}$ 一定有零解，故 $\boldsymbol{0}\in V$，V 非空. 设 $\xi_1,\xi_2\in V,k\in\mathbb{R}$，则由齐次线性方程组解的性质可得 $\boldsymbol{\xi}_1+\boldsymbol{\xi}_2\in V,k\boldsymbol{\xi}_1\in V$，从而 V 是 $\mathbb{R}$ 上的一个向量空间.

注 (1) 称 $\boldsymbol{Ax}=\boldsymbol{0}$ 的全体解构成的向量空间为齐次线性方程组的解空间

(2) 非齐次线性方程组 $\boldsymbol{Ax}=\boldsymbol{b}$ 的全体解不能构成向量空间.

例 4.1 中的向量空间 V_1 是二维向量空间 $\mathbb{R}^2$ 的子集，$\boldsymbol{Ax}=\boldsymbol{0}$ 的解空间 V 是 n 维向量空间 $\mathbb{R}^n$ 的子集，V_1 和 V 分别称为 $\mathbb{R}^2$ 和 $\mathbb{R}^n$ 的子空间. 一般地有下面的定义.

定义 4.2 设 V_1,V_2 为向量空间，若 $V_1\subseteq V_2$，称 V_1 是 V_2 的子空间.

任意向量空间 V 都有两个子空间，即由零向量构成的零子空间 $\{\boldsymbol{0}\}$ 和 V 本身，称为平凡子空间.

4.1.2 向量空间的基、维数与坐标

在解析几何中，向量组 $\boldsymbol{i}=(1,0,0),\boldsymbol{j}=(0,1,0),\boldsymbol{k}=(0,0,1)$ 确定了空间直角坐标系，空间中任意向量 $\boldsymbol{\alpha}=(a_1,a_2,a_3)$ 都可由 $\boldsymbol{i},\boldsymbol{j},\boldsymbol{k}$ 线性表示，且表达式唯一，表达式的系数即

为$\boldsymbol{\alpha}$在此坐标系下的坐标.若把向量空间V看成一个向量组,则其一个极大无关组就确定了V的一个“坐标系(但未必是直角坐标系)”.下面给出向量空间的基底和维数的概念,并以$\mathbb{R}^n$为例给出坐标和基底间过渡矩阵的概念及性质.

定义 4.3 设V是向量空间,若V中有m个向量$\boldsymbol{\alpha}_1,\boldsymbol{\alpha}_2,\cdots,\boldsymbol{\alpha}_m$满足

(1) $\boldsymbol{\alpha}_1,\boldsymbol{\alpha}_2,\cdots,\boldsymbol{\alpha}_m$线性无关;

(2) V中任意一个向量都能由$\boldsymbol{\alpha}_1,\boldsymbol{\alpha}_2,\cdots,\boldsymbol{\alpha}_m$线性表示,

则称$\alpha_1,\alpha_2,\cdots,\alpha_m$为向量空间$V$的一个**基底**,简称**基**.基中所含向量的个数称为V的**维数**,记作$\dim V=m$,并称V为m维向量空间.

例如,在例4.1的V_1中,向量(1,2)线性无关且V_1中每个向量都可表示为

$$(x,y)=x(1,2),\quad x\in\mathbb{R},$$

故(1,2)是V_1的一个基,$\dim V_1=1$.再如,假设A为n阶方阵,且$\mathrm{r}(\boldsymbol{A})=r$,若$\xi_1,\xi_2,\cdots,\xi_{n-r}$是齐次线性方程组$\boldsymbol{Ax}=\boldsymbol{0}$的一个基础解系,则$\xi_1,\xi_2,\cdots,\xi_{n-r}$是$\boldsymbol{Ax}=\boldsymbol{0}$的解空间$V$的一个基,$\dim V=n-r$.

注 (1)向量空间V的维数不同于V中向量的维数.V的维数是V中所有向量构成的向量组的秩,而向量的维数是其分量的个数.

(2) $\mathbb{R}^n$之所以称为n维向量空间,是因为n维基本单位向量组$\boldsymbol{e}_1=(1,0,\cdots,0)^{\mathrm{T}}$,$\boldsymbol{e}_2=(0,1,\cdots,0)^{\mathrm{T}},\cdots,\boldsymbol{e}_n=(0,0,\cdots,1)^{\mathrm{T}}$是$\mathbb{R}^n$的一个基,$\dim\mathbb{R}^n=n$.

显然,$\mathbb{R}^n$的基不是唯一的.例如,向量组$\boldsymbol{\alpha}_1=(1,0,\cdots,0)^{\mathrm{T}},\boldsymbol{\alpha}_2=(1,1,\cdots,0)^{\mathrm{T}},\cdots,\alpha_n=(1,1,\cdots,1)^{\mathrm{T}}$也是$\mathbb{R}^n$的一个基.一般地,有下面的结论.

定理 4.1 任意n个线性无关的n维向量都是$\mathbb{R}^n$的一个基.

定义 4.4 设$\boldsymbol{\alpha}_1,\boldsymbol{\alpha}_2,\cdots,\boldsymbol{\alpha}_n$是$\mathbb{R}^n$的一个基,则对于任意的$\boldsymbol{\alpha}\in\mathbb{R}^n$,均有唯一的有序数组$(k_1,k_2,\cdots,k_n)$,使$\boldsymbol{\alpha}=k_1\boldsymbol{\alpha}_1+k_2\boldsymbol{\alpha}_2+\cdots+k_n\boldsymbol{\alpha}_n$,称$(k_1,k_2,\cdots,k_n)$为$\boldsymbol{\alpha}$在基底$\boldsymbol{\alpha}_1,\boldsymbol{\alpha}_2,\cdots,\boldsymbol{\alpha}_n$下的坐标.

类似于三维几何空间,同一个向量在不同基下的坐标一般是不相同的.下面给出不同基下的坐标转换.

定义 4.5 设$\boldsymbol{\alpha}_1,\boldsymbol{\alpha}_2,\cdots,\boldsymbol{\alpha}_n$和$\boldsymbol{\beta}_1,\boldsymbol{\beta}_2,\cdots,\boldsymbol{\beta}_n$是$\mathbb{R}^n$的两个基底,于是有关系式:

$$\begin{cases}\boldsymbol{\beta}_1=a_{11}\boldsymbol{\alpha}_1+a_{21}\boldsymbol{\alpha}_2+\cdots+a_{n1}\boldsymbol{\alpha}_n,\\ \boldsymbol{\beta}_2=a_{12}\boldsymbol{\alpha}_1+a_{22}\boldsymbol{\alpha}_2+\cdots+a_{n2}\boldsymbol{\alpha}_n,\\ \qquad\vdots\\ \boldsymbol{\beta}_n=a_{1n}\boldsymbol{\alpha}_1+a_{2n}\boldsymbol{\alpha}_2+\cdots+a_{nn}\boldsymbol{\alpha}_n\end{cases},\tag{4.1}$$

矩阵

$$\boldsymbol{A}=\begin{pmatrix}a_{11}&a_{12}&\cdots&a_{1n}\\a_{21}&a_{22}&\cdots&a_{2n}\\\vdots&\vdots&&\vdots\\a_{n1}&a_{n2}&\cdots&a_{nn}\end{pmatrix}$$

称为由基底$\boldsymbol{\alpha}_1,\boldsymbol{\alpha}_2,\cdots,\boldsymbol{\alpha}_n$到$\boldsymbol{\beta}_1,\boldsymbol{\beta}_2,\cdots,\boldsymbol{\beta}_n$的**过渡矩阵**.(4.1)式的矩阵形式为

$$(\boldsymbol{\beta}_1,\boldsymbol{\beta}_2,\cdots,\boldsymbol{\beta}_n)=(\boldsymbol{\alpha}_1,\boldsymbol{\alpha}_2,\cdots,\boldsymbol{\alpha}_n)\boldsymbol{A},$$

进而有$\boldsymbol{A}=(\boldsymbol{\alpha}_1,\boldsymbol{\alpha}_2,\cdots,\boldsymbol{\alpha}_n)^{-1}(\boldsymbol{\beta}_1,\boldsymbol{\beta}_2,\cdots,\boldsymbol{\beta}_n)$.

设向量$\boldsymbol{\alpha}$在基底$\boldsymbol{\alpha}_1,\boldsymbol{\alpha}_2,\cdots,\boldsymbol{\alpha}_n$下的坐标为$(x_1,x_2,\cdots,x_n)$,$\boldsymbol{\alpha}$在基底$\boldsymbol{\beta}_1,\boldsymbol{\beta}_2,\cdots,\boldsymbol{\beta}_n$下的坐标为$(y_1,y_2,\cdots,y_n)$.设由$\boldsymbol{\alpha}_1,\boldsymbol{\alpha}_2,\cdots,\boldsymbol{\alpha}_n$到$\boldsymbol{\beta}_1,\boldsymbol{\beta}_2,\cdots,\boldsymbol{\beta}_n$的过渡矩阵是$\boldsymbol{A}$,则有如下关系式:

$$\boldsymbol{\alpha}=(\boldsymbol{\alpha}_1,\boldsymbol{\alpha}_2,\cdots,\boldsymbol{\alpha}_n)\begin{pmatrix}x_1\\x_2\\\vdots\\x_n\end{pmatrix};\quad \boldsymbol{\alpha}=(\boldsymbol{\beta}_1,\boldsymbol{\beta}_2,\cdots,\boldsymbol{\beta}_n)\begin{pmatrix}y_1\\y_2\\\vdots\\y_n\end{pmatrix}.$$

于是

$$\boldsymbol{\alpha}=(\boldsymbol{\beta}_1,\boldsymbol{\beta}_2,\cdots,\boldsymbol{\beta}_n)\begin{pmatrix}y_1\\y_2\\\vdots\\y_n\end{pmatrix}=(\boldsymbol{\alpha}_1,\boldsymbol{\alpha}_2,\cdots,\boldsymbol{\alpha}_n)\boldsymbol{A}\begin{pmatrix}y_1\\y_2\\\vdots\\y_n\end{pmatrix}=(\boldsymbol{\alpha}_1,\boldsymbol{\alpha}_2,\cdots,\boldsymbol{\alpha}_n)\begin{pmatrix}x_1\\x_2\\\vdots\\x_n\end{pmatrix}.$$

由坐标的唯一性得

$$\begin{pmatrix}x_1\\x_2\\\vdots\\x_n\end{pmatrix}=\boldsymbol{A}\begin{pmatrix}y_1\\y_2\\\vdots\\y_n\end{pmatrix},$$

这等价于

$$\begin{pmatrix}y_1\\y_2\\\vdots\\y_n\end{pmatrix}=\boldsymbol{A}^{-1}\begin{pmatrix}x_1\\x_2\\\vdots\\x_n\end{pmatrix}\tag{4.2}$$

(4.2)式即为$\boldsymbol{\alpha}$在两个不同基底下的坐标变换公式.

例4.3 求$\mathbb{R}^3$中的向量$\boldsymbol{\beta}=(3,1,11)^{\mathrm{T}}$在基$\boldsymbol{\alpha}_1=(1,-1,0)^{\mathrm{T}},\boldsymbol{\alpha}_2=(0,1,3)^{\mathrm{T}},\boldsymbol{\alpha}_3=(2,1,8)^{\mathrm{T}}$下的坐标.

解 因为$\boldsymbol{\beta}$在$\boldsymbol{e}_1,\boldsymbol{e}_2,\boldsymbol{e}_3$下的坐标是$(3,1,11)^{\mathrm{T}}$,而由$\boldsymbol{e}_1,\boldsymbol{e}_2,\boldsymbol{e}_3$到$\boldsymbol{\alpha}_1,\boldsymbol{\alpha}_2,\boldsymbol{\alpha}_3$的过渡矩阵是

$$\boldsymbol{A}=(\boldsymbol{\alpha}_1,\boldsymbol{\alpha}_2,\boldsymbol{\alpha}_3)=\begin{pmatrix}1&0&2\\-1&1&1\\0&3&8\end{pmatrix},$$

则$\boldsymbol{\beta}$在$\boldsymbol{\alpha}_1,\boldsymbol{\alpha}_2,\boldsymbol{\alpha}_3$下的坐标为

$$\begin{pmatrix}y_1\\y_2\\y_3\end{pmatrix}=\boldsymbol{A}^{-1}\begin{pmatrix}3\\1\\11\end{pmatrix}=\begin{pmatrix}1\\1\\1\end{pmatrix}.$$

例 4.4 已知$\mathbb{R}^3$的两个基分别为

$$\boldsymbol{\alpha}_1=(1,1,1)^{\mathrm{T}},\quad \boldsymbol{\alpha}_2=(1,0,-1)^{\mathrm{T}},\quad \boldsymbol{\alpha}_3=(1,0,1)^{\mathrm{T}};$$

$$\boldsymbol{\beta}_1=(1,2,1)^{\mathrm{T}},\quad \boldsymbol{\beta}_2=(2,3,4)^{\mathrm{T}},\quad \boldsymbol{\beta}_3=(3,4,3)^{\mathrm{T}}.$$

求由基$\boldsymbol{\alpha}_1,\boldsymbol{\alpha}_2,\boldsymbol{\alpha}_3$到基$\boldsymbol{\beta}_1,\boldsymbol{\beta}_2,\boldsymbol{\beta}_3$的过渡矩阵.

解 因为

$$(\boldsymbol{\beta}_1,\boldsymbol{\beta}_2,\boldsymbol{\beta}_3)=(\boldsymbol{\alpha}_1,\boldsymbol{\alpha}_2,\boldsymbol{\alpha}_3)(\boldsymbol{\alpha}_1,\boldsymbol{\alpha}_2,\boldsymbol{\alpha}_3)^{-1}(\boldsymbol{\beta}_1,\boldsymbol{\beta}_2,\boldsymbol{\beta}_3),$$

所以由基$\boldsymbol{\alpha}_1,\boldsymbol{\alpha}_2,\boldsymbol{\alpha}_3$到基$\boldsymbol{\beta}_1,\boldsymbol{\beta}_2,\boldsymbol{\beta}_3$的过渡矩阵为

$$\boldsymbol{A}=(\boldsymbol{\alpha}_1,\boldsymbol{\alpha}_2,\boldsymbol{\alpha}_3)^{-1}(\boldsymbol{\beta}_1,\boldsymbol{\beta}_2,\boldsymbol{\beta}_3)=\begin{pmatrix}1&1&1\\1&0&0\\1&-1&1\end{pmatrix}^{-1}\begin{pmatrix}1&2&3\\2&3&4\\1&4&3\end{pmatrix}=\begin{pmatrix}2&3&4\\0&-1&0\\-1&0&-1\end{pmatrix}.$$

习题 4.1

1. 证明集合$V=\left\{(x_1,x_2,\cdots,x_n)\mid \sum_{i=1}^{n}x_i=0\right\}$是一个向量空间,并求它的一组基及其维数.

2. 给定两个矩阵$\boldsymbol{A}=\begin{pmatrix}1&0&0\\0&1&1\\0&0&2\end{pmatrix}$,$\boldsymbol{B}=\begin{pmatrix}1&0&0\\0&2&0\\0&3&-1\end{pmatrix}$的行向量组是$\mathbb{R}^3$的两组基,试问$\boldsymbol{A}+\boldsymbol{B}$,$\boldsymbol{A}-\boldsymbol{B}$,$2\boldsymbol{A}-\boldsymbol{B}$的行(列)向量组哪个是$\mathbb{R}^3$的一组基.

3. 给定三维向量空间$\mathbb{R}^3$的两组基:

$$\boldsymbol{\alpha}_1=\begin{pmatrix}1\\0\\1\end{pmatrix},\quad \boldsymbol{\alpha}_2=\begin{pmatrix}2\\1\\0\end{pmatrix},\quad \boldsymbol{\alpha}_3=\begin{pmatrix}1\\1\\1\end{pmatrix}\quad 与\quad \boldsymbol{\beta}_1=\begin{pmatrix}1\\2\\-1\end{pmatrix},\quad \boldsymbol{\beta}_2=\begin{pmatrix}2\\2\\-1\end{pmatrix},\quad \boldsymbol{\beta}_3=\begin{pmatrix}2\\-1\\-1\end{pmatrix}.$$

(1) 由基$\boldsymbol{\alpha}_1,\boldsymbol{\alpha}_2,\boldsymbol{\alpha}_3$到基$\boldsymbol{\beta}_1,\boldsymbol{\beta}_2,\boldsymbol{\beta}_3$的过渡矩阵;

(2) 求向量$\boldsymbol{\alpha}=(3,1,-2)$在第二组基下的坐标.

4.2 向量的内积

在第3章中,我们定义了n维向量的线性运算,讨论了向量之间的线性关系,但是并未涉及向量的长度、夹角等度量性质.

在平面$\mathbb{R}^2$或空间$\mathbb{R}^3$中,向量的长度与两向量间的夹角都可以用向量的数量积来表示.例如,在$\mathbb{R}^3$中,向量$\boldsymbol{a}$与$\boldsymbol{b}$的数量积定义为

$$\boldsymbol{a}\cdot\boldsymbol{b}=|\boldsymbol{a}||\boldsymbol{b}|\cos\theta,\tag{4.3}$$

其中$|\boldsymbol{a}|$,$|\boldsymbol{b}|$分别表示$\boldsymbol{a}$与$\boldsymbol{b}$的长度,θ表示$\boldsymbol{a}$与$\boldsymbol{b}$的夹角.在直角坐标系下,设$\boldsymbol{a}=(a_1,a_2,a_3)$,$\boldsymbol{b}=(b_1,b_2,b_3)$,则有

$$\boldsymbol{a}\cdot\boldsymbol{b}=a_1b_1+a_2b_2+a_3b_3,\quad |\boldsymbol{a}|=\sqrt{a_1^2+a_2^2+a_3^2}.$$

当 $\boldsymbol{a},\boldsymbol{b}$ 都不是零向量时,(4.3)式亦可写成

$$\theta=\arccos\left(\frac{\boldsymbol{a}\cdot\boldsymbol{b}}{|\boldsymbol{a}||\boldsymbol{b}|}\right).$$

当 $n>3$ 时,虽然 n 维向量没有直观的长度和夹角的概念,但是可以通过空间直角坐标系下两向量数量积的计算公式做类似推广,并在此基础上定义 n 维向量的长度和两向量间的夹角.

4.2.1 向量内积的定义

定义 4.6 设 $\boldsymbol{\alpha}=(a_1,a_2,\cdots,a_n)^{\mathrm{T}},\boldsymbol{\beta}=(b_1,b_2,\cdots,b_n)^{\mathrm{T}}$ 为 n 维向量空间 $\mathbb{R}^n$ 中的两个向量,称

$$\langle\boldsymbol{\alpha},\boldsymbol{\beta}\rangle=a_1b_1+a_2b_2+\cdots+a_nb_n$$

为向量 $\boldsymbol{\alpha}$ 与 $\boldsymbol{\beta}$ 的内积.

当既考虑向量的线性运算又考虑向量内积时,$\mathbb{R}^n$ 常被称为**欧氏空间**.

注 内积是向量的一种运算,其结果是一个实数. 按矩阵的乘法可表示为

$$\langle\boldsymbol{\alpha},\boldsymbol{\beta}\rangle=\boldsymbol{\alpha}^{\mathrm{T}}\boldsymbol{\beta}=(a_1,a_2,\cdots,a_n)\begin{pmatrix}b_1\\b_2\\\vdots\\b_n\end{pmatrix}.$$

由定义可知,内积有如下的运算性质:

(1) $\langle\boldsymbol{\alpha},\boldsymbol{\beta}\rangle=\langle\boldsymbol{\beta},\boldsymbol{\alpha}\rangle$;

(2) $\langle k\boldsymbol{\alpha}+l\boldsymbol{\beta},\boldsymbol{\gamma}\rangle=k\langle\boldsymbol{\alpha},\boldsymbol{\gamma}\rangle+l\langle\boldsymbol{\beta},\boldsymbol{\gamma}\rangle$;

(3) $\langle\boldsymbol{\alpha},\boldsymbol{\alpha}\rangle\geqslant 0$,当且仅当 $\boldsymbol{\alpha}=\mathbf{0}$ 时,有 $\langle\boldsymbol{\alpha},\boldsymbol{\alpha}\rangle=0$;

(4) 当 $\boldsymbol{\alpha}\neq\mathbf{0}$ 时,$\langle\boldsymbol{\alpha},\boldsymbol{\alpha}\rangle>0$.

其中 $\boldsymbol{\alpha},\boldsymbol{\beta},\boldsymbol{\gamma}$ 是 $\mathbb{R}^n$ 中的任意向量,k 是任意实数.

利用以上性质可以证明著名的**柯西-施瓦茨(Cauchy-Schwarz)不等式**

$$\langle\boldsymbol{\alpha},\boldsymbol{\beta}\rangle^2\leqslant\langle\boldsymbol{\alpha},\boldsymbol{\alpha}\rangle\langle\boldsymbol{\beta},\boldsymbol{\beta}\rangle.$$

下面利用内积的定义,引入向量长度和向量间夹角的概念.

定义 4.7 设 n 维向量 $\boldsymbol{\alpha}=(a_1,a_2,\cdots,a_n)$,令

$$\|\boldsymbol{\alpha}\|=\sqrt{\langle\boldsymbol{\alpha},\boldsymbol{\alpha}\rangle}=\sqrt{a_1^2+a_2^2+\cdots+a_n^2},$$

称 $\|\boldsymbol{\alpha}\|$ 为向量 $\boldsymbol{\alpha}$ 的长度(或范数).

这样,n 维欧氏空间中每一个向量都有一个确定的长度. 零向量的长度是零,非零向量的长度是一个正数.

向量的长度具有下列性质:

(1) 非负性:$\|\boldsymbol{\alpha}\|\geqslant 0$,当且仅当 $\boldsymbol{\alpha}=\mathbf{0}$ 时,有 $\|\boldsymbol{\alpha}\|=0$;

(2) 齐次性:$\|k\boldsymbol{\alpha}\|=|k|\|\boldsymbol{\alpha}\|$;

(3) 三角不等式:$\|\boldsymbol{\alpha}+\boldsymbol{\beta}\|\leqslant\|\boldsymbol{\alpha}\|+\|\boldsymbol{\beta}\|$.

当$\|\boldsymbol{\alpha}\|=1$时,称$\boldsymbol{\alpha}$为单位向量.如果$\boldsymbol{\alpha}\neq\mathbf{0}$,令$e=\dfrac{\boldsymbol{\alpha}}{\|\boldsymbol{\alpha}\|}$,则向量$e$的长度

$$\|e\|=\left\|\frac{\boldsymbol{\alpha}}{\|\boldsymbol{\alpha}\|}\right\|=\frac{1}{\|\boldsymbol{\alpha}\|}\boldsymbol{\alpha}=1,$$

即e是一个单位向量.我们把这一过程称为向量$\boldsymbol{\alpha}$的单位化.

定义 4.8 设$\boldsymbol{\alpha},\boldsymbol{\beta}$为$\mathbb{R}^n$中的两个非零向量,称

$$\theta=\arccos\frac{\langle\boldsymbol{\alpha},\boldsymbol{\beta}\rangle}{\|\boldsymbol{\alpha}\|\|\boldsymbol{\beta}\|},\quad 0\leqslant\theta\leqslant\pi,$$

为n维向量$\boldsymbol{\alpha}$与$\boldsymbol{\beta}$的夹角.

例如,设向量$\boldsymbol{\alpha}=(1,1,1,1)^{\mathrm{T}}$,$\boldsymbol{\beta}=(1,1,0,1)^{\mathrm{T}}$,则

$$\|\boldsymbol{\alpha}\|=\sqrt{\langle\boldsymbol{\alpha},\boldsymbol{\alpha}\rangle}=\sqrt{1^2+1^2+1^2+1^2}=2,\quad \|\boldsymbol{\beta}\|=\sqrt{3},$$

$$\langle\boldsymbol{\alpha},\boldsymbol{\beta}\rangle=1\times1+1\times1+1\times0+1\times1=3,\quad \theta=\arccos\frac{3}{2\sqrt{3}}=\frac{\pi}{6}.$$

4.2.2 向量组的正交规范化

定义 4.9 若两个向量$\boldsymbol{\alpha}$与$\boldsymbol{\beta}$的内积为零,即$\langle\boldsymbol{\alpha},\boldsymbol{\beta}\rangle=0$,则称$\boldsymbol{\alpha}$与$\boldsymbol{\beta}$正交.

注 显然,零向量$\mathbf{0}$与任何向量正交.

定义 4.10 若一个非零向量组的任意两个向量都正交,则称该向量组为**正交向量组**.进一步,若该正交向量组的每一个向量都是单位向量,则称之为**标准正交向量组**.

特别地,如果标准正交向量组的秩等于向量空间的维数,则称之为该向量空间的**标准正交基**.向量组$\boldsymbol{\alpha}_1,\boldsymbol{\alpha}_2,\cdots,\boldsymbol{\alpha}_n$是$n$维向量空间$\mathbb{R}^n$的一个标准正交基当且仅当

$$\langle\boldsymbol{\alpha}_i,\boldsymbol{\alpha}_j\rangle=\begin{cases}0, & i\neq j\\ 1, & i=j\end{cases},\quad i,j=1,2,\cdots,n.$$

例如,n维基本单位向量组$\boldsymbol{e}_1=(1,0,\cdots,0)^{\mathrm{T}}$,$\boldsymbol{e}_2=(0,1,\cdots,0)^{\mathrm{T}}$,$\cdots$,$\boldsymbol{e}_n=(0,0,\cdots,1)^{\mathrm{T}}$就是$\mathbb{R}^n$的一个标准正交基.

关于正交向量组,有如下重要性质.

定理 4.2 设$\boldsymbol{\alpha}_1,\boldsymbol{\alpha}_2,\cdots,\boldsymbol{\alpha}_m$是欧氏空间$\mathbb{R}^n$的一个正交向量组,那么$\boldsymbol{\alpha}_1,\boldsymbol{\alpha}_2,\cdots,\boldsymbol{\alpha}_m$线性无关.

证明: 令$k_1\boldsymbol{\alpha}_1+k_2\boldsymbol{\alpha}_2+\cdots+k_m\boldsymbol{\alpha}_m=\mathbf{0}$,两边与$\boldsymbol{\alpha}_i$取内积,得

$$\begin{aligned}0=\langle\boldsymbol{\alpha}_i,\mathbf{0}\rangle&=\langle\boldsymbol{\alpha}_i,k_1\boldsymbol{\alpha}_1+k_2\boldsymbol{\alpha}_2+\cdots+k_m\boldsymbol{\alpha}_m\rangle\\&=k_1\langle\boldsymbol{\alpha}_i,\boldsymbol{\alpha}_1\rangle+\cdots+k_i\langle\boldsymbol{\alpha}_i,\boldsymbol{\alpha}_i\rangle+\cdots+k_m\langle\boldsymbol{\alpha}_i,\boldsymbol{\alpha}_m\rangle=k_i\langle\boldsymbol{\alpha}_i,\boldsymbol{\alpha}_i\rangle.\end{aligned}$$

由于$\boldsymbol{\alpha}_i\neq\mathbf{0}$,所以$\langle\boldsymbol{\alpha}_i,\boldsymbol{\alpha}_i\rangle>0$,故$k_i=0(i=1,2,\cdots,m)$,因此,$\boldsymbol{\alpha}_1,\boldsymbol{\alpha}_2,\cdots,\boldsymbol{\alpha}_m$线性无关.

由定理4.2知,正交向量组一定是线性无关的向量组.但是反之则未必成立,如$\boldsymbol{\alpha}_1=(1,1)$,$\boldsymbol{\alpha}_2=(0,1)$是线性无关的向量组,但是$\langle\boldsymbol{\alpha}_1,\boldsymbol{\alpha}_2\rangle=1$,该向量组不是正交向量组.那么,是否可以把给定的线性无关的向量组变成与之等价的标准正交向量组?或者,是否可以把

给定空间的一组基变成与之等价的标准正交基？这就是下面要介绍的施密特正交化方法要解决的问题.

定理 4.3 设$\boldsymbol{\alpha}_1,\boldsymbol{\alpha}_2,\cdots,\boldsymbol{\alpha}_m$是$\mathbb{R}^n$中线性无关的向量组.令

$$\boldsymbol{\beta}_1=\boldsymbol{\alpha}_1,$$

$$\boldsymbol{\beta}_2=\boldsymbol{\alpha}_2-\frac{\langle\boldsymbol{\alpha}_2,\boldsymbol{\beta}_1\rangle}{\langle\boldsymbol{\beta}_1,\boldsymbol{\beta}_1\rangle}\boldsymbol{\beta}_1,$$

$$\vdots$$

$$\boldsymbol{\beta}_m=\boldsymbol{\alpha}_m-\frac{\langle\boldsymbol{\alpha}_m,\boldsymbol{\beta}_1\rangle}{\langle\boldsymbol{\beta}_1,\boldsymbol{\beta}_1\rangle}\boldsymbol{\beta}_1-\frac{\langle\boldsymbol{\alpha}_m,\boldsymbol{\beta}_2\rangle}{\langle\boldsymbol{\beta}_2,\boldsymbol{\beta}_2\rangle}\boldsymbol{\beta}_2-\cdots-\frac{\langle\boldsymbol{\alpha}_m,\boldsymbol{\beta}_{m-1}\rangle}{\langle\boldsymbol{\beta}_{m-1},\boldsymbol{\beta}_{m-1}\rangle}\boldsymbol{\beta}_{m-1},$$

则$\boldsymbol{\beta}_1,\boldsymbol{\beta}_2,\cdots,\boldsymbol{\beta}_m$是与$\boldsymbol{\alpha}_1,\boldsymbol{\alpha}_2,\cdots,\boldsymbol{\alpha}_m$等价的正交向量组.

再令

$$\boldsymbol{\gamma}_1=\frac{\boldsymbol{\beta}_1}{\|\boldsymbol{\beta}_1\|},\quad \boldsymbol{\gamma}_2=\frac{\boldsymbol{\beta}_2}{\|\boldsymbol{\beta}_2\|},\quad \cdots,\quad \boldsymbol{\gamma}_m=\frac{\boldsymbol{\beta}_m}{\|\boldsymbol{\beta}_m\|},$$

则$\boldsymbol{\gamma}_1,\boldsymbol{\gamma}_2,\cdots,\boldsymbol{\gamma}_m$是与$\boldsymbol{\alpha}_1,\boldsymbol{\alpha}_2,\cdots,\boldsymbol{\alpha}_m$等价的标准正交向量组.

上述将向量组$\boldsymbol{\alpha}_1,\boldsymbol{\alpha}_2,\cdots,\boldsymbol{\alpha}_m$变成标准正交向量组$\boldsymbol{\gamma}_1,\boldsymbol{\gamma}_2,\cdots,\boldsymbol{\gamma}_m$的过程,称为**正交规范化过程**或**施密特正交化方法**.

例 4.5 设$\boldsymbol{\alpha}_1=(2,1,0)^{\mathrm{T}},\boldsymbol{\alpha}_2=(-2,0,1)^{\mathrm{T}},\boldsymbol{\alpha}_3=(1,-2,2)^{\mathrm{T}}$是$\mathbb{R}^3$的一组基,试用施密特正交化方法将其化成$\mathbb{R}^3$的一组标准正交基.

解 正交化,有

$$\boldsymbol{\beta}_1=\boldsymbol{\alpha}_1=(2,1,0)^{\mathrm{T}},$$

$$\boldsymbol{\beta}_2=\boldsymbol{\alpha}_2-\frac{\langle\boldsymbol{\alpha}_2,\boldsymbol{\beta}_1\rangle}{\langle\boldsymbol{\beta}_1,\boldsymbol{\beta}_1\rangle}\boldsymbol{\beta}_1=\left(-\frac{2}{5},\frac{4}{5},1\right)^{\mathrm{T}},$$

$$\boldsymbol{\beta}_3=\boldsymbol{\alpha}_3-\frac{\langle\boldsymbol{\alpha}_3,\boldsymbol{\beta}_1\rangle}{\langle\boldsymbol{\beta}_1,\boldsymbol{\beta}_1\rangle}\boldsymbol{\beta}_1-\frac{\langle\boldsymbol{\alpha}_3,\boldsymbol{\beta}_2\rangle}{\langle\boldsymbol{\beta}_2,\boldsymbol{\beta}_2\rangle}\boldsymbol{\beta}_2=(1,-2,2)^{\mathrm{T}}.$$

单位化,得

$$\boldsymbol{\eta}_1=\left(\frac{2\sqrt{5}}{5},\frac{\sqrt{5}}{5},0\right)^{\mathrm{T}},\quad \boldsymbol{\eta}_2=\left(-\frac{2\sqrt{5}}{15},\frac{4\sqrt{5}}{15},\frac{5\sqrt{5}}{15}\right)^{\mathrm{T}},\quad \boldsymbol{\eta}_3=\left(\frac{1}{3},-\frac{2}{3},2\right)^{\mathrm{T}}.$$

4.2.3 正交矩阵

在解析几何中,平面坐标的旋转变换具有不改变几何形状的特点.如图4.2所示,将平面坐标系Oxy绕原点按逆时针方向旋转θ角,得到一个新的直角坐标系$Ox'y'$,其中新坐标系中的点$A=(x',y')$在原坐标系中的坐标(x,y)的变换公式为

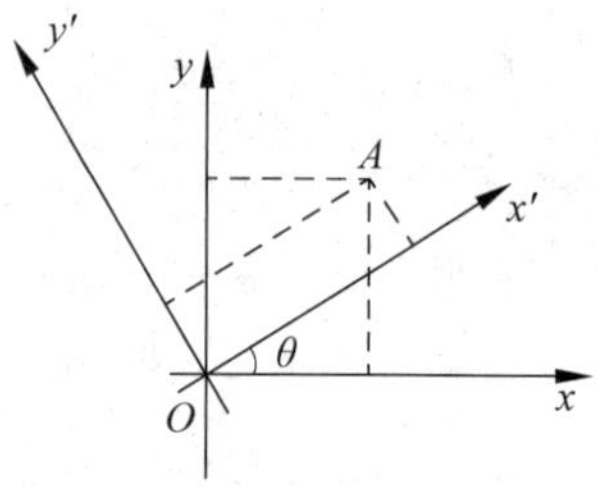

图 4.2 旋转变换示意图

$$\begin{cases}x=x'\cos\theta-y'\sin\theta,\\ y=x'\sin\theta+y'\cos\theta,\end{cases}\quad \text{或}\quad \begin{pmatrix}x\\ y\end{pmatrix}=\begin{pmatrix}\cos\theta & -\sin\theta\\ \sin\theta & \cos\theta\end{pmatrix}\begin{pmatrix}x'\\ y'\end{pmatrix}.$$

经验证可知,这一变换对应的系数矩阵$\boldsymbol{P}=\begin{pmatrix}\cos\theta & -\sin\theta\\ \sin\theta & \cos\theta\end{pmatrix}$满足$\boldsymbol{P}^{\mathrm{T}}\boldsymbol{P}=\boldsymbol{E}$.将此式推广到一

般实方阵,可以定义与旋转变换有类似性质的变换(第 6 章详细介绍).

定义 4.11 如果 n 阶实方阵 $\boldsymbol{A}$ 满足 $\boldsymbol{A}^{\mathrm{T}}\boldsymbol{A}=\boldsymbol{E}$,则称 $\boldsymbol{A}$ 为正交矩阵.

例 4.6 判断下列矩阵是否为正交矩阵

(1) $\boldsymbol{A}_1=\begin{pmatrix}-1 & 0\\ 0 & -1\end{pmatrix}$; (2) $\boldsymbol{A}_2=\begin{pmatrix}\sqrt{3}/3 & -\sqrt{2}/2 & \sqrt{6}/6\\ \sqrt{3}/3 & 0 & -\sqrt{6}/3\\ \sqrt{3}/3 & \sqrt{2}/2 & \sqrt{6}/6\end{pmatrix}$.

解 (1) 因为

$$\boldsymbol{A}_1^{\mathrm{T}}\boldsymbol{A}_1=\begin{pmatrix}-1 & 0\\ 0 & -1\end{pmatrix}\begin{pmatrix}-1 & 0\\ 0 & -1\end{pmatrix}=\boldsymbol{E},$$

所以$\boldsymbol{A}_1$ 是正交矩阵.

(2) 因为

$$\boldsymbol{A}_2^{\mathrm{T}}\boldsymbol{A}_2=\begin{pmatrix}\sqrt{3}/3 & \sqrt{3}/3 & \sqrt{3}/3\\ -\sqrt{2}/2 & 0 & \sqrt{2}/2\\ \sqrt{6}/6 & -\sqrt{6}/3 & \sqrt{6}/6\end{pmatrix}\begin{pmatrix}\sqrt{3}/3 & -\sqrt{2}/2 & \sqrt{6}/6\\ \sqrt{3}/3 & 0 & -\sqrt{6}/3\\ \sqrt{3}/3 & \sqrt{2}/2 & \sqrt{6}/6\end{pmatrix}=\boldsymbol{E},$$

所以$\boldsymbol{A}_2$ 是正交矩阵.

由定义容易得到判定正交矩阵的等价命题.

命题 4.1 n 阶实方阵 $\boldsymbol{A}$ 是正交矩阵当且仅当下列等价条件之一成立:

(1) $\boldsymbol{A}^{\mathrm{T}}\boldsymbol{A}=\boldsymbol{E}$; (2) $\boldsymbol{A}^{\mathrm{T}}=\boldsymbol{A}^{-1}$; (3) $\boldsymbol{A}^{\mathrm{T}}$ 是正交矩阵;

(4) $\boldsymbol{A}$ 的列(行)向量组是标准正交向量组,即是$\mathbb{R}^n$的一个标准正交基.

证明 仅对(4)给出证明. 对 $\boldsymbol{A}$ 按列分块,设 $\boldsymbol{A}=(\boldsymbol{\alpha}_1,\boldsymbol{\alpha}_2,\cdots,\boldsymbol{\alpha}_n)$. 由 $\boldsymbol{A}^{\mathrm{T}}\boldsymbol{A}=\boldsymbol{E}$,有

$$\boldsymbol{A}^{\mathrm{T}}\boldsymbol{A}=\begin{pmatrix}\boldsymbol{\alpha}_1^{\mathrm{T}}\\ \boldsymbol{\alpha}_2^{\mathrm{T}}\\ \vdots\\ \boldsymbol{\alpha}_n^{T}\end{pmatrix}(\boldsymbol{\alpha}_1,\boldsymbol{\alpha}_2,\cdots,\boldsymbol{\alpha}_n)=\begin{pmatrix}\boldsymbol{\alpha}_1^{\mathrm{T}}\boldsymbol{\alpha}_1 & \boldsymbol{\alpha}_1^{\mathrm{T}}\boldsymbol{\alpha}_2 & \cdots & \boldsymbol{\alpha}_1^{\mathrm{T}}\boldsymbol{\alpha}_n\\ \boldsymbol{\alpha}_2^{\mathrm{T}}\boldsymbol{\alpha}_1 & \boldsymbol{\alpha}_2^{\mathrm{T}}\boldsymbol{\alpha}_2 & \cdots & \boldsymbol{\alpha}_2^{\mathrm{T}}\boldsymbol{\alpha}_n\\ \vdots & \vdots & & \vdots\\ \boldsymbol{\alpha}_n^{\mathrm{T}}\boldsymbol{\alpha}_1 & \boldsymbol{\alpha}_n^{\mathrm{T}}\boldsymbol{\alpha}_1 & \cdots & \boldsymbol{\alpha}_n^{\mathrm{T}}\boldsymbol{\alpha}_n\end{pmatrix}$$

$$=\begin{pmatrix}\langle\boldsymbol{\alpha}_1,\boldsymbol{\alpha}_1\rangle & \langle\boldsymbol{\alpha}_1,\boldsymbol{\alpha}_2\rangle & \cdots & \langle\boldsymbol{\alpha}_1,\boldsymbol{\alpha}_n\rangle\\ \langle\boldsymbol{\alpha}_2,\boldsymbol{\alpha}_1\rangle & \langle\boldsymbol{\alpha}_2,\boldsymbol{\alpha}_2\rangle & \cdots & \langle\boldsymbol{\alpha}_2,\boldsymbol{\alpha}_n\rangle\\ \vdots & \vdots & & \vdots\\ \langle\boldsymbol{\alpha}_n,\boldsymbol{\alpha}_1\rangle & \langle\boldsymbol{\alpha}_n,\boldsymbol{\alpha}_2\rangle & \cdots & \langle\boldsymbol{\alpha}_n,\boldsymbol{\alpha}_n\rangle\end{pmatrix}=\begin{pmatrix}1 & 0 & \cdots & 0\\ 0 & 1 & \cdots & 0\\ \vdots & \vdots & & \vdots\\ 0 & 0 & \cdots & 1\end{pmatrix}.$$

从而有

$$\langle\boldsymbol{\alpha}_i,\boldsymbol{\alpha}_j\rangle=\begin{cases}0, & i\neq j,\\ 1, & i=j,\end{cases}\quad i,j=1,2,\cdots,n.$$

正交矩阵具有以下性质.

性质 4.1 (1) $\boldsymbol{E}$ 是正交矩阵;

(2) 若 $\boldsymbol{A}$ 与 $\boldsymbol{B}$ 都是 n 阶正交矩阵,则 $\boldsymbol{AB}$ 也是正交矩阵.

(3) 若 $\boldsymbol{A}$ 是正交矩阵,则$-\boldsymbol{A}$ 也是正交矩阵.

(4) 若 $\boldsymbol{A}$ 是正交矩阵,则$|\boldsymbol{A}|=\pm 1$.

证明留作练习.

例 4.7 设$\boldsymbol{\alpha}_1,\boldsymbol{\alpha}_2$为 n 维列向量,$\boldsymbol{A}$ 为 n 阶正交矩阵,证明:

(1) $\langle \boldsymbol{A\alpha}_1,\boldsymbol{A\alpha}_2\rangle=\langle\boldsymbol{\alpha}_1,\boldsymbol{\alpha}_2\rangle$; (2) $\|\boldsymbol{A\alpha}_1\|=\|\boldsymbol{\alpha}_1\|$.

证明 (1) $\langle \boldsymbol{A\alpha}_1,\boldsymbol{A\alpha}_2\rangle=(\boldsymbol{A\alpha}_1)^{\mathrm{T}}\boldsymbol{A\alpha}_2=\boldsymbol{\alpha}_1^{\mathrm{T}}\boldsymbol{A}^{\mathrm{T}}\boldsymbol{A\alpha}_2=\boldsymbol{\alpha}_1^{\mathrm{T}}\boldsymbol{\alpha}_2=\langle\boldsymbol{\alpha}_1,\boldsymbol{\alpha}_2\rangle$.

(2) 由(1),$\|\boldsymbol{A\alpha}_1\|=\sqrt{\langle\boldsymbol{A\alpha}_1,\boldsymbol{A\alpha}_1\rangle}=\sqrt{\langle\boldsymbol{\alpha}_1,\boldsymbol{\alpha}_1\rangle}=\|\boldsymbol{\alpha}_1\|$.

习题 4.2

1. 应用正交化过程,将下列的向量组正交规范化.

(1) $\boldsymbol{\alpha}_1=(1,2,-1)^{\mathrm{T}},\boldsymbol{\alpha}_2=(-1,3,1)^{\mathrm{T}},\boldsymbol{\alpha}_3=(4,-1,0)^{\mathrm{T}}$;

(2) $\boldsymbol{\alpha}_1=(1,0,-1,1)^{\mathrm{T}},\boldsymbol{\alpha}_2=(1,-1,0,1)^{\mathrm{T}},\boldsymbol{\alpha}_3=(-1,1,1,0)^{\mathrm{T}}$.

2. 给定$\boldsymbol{\alpha}_1=(1,1,1,1)^{\mathrm{T}},\boldsymbol{\alpha}_2=(1,0,0,-1)^{\mathrm{T}}$ 正交,求非零向量$\boldsymbol{\alpha}_3,\boldsymbol{\alpha}_4$ 使$\boldsymbol{\alpha}_1,\boldsymbol{\alpha}_2,\boldsymbol{\alpha}_3,\boldsymbol{\alpha}_4$两两正交.

3. 给定齐次线性方程组

$$\begin{cases}x_1+2x_2-x_3=0,\\2x_1+4x_2-2x_3=0.\end{cases}$$

求其解空间的一组标准正交基.

4. 设 $\boldsymbol{A},\boldsymbol{B}$ 都是正交矩阵,证明$\begin{pmatrix}\boldsymbol{A}&\boldsymbol{0}\\\boldsymbol{0}&\boldsymbol{B}\end{pmatrix}$也是正交矩阵.

第 4 章总复习题

一、选择题

1. 由$\mathbb{R}^3$的基$\boldsymbol{\xi}_1,\boldsymbol{\xi}_2,\boldsymbol{\xi}_3$ 到$\boldsymbol{\xi}_3,\boldsymbol{\xi}_1-\boldsymbol{\xi}_2,\boldsymbol{\xi}_2$ 基的过渡矩阵 $\boldsymbol{P}$ 为( ).

A. $\begin{pmatrix}1&0&0\\0&1&0\\0&0&1\end{pmatrix}$ B. $\begin{pmatrix}1&0&0\\0&1&0\\0&-1&1\end{pmatrix}$

C. $\begin{pmatrix}0&1&0\\0&-1&1\\1&0&0\end{pmatrix}$ D. $\begin{pmatrix}0&1&0\\0&0&1\\1&-1&0\end{pmatrix}$

2. $\boldsymbol{A},\boldsymbol{B}$ 均为 n 阶正交矩阵,则( ).

A. $\boldsymbol{AB},\boldsymbol{A}+\boldsymbol{B}$ 都是正交矩阵

B. $\boldsymbol{AB}$ 是正交矩阵,$\boldsymbol{A}+\boldsymbol{B}$ 不一定是正交矩阵

C. $\boldsymbol{AB}$ 不是正交矩阵,$\boldsymbol{A}+\boldsymbol{B}$ 是正交矩阵

D. $\boldsymbol{AB},\boldsymbol{A}+\boldsymbol{B}$ 都不是正交矩阵

3. 设 $\boldsymbol{H}$ 是正交矩阵,则( ).

A. $\boldsymbol{H}=\boldsymbol{E}$ B. $|\boldsymbol{H}|=1$ C. $\boldsymbol{H}^{\mathrm{T}}=\boldsymbol{H}^{-1}$ D. $|\boldsymbol{H}|>0$

4. n 维列向量$\boldsymbol{\alpha}_1,\boldsymbol{\alpha}_2,\cdots,\boldsymbol{\alpha}_n$ 是$\mathbb{R}^n$的标准正交基的充要条件是(　　).

A. 两两正交　　B. 均为单位向量

C. 线性无关　　D. $(\boldsymbol{\alpha}_1,\boldsymbol{\alpha}_2,\cdots,\boldsymbol{\alpha}_n)^{\mathrm{T}}(\boldsymbol{\alpha}_1,\boldsymbol{\alpha}_2,\cdots,\boldsymbol{\alpha}_n)=\boldsymbol{E}$

5. $\mathbb{R}^4$中的向量$\boldsymbol{\alpha}=(0,0,0,1)$在基$\boldsymbol{\varepsilon}_1=(1,1,0,1),\boldsymbol{\varepsilon}_2=(2,1,3,1),\boldsymbol{\varepsilon}_3=(1,1,0,0)$,$\boldsymbol{\varepsilon}_4=(0,1,-1,-1)$下的坐标是(　　).

A. $(1,0,1,0)$　　B. $(1,0,-1,0)$　　C. $(-1,0,-1,0)$　　D. $(-1,0,1,0)$

6. 设向量$\boldsymbol{\alpha}=(1,2,-a,-3)$,$\boldsymbol{\beta}=(-3,2,5,1)$,且$\langle\boldsymbol{\alpha},\boldsymbol{\beta}\rangle=1$,则 $a=$(　　).

A. $\dfrac{2}{5}$　　B. $\dfrac{3}{5}$　　C. $-\dfrac{1}{5}$　　D. $-\dfrac{3}{5}$

二、填空题

1. 向量$\boldsymbol{\alpha}=(1,-1,1-1)^{\mathrm{T}}$ 经单位化后的向量为________.

2. 若向量 $k\left(\dfrac{1}{3},\dfrac{1}{2},1\right)^{\mathrm{T}}$ 是单位向量,则 $k=$________.

3. 向量组$\boldsymbol{\alpha}_1=(1,0,1),\boldsymbol{\alpha}_2=(1,-1,0),\boldsymbol{\alpha}_3=(2,1,1)$,则向量$\boldsymbol{\beta}=(3,2,1)$在这组基下的坐标是________.

4. 与$\boldsymbol{\alpha}_1=(1,-1,0,2),\boldsymbol{\alpha}_2=(2,3,1,1),\boldsymbol{\alpha}_3=(0,0,1,2)$都正交的单位向量是________.

5. 设 $\boldsymbol{A}$ 为 n 阶正交矩阵,则$|\boldsymbol{A}^{-1}|^{2000}=$________.

6. $\mathbb{R}^2$两个基$\boldsymbol{\alpha}_1=\begin{pmatrix}2\\3\end{pmatrix},\boldsymbol{\alpha}_2=\begin{pmatrix}4\\5\end{pmatrix}$和$\boldsymbol{\beta}_1=\begin{pmatrix}1\\1\end{pmatrix},\boldsymbol{\beta}_2=\begin{pmatrix}1\\3\end{pmatrix}$,则$\boldsymbol{\alpha}_1,\boldsymbol{\alpha}_2$ 到基$\boldsymbol{\beta}_1,\boldsymbol{\beta}_2$ 的过渡矩阵为________.

7. 向量$\boldsymbol{\alpha}=(1,2,3,4)$与向量$\boldsymbol{\beta}=(4,a,2,1)$正交,则 $a=$________.

三、计算题

1. 求线性方程组$\begin{cases}x_1+x_2+x_3-x_4=0,\\3x_1+2x_2-x_3+2x_4=0,\\2x_1+x_2-2x_3+3x_4=0\end{cases}$的解空间的一个标准正交基.

2. $\boldsymbol{\alpha}_1=(0,1,1)^{\mathrm{T}},\boldsymbol{\alpha}_2=(1,0,1)^{\mathrm{T}},\boldsymbol{\alpha}_3=(1,1,1)^{\mathrm{T}}$ 是$\mathbb{R}^3$一组基,试用施密特正交化方法将其化成$\mathbb{R}^3$的标准正交基.

3. 已知$\mathbb{R}^4$中两个向量$\boldsymbol{\alpha}_1=(1,1,0,1),\boldsymbol{\alpha}_2=(-1,1,1,0)$,求非零向量$\boldsymbol{\alpha}_3,\boldsymbol{\alpha}_4$ 使$\boldsymbol{\alpha}_1,\boldsymbol{\alpha}_2,\boldsymbol{\alpha}_3,\boldsymbol{\alpha}_4$ 两两正交.

四、证明题

1. 设$\boldsymbol{\alpha}$ 与$\boldsymbol{\beta}_1,\boldsymbol{\beta}_2,\boldsymbol{\beta}_3$ 都正交,试证$\boldsymbol{\alpha}$ 与$\boldsymbol{\beta}_1,\boldsymbol{\beta}_2,\boldsymbol{\beta}_3$ 的任意线性组合均正交.

2. 若$\boldsymbol{\alpha}_1,\boldsymbol{\alpha}_2,\boldsymbol{\alpha}_3$ 是$\mathbb{R}^3$一组标准正交基,证明:

$$\boldsymbol{\beta}_1=\frac{1}{9}(\boldsymbol{\alpha}_1-8\boldsymbol{\alpha}_2-4\boldsymbol{\alpha}_3),\quad \boldsymbol{\beta}_2=\frac{1}{9}(-8\boldsymbol{\alpha}_1+\boldsymbol{\alpha}_2-4\boldsymbol{\alpha}_3),\quad \boldsymbol{\beta}_3=\frac{1}{9}(-4\boldsymbol{\alpha}_1-4\boldsymbol{\alpha}_2+7\boldsymbol{\alpha}_3)$$

也是$\mathbb{R}^3$的一组正交基.

第 4 章综合提升题

一、选择题

1. 已知$\boldsymbol{\alpha}_1=\begin{pmatrix}1\\0\\1\end{pmatrix}$，$\boldsymbol{\alpha}_2=\begin{pmatrix}1\\2\\1\end{pmatrix}$，$\boldsymbol{\alpha}_3=\begin{pmatrix}3\\1\\2\end{pmatrix}$，记$\boldsymbol{\beta}_1=\boldsymbol{\alpha}_1$，$\boldsymbol{\beta}_2=\boldsymbol{\alpha}_2-k\boldsymbol{\beta}_1$，$\boldsymbol{\beta}_3=\boldsymbol{\alpha}_3-l_1\boldsymbol{\beta}_1-l_2\boldsymbol{\beta}_2$，若$\boldsymbol{\beta}_1,\boldsymbol{\beta}_2,\boldsymbol{\beta}_3$两两正交，则$l_1,l_2$依次为(　　).

A. $\frac{5}{2},\frac{1}{2}$　　B. $-\frac{5}{2},\frac{1}{2}$　　C. $\frac{5}{2},-\frac{1}{2}$　　D. $-\frac{5}{2},-\frac{1}{2}$

2. 设$\boldsymbol{A}=(\boldsymbol{\alpha}_1,\boldsymbol{\alpha}_2,\boldsymbol{\alpha}_3,\boldsymbol{\alpha}_4)$为 4 阶正交矩阵. 若$\boldsymbol{B}=\begin{pmatrix}\boldsymbol{\alpha}_1^{\mathrm{T}}\\\boldsymbol{\alpha}_2^{\mathrm{T}}\\\boldsymbol{\alpha}_3^{\mathrm{T}}\end{pmatrix}$，$\boldsymbol{\beta}=\begin{pmatrix}1\\1\\1\end{pmatrix}$，$k$表示任意常数，则线性方程组$\boldsymbol{Bx}=\boldsymbol{\beta}$的通解为$\boldsymbol{x}=$(　　).

A. $\boldsymbol{\alpha}_2+\boldsymbol{\alpha}_3+\boldsymbol{\alpha}_4+k\boldsymbol{\alpha}_1$　　B. $\boldsymbol{\alpha}_1+\boldsymbol{\alpha}_3+\boldsymbol{\alpha}_4+k\boldsymbol{\alpha}_2$

C. $\boldsymbol{\alpha}_1+\boldsymbol{\alpha}_2+\boldsymbol{\alpha}_4+k\boldsymbol{\alpha}_3$　　D. $\boldsymbol{\alpha}_1+\boldsymbol{\alpha}_2+\boldsymbol{\alpha}_3+k\boldsymbol{\alpha}_4$

二、填空题

1. 已知向量$\boldsymbol{\alpha}_1=\begin{pmatrix}1\\0\\1\\1\end{pmatrix}$，$\boldsymbol{\alpha}_2=\begin{pmatrix}-1\\-1\\0\\1\end{pmatrix}$，$\boldsymbol{\alpha}_3=\begin{pmatrix}0\\1\\-1\\1\end{pmatrix}$，$\boldsymbol{\beta}=\begin{pmatrix}1\\1\\1\\-1\end{pmatrix}$，$\boldsymbol{\gamma}=k_1\boldsymbol{\alpha}_1+k_2\boldsymbol{\alpha}_2+k_3\boldsymbol{\alpha}_3$. 若$\boldsymbol{\gamma}^{\mathrm{T}}\boldsymbol{\alpha}_i=\boldsymbol{\beta}^{\mathrm{T}}\boldsymbol{\alpha}_i(i=1,2,3)$，则$k_1^2+k_2^2+k_3^2=$________.

2. 设$\boldsymbol{\alpha}_1,\boldsymbol{\alpha}_2,\boldsymbol{\alpha}_3$是三维向量空间$\mathbb{R}^3$的一组基，则由基$\boldsymbol{\alpha}_1,\frac{1}{2}\boldsymbol{\alpha}_2,\frac{1}{3}\boldsymbol{\alpha}_3$到基$\boldsymbol{\alpha}_1+\boldsymbol{\alpha}_2,\boldsymbol{\alpha}_2+\boldsymbol{\alpha}_3,\boldsymbol{\alpha}_3+\boldsymbol{\alpha}_1$的过渡矩阵是________.

三、综合题

1. 将向量$\boldsymbol{\alpha}_1=(1,-1,0,2,1)^{\mathrm{T}}$，$\boldsymbol{\alpha}_2=(3,2,4,-1,0)^{\mathrm{T}}$，$\boldsymbol{\alpha}_3=(4,1,4,1,1)^{\mathrm{T}}$，$\boldsymbol{\alpha}_4=(1,4,4,-5,-2)^{\mathrm{T}}$扩充成$\mathbb{R}^5$一组基，并化为一组标准正交基.

2. 证明：若$\boldsymbol{A}$是正交矩阵，则$\boldsymbol{A}^*$也是正交矩阵.

3. 证明：若$\boldsymbol{A}$是n阶正交矩阵，且$|\boldsymbol{A}|=-1$，则$|\boldsymbol{E}+\boldsymbol{A}|=0$.

4. 证明：若n维向量空间向量$\boldsymbol{\alpha}$与任意n维向量都正交，则$\boldsymbol{\alpha}$是零向量.

第5章

矩阵的特征值与特征向量

历史上，数学界对特征值和特征向量发生兴趣，应该是源自约翰·伯努利(Johann Bernoulli)、丹尼尔·伯努利(Daniel Bernoulli)、欧拉、达朗贝尔等人对刚体转动的惯性张量的研究. 惯性张量就是一个三维实对称矩阵，他们首先引入了惯量主轴和主转动惯量. 拉格朗日首先意识到，惯量主轴就是惯性张量矩阵的特征向量，而主转动惯量就是惯性张量矩阵的特征值.

图 5.1　柯西

拉格朗日的学生、法国大数学家柯西第一次给出了与特征值和特征向量相关的一些专有名词(参见图 5.1)，如特征方程(characteristic equation)，特征根(characteristic root). 柯西也是第一个证明实对称矩阵的特征值均为实数这一结论的数学家.

本章主要内容是特征值与特征向量、相似矩阵对角化的相关概念和性质应用，这部分内容在人工智能、机器学习、神经网络、数字图像处理、工程和经济领域，以及微分方程和其他数学分支等都有着非常广泛的应用，实用性很强.

5.1　特征值与特征向量

5.1.1　矩阵的特征值与特征向量的定义

定义 5.1　设矩阵 $\boldsymbol{A}=(a_{ij})$是某数域 F 上的 n 阶方阵，若对于数域 F 上的一个数 λ，存在**非零列向量** $\boldsymbol{\alpha}$，使得 $\boldsymbol{A\alpha}=\lambda\boldsymbol{\alpha}$，则称 λ 为 $\boldsymbol{A}$ 的**特征值**，称 $\boldsymbol{\alpha}$ 为矩阵 $\boldsymbol{A}$ 的属于特征值 λ 的**特征向量**.

几何意义：矩阵 $\boldsymbol{A}$ 与向量 $\boldsymbol{\alpha}$ 作用，相当于把向量 $\boldsymbol{\alpha}$ 改变(拉伸或压缩)了 λ 倍.

一个直观的例子，随着地球的自转，每个从地心往外指的箭头都在旋转，除了在转轴上的那些箭头. 考虑地球在一小时自转后的变换：地心指向地理南极的箭头是这个变换的一个特征向量，并且因为指向极点的箭头没有被地球的自转拉伸，它的特征值是 1；但是从地心指向赤道任何一处的箭头不会是一个特征向量.

例如，对于 $\boldsymbol{A}=\begin{pmatrix}3 & 1\\5 & -1\end{pmatrix}$，向量 $\boldsymbol{\alpha}=\begin{pmatrix}1\\1\end{pmatrix}$，有 $\boldsymbol{A\alpha}=\begin{pmatrix}3 & 1\\5 & -1\end{pmatrix}\begin{pmatrix}1\\1\end{pmatrix}=\begin{pmatrix}4\\4\end{pmatrix}=4\boldsymbol{\alpha}$.

由定义 5.1 知，4 为矩阵 $\boldsymbol{A}$ 的特征值，$\boldsymbol{\alpha}=\begin{pmatrix}1\\1\end{pmatrix}$ 称为方阵 $\boldsymbol{A}$ 属于特征值 4 的特征向量.

例 5.1 求 n 阶矩阵 $\boldsymbol{A}$ 的特征值与特征向量，其中

$$\boldsymbol{A}=\begin{pmatrix}\lambda & & & \\ & \lambda & & \\ & & \ddots & \\ & & & \lambda\end{pmatrix}$$

解 由矩阵的乘法可知，对于任意的非零向量 $\boldsymbol{\alpha}$，有

$$\boldsymbol{A\alpha}=(\lambda\boldsymbol{E})\boldsymbol{\alpha}=\lambda\boldsymbol{\alpha}$$

恒成立，由定义 5.1 可知，对于任意的非零向量 $\boldsymbol{\alpha}$，都是 $\boldsymbol{A}$ 的属于特征值 λ 的特征向量.

注意

(1) 特征向量一定是非零向量，即零向量不能作为特征向量，特征值可以是零.

(2) 若 $\boldsymbol{\alpha}$ 是矩阵 $\boldsymbol{A}$ 的属于特征值 λ 的特征向量，则 $k\boldsymbol{\alpha}$ $(k\neq 0)$ 也是矩阵 $\boldsymbol{A}$ 的属于特征值 λ 的特征向量.

(3) 矩阵 $\boldsymbol{A}$ 若存在特征值和特征向量，则属于同一特征值的特征向量有无穷多个.

(4) 矩阵 $\boldsymbol{A}$ 若存在特征值和特征向量，则同一特征向量对应唯一一个特征值.

(5) 若 $\boldsymbol{\alpha}_1,\boldsymbol{\alpha}_2,\cdots,\boldsymbol{\alpha}_s$ 是矩阵 $\boldsymbol{A}$ 的属于同一特征值 λ 的特征向量，则 $\boldsymbol{\alpha}_1,\boldsymbol{\alpha}_2,\cdots,\boldsymbol{\alpha}_s$ 的线性组合 $k_1\boldsymbol{\alpha}_1+k_2\boldsymbol{\alpha}_2+\cdots+k_s\boldsymbol{\alpha}_s$ $(k_1,k_2,\cdots,k_s$ 不全为零)，也是矩阵 A 的属于特征值 λ 的特征向量.

这里自然会有这样的疑问：(1)任意矩阵都存在特征值与特征向量吗？(2)若存在，特征值和特征向量怎么求？特征值有几个？特征向量有几个？为方便讨论，我们先引入如下定义.

定义 5.2 设矩阵 $\boldsymbol{A}=(a_{ij})$ 是某数域 F 上的 n 阶方阵，λ 是一个文字，矩阵 $\lambda\boldsymbol{E}-\boldsymbol{A}$ 称为 $\boldsymbol{A}$ 的特征矩阵，其行列式

$$|\lambda\boldsymbol{E}-\boldsymbol{A}|=\begin{vmatrix}\lambda-a_{11} & -a_{12} & \cdots & -a_{1n}\\ -a_{21} & \lambda-a_{22} & \cdots & -a_{2n}\\ \vdots & \vdots & & \vdots\\ -a_{n1} & -a_{n2} & \cdots & \lambda-a_{nn}\end{vmatrix}$$

是 λ 的一个多项式，称为 $\boldsymbol{A}$ 的**特征多项式**，通常记作 $f(\lambda)$，方程 $|\lambda\boldsymbol{E}-\boldsymbol{A}|=0$ 称为 $\boldsymbol{A}$ 的**特征方程**.

设 $\boldsymbol{A}=(a_{ij})$ 是某数域 F 上的 n 阶方阵，如果 λ 为 $\boldsymbol{A}$ 的特征值，$\boldsymbol{\alpha}$ 为矩阵 $\boldsymbol{A}$ 的属于特征值 λ 的特征向量，则

$$\boldsymbol{A\alpha}=\lambda\boldsymbol{\alpha},$$

其中 $\lambda\in F$，$\boldsymbol{\alpha}\neq\boldsymbol{0}$，即 $(\lambda\boldsymbol{E}-\boldsymbol{A})\boldsymbol{\alpha}=\boldsymbol{0}$，也就是说，$\boldsymbol{\alpha}$ 是齐次线性方程组 $(\lambda\boldsymbol{E}-\boldsymbol{A})\boldsymbol{x}=\boldsymbol{0}$ 的非零解，从而有系数行列式等于零，即 $|\lambda\boldsymbol{E}-\boldsymbol{A}|=0$，从而 λ 是特征方程 $|\lambda\boldsymbol{E}-\boldsymbol{A}|=0$ 的根，反之，若 λ 是 $|\lambda\boldsymbol{E}-\boldsymbol{A}|=0$ 的根，则有 $|\lambda\boldsymbol{E}-\boldsymbol{A}|=0$，从而齐次线性方程组 $(\lambda\boldsymbol{E}-\boldsymbol{A})\boldsymbol{x}=\boldsymbol{0}$ 有非零解 $\boldsymbol{\alpha}$，满足 $(\lambda\boldsymbol{E}-\boldsymbol{A})\boldsymbol{\alpha}=\boldsymbol{0}$，因此 $\boldsymbol{A\alpha}=\lambda\boldsymbol{\alpha}$. 也就是说，求矩阵 $\boldsymbol{A}$ 的特征值可以通过求其特征多项式 $|\lambda\boldsymbol{E}-\boldsymbol{A}|=0$ 的根来得到，特征向量可以通过对应的特征值所对应的齐次线性方程组

$(\lambda\boldsymbol{E}-\boldsymbol{A})\boldsymbol{x}=\boldsymbol{0}$ 的基础解系来得到.

通过以上说明,我们得到,只有方阵才可以讨论其特征值和特征向量,对于 n 阶方阵 $\boldsymbol{A}=(a_{ij})$,**求特征值和特征向量步骤如下:**

(1) 令 $\boldsymbol{A}$ 的特征多项式 $f(\lambda)=0$,求出 $\boldsymbol{A}$ 的 n 个特征值 $\lambda_1,\lambda_2,\cdots,\lambda_n$(特征值可以相等).

(2) 对每一个特征值 λ_i,求解齐次线性方程组 $(\lambda_i\boldsymbol{E}-\boldsymbol{A})\boldsymbol{x}=\boldsymbol{0}$,得对应的基础解系 $\boldsymbol{\alpha}_1,\boldsymbol{\alpha}_2,\cdots,\boldsymbol{\alpha}_s$,则方阵 $\boldsymbol{A}$ 的属于特征值 λ_i 的特征向量为 $k_1\boldsymbol{\alpha}_1+k_2\boldsymbol{\alpha}_2+\cdots+k_s\boldsymbol{\alpha}_s$ ($k_1,k_2,\cdots,k_s$ 不全为零).

例 5.2 求复数域上矩阵 $\boldsymbol{A}=\begin{pmatrix}1&-3&3\\3&-5&3\\6&-6&4\end{pmatrix}$ 的特征值及特征向量.

解 令矩阵 $\boldsymbol{A}$ 特征多项式 $f(\lambda)=0$,即

$$|\lambda\boldsymbol{E}-\boldsymbol{A}|=\begin{vmatrix}\lambda-1&3&-3\\-3&\lambda+5&-3\\-6&6&\lambda-4\end{vmatrix}=\begin{vmatrix}\lambda+2&3&-3\\\lambda+2&\lambda+5&-3\\0&6&\lambda-4\end{vmatrix}$$

$$=\begin{vmatrix}\lambda+2&3&-3\\0&\lambda+2&0\\0&6&\lambda-4\end{vmatrix}=(\lambda+2)^2(\lambda-4)=0,$$

得 $\boldsymbol{A}$ 的特征值 $\lambda_1=\lambda_2=-2,\lambda_3=4$.

当 $\lambda_1=\lambda_2=-2$ 时,代入齐次线性方程组 $(\lambda\boldsymbol{E}-\boldsymbol{A})\boldsymbol{x}=\boldsymbol{0}$,即

$$\begin{cases}-3x_1+3x_2-3x_3=0,\\-3x_1+3x_2-3x_3=0,\\-6x_1+6x_2-6x_3=0,\end{cases}$$

得其基础解系为 $\boldsymbol{\eta}_1=\begin{pmatrix}1\\1\\0\end{pmatrix},\boldsymbol{\eta}_2=\begin{pmatrix}-1\\0\\1\end{pmatrix}$,所以属于特征值 $\lambda_1=\lambda_2=-2$ 的全部特征向量为

$$k_1\boldsymbol{\eta}_1+k_2\boldsymbol{\eta}_2=k_1\begin{pmatrix}1\\1\\0\end{pmatrix}+k_2\begin{pmatrix}-1\\0\\1\end{pmatrix},\quad k_1,k_2 \text{ 为不全为零复数.}$$

同理,当 $\lambda_3=4$ 时,代入齐次线性方程组 $(\lambda\boldsymbol{E}-\boldsymbol{A})\boldsymbol{x}=\boldsymbol{0}$,即

$$\begin{cases}3x_1+3x_2-3x_3=0,\\-3x_1+9x_2-3x_3=0,\\-6x_1+6x_2=0,\end{cases}$$

得其基础解系为 $\boldsymbol{\eta}_3=\begin{pmatrix}1\\1\\2\end{pmatrix}$,所以属于特征值 $\lambda_3=4$ 对应的全部特征向量为

$$k_3\boldsymbol{\eta}_3=k_3\begin{pmatrix}1\\1\\2\end{pmatrix},\quad k_3 \text{ 为任意的非零复数.}$$

例 5.3 设 $\boldsymbol{A}=\begin{pmatrix}1 & 2\\ -2 & 1\end{pmatrix}$,如果把 $\boldsymbol{A}$ 看成实数域上的矩阵,$\boldsymbol{A}$ 有没有特征值?把 $\boldsymbol{A}$ 看成复数域上的矩阵,$\boldsymbol{A}$ 有没有特征值?若有,求 $\boldsymbol{A}$ 的特征值及特征向量.

解 令矩阵 $\boldsymbol{A}$ 的特征多项式 $f(\lambda)=0$,即

$$|\lambda\boldsymbol{E}-\boldsymbol{A}|=\begin{vmatrix}\lambda-1 & -2\\ 2 & \lambda-1\end{vmatrix}=(\lambda-1)^2+4=0,$$

从而在实数域范围内 $\boldsymbol{A}$ 没有特征值,也没有特征向量.在复数域范围内有特征值

$$\lambda_1=1+2\mathrm{i},\quad \lambda_2=1-2\mathrm{i}.$$

当 $\lambda_1=1+2\mathrm{i}$ 时,代入齐次线性方程组 $(\lambda\boldsymbol{E}-\boldsymbol{A})\boldsymbol{x}=\boldsymbol{0}$,即

$$\begin{cases}2\mathrm{i}x_1-2x_2=0,\\ 2x_1+2\mathrm{i}x_2=0,\end{cases}$$

得其基础解系为 $\boldsymbol{\alpha}_1=\begin{pmatrix}1\\ \mathrm{i}\end{pmatrix}$,所以特征值 $\lambda_1=1+2\mathrm{i}$ 对应的全部特征向量为

$$k_1\boldsymbol{\alpha}_1=k_1\begin{pmatrix}1\\ \mathrm{i}\end{pmatrix},\quad k_1\text{ 为任意的非零复数}.$$

同理,特征值 $\lambda_2=1-2\mathrm{i}$ 对应的全部特征向量为

$$k_2\boldsymbol{\alpha}_2=k_2\begin{pmatrix}\mathrm{i}\\ 1\end{pmatrix},\quad k_2\text{ 为任意的非零复数}.$$

说明 矩阵的特征值和特征向量的存在性与数域有关.

例 5.4 设 λ 为 n 阶矩阵 $\boldsymbol{A}$ 的一个特征值,试证:

(1) λ^2 是 $\boldsymbol{A}^2$ 的一个特征值,λ^m 是 $\boldsymbol{A}^m$ 的一个特征值.

(2) $a\lambda+b$ 是 $a\boldsymbol{A}+b\boldsymbol{E}$ 的一个特征值,其中 a,b 为常数.

(3) 若 $\boldsymbol{A}$ 可逆,$\dfrac{|\boldsymbol{A}|}{\lambda}$是 $\boldsymbol{A}^*$ 的一个特征值.

(4) 若 $\boldsymbol{A}$ 可逆,$\dfrac{1}{\lambda}$是 $\boldsymbol{A}^{-1}$ 的一个特征值.

证明 不妨设非零列向量 $\boldsymbol{\alpha}$ 是 n 阶矩阵 $\boldsymbol{A}$ 属于特征值 λ 的特征向量,则 $\boldsymbol{A}\boldsymbol{\alpha}=\lambda\boldsymbol{\alpha}$.

(1) 上式两边分别左乘 $\boldsymbol{A}$,得

$$\boldsymbol{A}^2\boldsymbol{\alpha}=\lambda\boldsymbol{A}\boldsymbol{\alpha}=\lambda^2\boldsymbol{\alpha},$$

即 λ^2 是 $\boldsymbol{A}^2$ 的一个特征值,且 $\boldsymbol{\alpha}$ 是属于特征值 λ^2 的一个特征向量.进一步有

$$\boldsymbol{A}^m\boldsymbol{\alpha}=\boldsymbol{A}^{m-1}(\boldsymbol{A}\boldsymbol{\alpha})=\boldsymbol{A}^{m-1}(\lambda\boldsymbol{\alpha})=\cdots=\lambda^m\boldsymbol{\alpha},$$

也就是说,λ^m 是 $\boldsymbol{A}^m$ 的一个特征值,且 $\boldsymbol{\alpha}$ 是属于特征值 λ^m 的一个特征向量.

(2) 由

$$(a\boldsymbol{A}+b\boldsymbol{E})\boldsymbol{\alpha}=a\boldsymbol{A}\boldsymbol{\alpha}+b\boldsymbol{E}\boldsymbol{\alpha}=\lambda a\boldsymbol{\alpha}+b\boldsymbol{\alpha}=(\lambda a+b)\boldsymbol{\alpha},$$

知 $a\lambda+b$ 是 $a\boldsymbol{A}+b\boldsymbol{E}$ 的一个特征值.

(3) 因 $\boldsymbol{A}$ 可逆,$\boldsymbol{A}\boldsymbol{\alpha}=\lambda\boldsymbol{\alpha}$,$\boldsymbol{\alpha}=\lambda\boldsymbol{A}^{-1}\boldsymbol{\alpha}\neq\boldsymbol{0}$,故有 $\lambda\neq0$,由 $\boldsymbol{A}\boldsymbol{\alpha}=\lambda\boldsymbol{\alpha}$ 得 $\boldsymbol{A}^*\boldsymbol{A}\boldsymbol{\alpha}=\boldsymbol{A}^*\lambda\boldsymbol{\alpha}$,有

$$|\boldsymbol{A}|\boldsymbol{\alpha}=\lambda\boldsymbol{A}^*\boldsymbol{\alpha}\quad\text{和}\quad\boldsymbol{A}^*\boldsymbol{\alpha}=\frac{|\boldsymbol{A}|}{\lambda}\boldsymbol{\alpha},$$

从而，$\frac{|\boldsymbol{A}|}{\lambda}$是$\boldsymbol{A}^*$的一个特征值.

(4) 因$\boldsymbol{A}$可逆，故有$\lambda \neq 0$，由$\boldsymbol{A\alpha}=\lambda\boldsymbol{\alpha}$得$\boldsymbol{\alpha}=\boldsymbol{A}^{-1}\lambda\boldsymbol{\alpha}$，从而

$$\boldsymbol{A}^{-1}\boldsymbol{\alpha}=\frac{1}{\lambda}\boldsymbol{\alpha},$$

从而$\frac{1}{\lambda}$是$\boldsymbol{A}^{-1}$的一个特征值. 命题得证.

注 进一步可得，若λ为n阶矩阵$\boldsymbol{A}$的一个特征值，且若有矩阵$\boldsymbol{A}$的多项式为$\phi(\boldsymbol{A})=a_m\boldsymbol{A}^m+a_{m-1}\boldsymbol{A}^{m-1}+\cdots+a_1\boldsymbol{A}+a_0\boldsymbol{E}$，则$\phi(\lambda)$是$\phi(\boldsymbol{A})$的特征值.

例 5.5 设三阶矩阵$\boldsymbol{A}$的特征值为$\lambda_1=1,\lambda_2=2,\lambda_3=-1$，求$\phi(\boldsymbol{A})=2\boldsymbol{A}^2+\boldsymbol{A}^{-1}+\boldsymbol{E}$的特征值.

解 $\phi(\boldsymbol{A})$的特征值满足：

$$\omega_i=2\lambda_i^2+\frac{1}{\lambda_i}+1,\quad i=1,2,3,$$

即$\omega_1=2\lambda_1^2+\frac{1}{\lambda_1}+1=2\times1^2+\frac{1}{1}+1=4$. 同理可得$\omega_2=\frac{19}{2}$，$\omega_3=2$.

5.1.2 矩阵的特征值与特征向量的性质

性质 5.1 n阶矩阵$\boldsymbol{A}$与它的转置矩阵$\boldsymbol{A}^{\mathrm{T}}$有相同的特征值.

证明 设λ为$\boldsymbol{A}$的特征值，则有$|\lambda\boldsymbol{E}-\boldsymbol{A}|=0$，而

$$|\lambda\boldsymbol{E}-\boldsymbol{A}^{\mathrm{T}}|=|(\lambda\boldsymbol{E}-\boldsymbol{A})^{\mathrm{T}}|=|\lambda\boldsymbol{E}-\boldsymbol{A}|=0,$$

从而$\boldsymbol{A}$与$\boldsymbol{A}^{\mathrm{T}}$有相同的特征多项式，也有相同的特征值，命题得证.

性质 5.2 n阶矩阵$\boldsymbol{A}=(a_{ij})$的属于互不相同的特征值$\lambda_1,\lambda_2,\cdots,\lambda_m$的特征向量$\boldsymbol{\alpha}_1,\boldsymbol{\alpha}_2,\cdots,\boldsymbol{\alpha}_m$线性无关.

证明 反证法. 由题意得$\boldsymbol{A\alpha}_i=\lambda_i\boldsymbol{\alpha}_i(i=1,2,\cdots,m)$.

设$\boldsymbol{\alpha}_1,\boldsymbol{\alpha}_2,\cdots,\boldsymbol{\alpha}_m$线性相关，不妨设$\boldsymbol{\alpha}_1,\boldsymbol{\alpha}_2,\cdots,\boldsymbol{\alpha}_m$的极大线性无关组为

$$\boldsymbol{\alpha}_1,\boldsymbol{\alpha}_2,\cdots,\boldsymbol{\alpha}_r,\quad 1\leqslant r\leqslant m-1,$$

则$\boldsymbol{\alpha}_1,\boldsymbol{\alpha}_2,\cdots,\boldsymbol{\alpha}_r,\boldsymbol{\alpha}_{r+1}$线性相关，下面证明$\boldsymbol{\alpha}_1,\boldsymbol{\alpha}_2,\cdots,\boldsymbol{\alpha}_r,\boldsymbol{\alpha}_{r+1}$线性无关，推出矛盾即可.

令

$$k_1\boldsymbol{\alpha}_1+k_2\boldsymbol{\alpha}_2+\cdots+k_r\boldsymbol{\alpha}_r+k_{r+1}\boldsymbol{\alpha}_{r+1}=\boldsymbol{0}. \tag{5.1}$$

(5.1)式两边左乘以$\boldsymbol{A}$，代入$\boldsymbol{A\alpha}_i=\lambda_i\boldsymbol{\alpha}_i(i=1,2,\cdots,m)$，得

$$k_1\lambda_1\boldsymbol{\alpha}_1+k_2\lambda_2\boldsymbol{\alpha}_2+\cdots+k_r\lambda_r\boldsymbol{\alpha}_r+k_{r+1}\lambda_{r+1}\boldsymbol{\alpha}_{r+1}=\boldsymbol{0}. \tag{5.2}$$

(5.1)式两边同乘以λ_{r+1}，得

$$k_1\lambda_{r+1}\boldsymbol{\alpha}_1+k_2\lambda_{r+1}\boldsymbol{\alpha}_2+\cdots+k_r\lambda_{r+1}\boldsymbol{\alpha}_r+k_{r+1}\lambda_{r+1}\boldsymbol{\alpha}_{r+1}=\boldsymbol{0}. \tag{5.3}$$

(5.3)式减去(5.2)式得

$$k_1(\lambda_{r+1}-\lambda_1)\boldsymbol{\alpha}_1+k_2(\lambda_{r+1}-\lambda_2)\boldsymbol{\alpha}_2+\cdots+k_r(\lambda_{r+1}-\lambda_r)\boldsymbol{\alpha}_r=\boldsymbol{0}.$$

由于$\boldsymbol{\alpha}_1,\boldsymbol{\alpha}_2,\cdots,\boldsymbol{\alpha}_r$线性无关，且$\lambda_i\neq\lambda_j(i\neq j)$，因此有$k_1=k_2=\cdots=k_r=0$，代入(5.1)式，有$k_{r+1}\boldsymbol{\alpha}_{r+1}=\boldsymbol{0}$，从而$k_{r+1}=0$，故$\boldsymbol{\alpha}_1,\boldsymbol{\alpha}_2,\cdots,\boldsymbol{\alpha}_r,\boldsymbol{\alpha}_{r+1}$线性无关，矛盾. 命题得证.

性质 5.3 设$\boldsymbol{A}=(a_{ij})$是n阶矩阵，$\lambda_1,\lambda_2,\cdots,\lambda_n$是$\boldsymbol{A}$的全部特征值(可以相等)，

则有

$$\sum_{i=1}^{n}\lambda_i=\sum_{i=1}^{n}a_{ii},\quad \prod_{i=1}^{n}\lambda_i=|\boldsymbol{A}|.$$

例 5.6 设矩阵

$$\boldsymbol{A}=\begin{pmatrix}2&3&7\\0&2&3\\0&1&x\end{pmatrix},$$

已知 $\boldsymbol{A}$ 的特征值 $\lambda_1=1,\lambda_2=2$，求 x 的值和 $\boldsymbol{A}$ 的另一特征值 λ_3.

解 根据性质 5.3，有

$$\lambda_1+\lambda_2+\lambda_3=2+2+x,\quad \lambda_1\lambda_2\lambda_3=|\boldsymbol{A}|.$$

由已知条件知

$$|\boldsymbol{A}|=\begin{vmatrix}2&3&7\\0&2&3\\0&1&x\end{vmatrix}=2(2x-3),$$

从而

$$\begin{cases}1+2+\lambda_3=4+x,\\2\lambda_3=2(2x-3),\end{cases}$$

解得 $x=4,\lambda_3=5$.

5.1.3 矩阵的迹

定义 5.3 设矩阵 $\boldsymbol{A}=(a_{ij})$ 是某数域 F 上的 n 阶矩阵，$\boldsymbol{A}$ 的主对角线上元素之和称为 $\boldsymbol{A}$ 的迹，记作 $\operatorname{tr}(\boldsymbol{A})$，即

$$\operatorname{tr}(\boldsymbol{A})=a_{11}+a_{22}+\cdots+a_{nn}.$$

性质 5.4 设 $\boldsymbol{A}$ 与 $\boldsymbol{B}$ 都是 n 阶矩阵，k 为数域 F 上的常数，则有：

(1) $\operatorname{tr}(\boldsymbol{AB})=\operatorname{tr}(\boldsymbol{BA})$；

(2) $\operatorname{tr}(\boldsymbol{A}+\boldsymbol{B})=\operatorname{tr}(\boldsymbol{A})+\operatorname{tr}(\boldsymbol{B})$；

(3) $\operatorname{tr}(k\boldsymbol{A})=k\operatorname{tr}(\boldsymbol{A})$；

(4) $\operatorname{tr}(\boldsymbol{A})=\operatorname{tr}(\boldsymbol{A}^{\mathrm{T}})$.

例 5.7 设矩阵 $\boldsymbol{A}=\begin{pmatrix}1&1&2\\0&3&1\\2&1&1\end{pmatrix}$，$\boldsymbol{B}=\begin{pmatrix}2&0&1\\1&1&0\\0&1&1\end{pmatrix}$，求 $\operatorname{tr}(\boldsymbol{A}+\boldsymbol{B})$，$\operatorname{tr}(\boldsymbol{AB})$.

解 由题意得

$$\boldsymbol{A}+\boldsymbol{B}=\begin{pmatrix}3&1&3\\1&4&1\\2&2&2\end{pmatrix},\quad \boldsymbol{AB}=\begin{pmatrix}1&1&2\\0&3&1\\2&1&1\end{pmatrix}\begin{pmatrix}2&0&1\\1&1&0\\0&1&1\end{pmatrix}=\begin{pmatrix}3&3&3\\3&4&1\\5&2&3\end{pmatrix},$$

故 $\operatorname{tr}(\boldsymbol{A}+\boldsymbol{B})=9$，$\operatorname{tr}(\boldsymbol{AB})=10$.

习题 5.1

1. 求下列矩阵的特征值和特征向量：

(1) $\boldsymbol{A}=\begin{pmatrix}1&0&0\\0&1&2\\0&2&1\end{pmatrix}$；　　(2) $\boldsymbol{A}=\begin{pmatrix}1&0&0&-1\\0&1&0&0\\0&0&1&1\\-1&0&1&1\end{pmatrix}$.

2. 已知三阶矩阵 $\boldsymbol{A}$ 的特征值为 $-1,-1,3$，求下列矩阵多项式的特征值：

(1) $2\boldsymbol{A}^{-1}+\boldsymbol{A}$；　　(2) $3\boldsymbol{A}^2-4\boldsymbol{A}+\boldsymbol{E}$；　　(3) $\boldsymbol{A}^*-\boldsymbol{E}$.

3. 已知 $\boldsymbol{A}=\begin{pmatrix}0&1&2\\1&4&6\\1&2&4\end{pmatrix}$，$\boldsymbol{B}=\begin{pmatrix}4&1&0\\1&2&2\\2&1&3\end{pmatrix}$，求矩阵 $\boldsymbol{A},\boldsymbol{B},\boldsymbol{AB},\boldsymbol{A}+\boldsymbol{B}$ 的迹.

4. 已知三阶矩阵 $\boldsymbol{A}$ 的特征值为 $1,1,4$，求下列行列式的值：

(1) $|\boldsymbol{A}^2+\boldsymbol{A}-\boldsymbol{E}|$；　　(2) $|3\boldsymbol{A}^*-4\boldsymbol{A}^{-1}|$；　　(3) $|2\boldsymbol{A}^{-1}+\boldsymbol{E}|$.

5.2 相似矩阵

5.2.1 相似矩阵的定义及性质

定义 5.4 设 $\boldsymbol{A}$ 与 $\boldsymbol{B}$ 都是 n 阶矩阵，如果存在一个 n 阶可逆矩阵 $\boldsymbol{P}$，使得

$$\boldsymbol{P}^{-1}\boldsymbol{AP}=\boldsymbol{B}$$

成立，则称矩阵 $\boldsymbol{A}$ 与 $\boldsymbol{B}$ 相似，记作 $\boldsymbol{A}\sim\boldsymbol{B}$.

例 5.8 设有矩阵 $\boldsymbol{A}=\begin{pmatrix}2&3\\4&1\end{pmatrix}$，$\boldsymbol{B}=\begin{pmatrix}5&0\\0&-2\end{pmatrix}$，试验证存在可逆矩阵 $\boldsymbol{P}=\begin{pmatrix}1&3\\1&-4\end{pmatrix}$，使得 $\boldsymbol{A}\sim\boldsymbol{B}$.

证明 因为 $|\boldsymbol{P}|=\begin{vmatrix}1&3\\1&-4\end{vmatrix}=-7$，所以 $\boldsymbol{P}$ 可逆，且 $\boldsymbol{P}^{-1}=\begin{pmatrix}\frac{4}{7}&\frac{3}{7}\\\frac{1}{7}&-\frac{1}{7}\end{pmatrix}$，则由

$$\boldsymbol{P}^{-1}\boldsymbol{AP}=\begin{pmatrix}\frac{4}{7}&\frac{3}{7}\\\frac{1}{7}&-\frac{1}{7}\end{pmatrix}\begin{pmatrix}2&3\\4&1\end{pmatrix}\begin{pmatrix}1&3\\1&-4\end{pmatrix}=\begin{pmatrix}5&0\\0&-2\end{pmatrix}=\boldsymbol{B}$$

知 $\boldsymbol{A}\sim\boldsymbol{B}$.

性质 5.5 相似是矩阵的一种等价关系，设 $\boldsymbol{A},\boldsymbol{B},\boldsymbol{C}$ 都是 n 阶矩阵，具有如下性质：

(1) 反身性：$\boldsymbol{A}\sim\boldsymbol{A}$.

(2) 对称性：若 $\boldsymbol{A}\sim\boldsymbol{B}$，则 $\boldsymbol{B}\sim\boldsymbol{A}$.

(3) 传递性：若 $\boldsymbol{A}\sim\boldsymbol{B}$，$\boldsymbol{B}\sim\boldsymbol{C}$，则 $\boldsymbol{A}\sim\boldsymbol{C}$.

证明 (1) 因为对于任意方阵 $\boldsymbol{A}$，都有 $\boldsymbol{E}^{-1}\boldsymbol{A}\boldsymbol{E}=\boldsymbol{A}$，所以 $\boldsymbol{A}\sim\boldsymbol{A}$.

(2) 若 $\boldsymbol{A}\sim\boldsymbol{B}$，根据定义，存在可逆矩阵 $\boldsymbol{P}$，使得 $\boldsymbol{P}^{-1}\boldsymbol{A}\boldsymbol{P}=\boldsymbol{B}$，则

$$\boldsymbol{A}=\boldsymbol{P}\boldsymbol{B}\boldsymbol{P}^{-1}=(\boldsymbol{P}^{-1})\boldsymbol{B}\boldsymbol{P}^{-1},$$

从而 $\boldsymbol{B}\sim\boldsymbol{A}$.

(3) 若 $\boldsymbol{A}\sim\boldsymbol{B}$，$\boldsymbol{B}\sim\boldsymbol{C}$，存在可逆矩阵 $\boldsymbol{P}_1$，$\boldsymbol{P}_2$，使得 $\boldsymbol{P}_1^{-1}\boldsymbol{A}\boldsymbol{P}_1=\boldsymbol{B}$，$\boldsymbol{P}_2^{-1}\boldsymbol{B}\boldsymbol{P}_2=\boldsymbol{C}$，则

$$\boldsymbol{C}=\boldsymbol{P}_2^{-1}\boldsymbol{B}\boldsymbol{P}_2=\boldsymbol{P}_2^{-1}\boldsymbol{P}_1^{-1}\boldsymbol{A}\boldsymbol{P}_1\boldsymbol{P}_2=(\boldsymbol{P}_1\boldsymbol{P}_2)^{-1}\boldsymbol{A}(\boldsymbol{P}_1\boldsymbol{P}_2)$$

即 $\boldsymbol{A}\sim\boldsymbol{C}$.

定理 5.1 设 $\boldsymbol{A}$ 与 $\boldsymbol{B}$ 都是 n 阶矩阵.

(1) 若 $\boldsymbol{A}\sim\boldsymbol{B}$，则 $\boldsymbol{A}$ 与 $\boldsymbol{B}$ 具有相同的特征多项式和特征值.

(2) 若 $\boldsymbol{A}\sim\boldsymbol{B}$，则 $|\boldsymbol{A}|=|\boldsymbol{B}|$.

(3) 若 $\boldsymbol{A}\sim\boldsymbol{B}$，而 $\boldsymbol{A}$ 可逆，则 $\boldsymbol{B}$ 也可逆，且有 $\boldsymbol{A}^{-1}\sim\boldsymbol{B}^{-1}$.

(4) 若 $\boldsymbol{A}\sim\boldsymbol{B}$，则 $\boldsymbol{A}^{\mathrm{T}}\sim\boldsymbol{B}^{\mathrm{T}}$，$\boldsymbol{A}^k\sim\boldsymbol{B}^k$（$k$ 为任意非负整数）.

(5) 若 $\boldsymbol{A}\sim\boldsymbol{B}$，则 $\mathrm{r}(\boldsymbol{A})=\mathrm{r}(\boldsymbol{B})$.

(6) 若 $\boldsymbol{A}\sim\boldsymbol{B}$，则 $\mathrm{tr}(\boldsymbol{A})=\mathrm{tr}(\boldsymbol{B})$.

证明 (1) 若 $\boldsymbol{A}\sim\boldsymbol{B}$，根据定义，存在可逆矩阵 $\boldsymbol{P}$，使得 $\boldsymbol{P}^{-1}\boldsymbol{A}\boldsymbol{P}=\boldsymbol{B}$，所以

$$\begin{aligned}|\lambda\boldsymbol{E}-\boldsymbol{B}|&=|\lambda\boldsymbol{E}-\boldsymbol{P}^{-1}\boldsymbol{A}\boldsymbol{P}|=|\boldsymbol{P}^{-1}\lambda\boldsymbol{E}\boldsymbol{P}-\boldsymbol{P}^{-1}\boldsymbol{A}\boldsymbol{P}|=|\boldsymbol{P}^{-1}(\lambda\boldsymbol{E}-\boldsymbol{A})\boldsymbol{P}|\\&=|\boldsymbol{P}^{-1}||\lambda\boldsymbol{E}-\boldsymbol{A}||\boldsymbol{P}|=|\lambda\boldsymbol{E}-\boldsymbol{A}|,\end{aligned}$$

因此，则 $\boldsymbol{A}$ 与 $\boldsymbol{B}$ 具有相同的特征多项式，特征值也相同.

(2) $|\boldsymbol{B}|=|\boldsymbol{P}^{-1}\boldsymbol{A}\boldsymbol{P}|=|\boldsymbol{P}^{-1}||\boldsymbol{A}||\boldsymbol{P}|=|\boldsymbol{A}|$.

(3) 因为 $\boldsymbol{A}\sim\boldsymbol{B}$，由(2)知，$|\boldsymbol{A}|=|\boldsymbol{B}|\neq 0$，因此 $\boldsymbol{B}$ 可逆.

由定义 5.4 知，存在可逆矩阵 $\boldsymbol{P}$，使得 $\boldsymbol{P}^{-1}\boldsymbol{A}\boldsymbol{P}=\boldsymbol{B}$，则

$$\boldsymbol{B}^{-1}=(\boldsymbol{P}^{-1}\boldsymbol{A}\boldsymbol{P})^{-1}=\boldsymbol{P}^{-1}\boldsymbol{A}^{-1}\boldsymbol{P},$$

即 $\boldsymbol{A}^{-1}\sim\boldsymbol{B}^{-1}$.

(4) 因为 $\boldsymbol{A}\sim\boldsymbol{B}$，则存在可逆矩阵 $\boldsymbol{P}$，使得 $\boldsymbol{P}^{-1}\boldsymbol{A}\boldsymbol{P}=\boldsymbol{B}$，故有

$$\boldsymbol{B}^{\mathrm{T}}=(\boldsymbol{P}^{-1}\boldsymbol{A}\boldsymbol{P})^{\mathrm{T}}=\boldsymbol{P}^{\mathrm{T}}\boldsymbol{A}^{\mathrm{T}}(\boldsymbol{P}^{-1})^{\mathrm{T}}=\boldsymbol{P}^{\mathrm{T}}\boldsymbol{A}^{\mathrm{T}}(\boldsymbol{P}^{\mathrm{T}})^{-1},$$

$$\boldsymbol{B}^k=(\boldsymbol{P}^{-1}\boldsymbol{A}\boldsymbol{P})^k=\boldsymbol{P}^{-1}\boldsymbol{A}\boldsymbol{P}\boldsymbol{P}^{-1}\boldsymbol{A}\boldsymbol{P}\cdots\boldsymbol{P}^{-1}\boldsymbol{A}\boldsymbol{P}=\boldsymbol{P}^{-1}\boldsymbol{A}^k\boldsymbol{P}.$$

从而有 $\boldsymbol{A}^{\mathrm{T}}\sim\boldsymbol{B}^{\mathrm{T}}$，$\boldsymbol{A}^k\sim\boldsymbol{B}^k$（$k$ 为任意非负整数）.

(5) 因为 $\boldsymbol{A}\sim\boldsymbol{B}$，则存在可逆矩阵 $\boldsymbol{P}$，使得 $\boldsymbol{P}^{-1}\boldsymbol{A}\boldsymbol{P}=\boldsymbol{B}$，初等变换不改变矩阵的秩，从而 $\mathrm{r}(\boldsymbol{A})=\mathrm{r}(\boldsymbol{B})$.

(6) 因为 $\boldsymbol{A}\sim\boldsymbol{B}$，则存在可逆矩阵 $\boldsymbol{P}$，使得 $\boldsymbol{P}^{-1}\boldsymbol{A}\boldsymbol{P}=\boldsymbol{B}$，则有

$$\mathrm{tr}(\boldsymbol{B})=\mathrm{tr}(\boldsymbol{P}^{-1}\boldsymbol{A}\boldsymbol{P})=\mathrm{tr}(\boldsymbol{A}\boldsymbol{P})\mathrm{tr}(\boldsymbol{P}^{-1})=\mathrm{tr}(\boldsymbol{A}\boldsymbol{P}\boldsymbol{P}^{-1})=\mathrm{tr}(\boldsymbol{A}).$$

5.2.2 矩阵的对角化

对角矩阵可以认为是矩阵中最简单的一种形式，因此，我们研究 n 阶矩阵 $\boldsymbol{A}$ 时，就希望能找到与 $\boldsymbol{A}$ 相似的对角矩阵，然后通过对角矩阵的性质来研究 $\boldsymbol{A}$. 一般地，若 $\boldsymbol{A}$ 相似于对角矩阵，则称 $\boldsymbol{A}$ 可以对角化，那么我们先来考虑矩阵在什么条件下可以对角化.

定理 5.2 n 阶矩阵 $\boldsymbol{A}$ 与 n 阶对角矩阵

$$\boldsymbol{D}=\begin{pmatrix}\lambda_1 & & & \\ & \lambda_2 & & \\ & & \ddots & \\ & & & \lambda_n\end{pmatrix}$$

相似的充分必要条件是 $\boldsymbol{A}$ 有 n 个线性无关的特征向量.

证明 必要性,如果 $\boldsymbol{A}$ 与对角矩阵 $\boldsymbol{D}$ 相似,则存在可逆矩阵 $\boldsymbol{P}$,使得

$$\boldsymbol{P}^{-1}\boldsymbol{A}\boldsymbol{P}=\boldsymbol{D}.$$

设 $\boldsymbol{P}=(\boldsymbol{\alpha}_1,\boldsymbol{\alpha}_2,\cdots,\boldsymbol{\alpha}_n)$,则由上式得 $\boldsymbol{AP}=\boldsymbol{PD}$,即

$$\boldsymbol{A}(\boldsymbol{\alpha}_1,\boldsymbol{\alpha}_2,\cdots,\boldsymbol{\alpha}_n)=(\boldsymbol{\alpha}_1,\boldsymbol{\alpha}_2,\cdots,\boldsymbol{\alpha}_n)\begin{pmatrix}\lambda_1 & & & \\ & \lambda_2 & & \\ & & \ddots & \\ & & & \lambda_n\end{pmatrix},$$

从而得 $(\boldsymbol{A}\boldsymbol{\alpha}_1,\boldsymbol{A}\boldsymbol{\alpha}_2,\cdots,\boldsymbol{A}\boldsymbol{\alpha}_n)=(\lambda_1\boldsymbol{\alpha}_1,\lambda_2\boldsymbol{\alpha}_2,\cdots,\lambda_n\boldsymbol{\alpha}_n)$,即

$$\boldsymbol{A}\boldsymbol{\alpha}_i=\lambda_i\boldsymbol{\alpha}_i,\quad i=1,2,\cdots,n,$$

由于 $\boldsymbol{P}$ 可逆,则 $|\boldsymbol{P}|\neq 0$,从而 $\boldsymbol{\alpha}_i(i=1,2,\cdots,n)$ 都是非零的线性无关的向量,根据特征值和特征向量的定义 5.1,知 $\boldsymbol{\alpha}_i(i=1,2,\cdots,n)$ 是矩阵 $\boldsymbol{A}$ 的属于特征值 $\lambda_i(i=1,2,\cdots,n)$ 的特征向量.

充分性,设 $\boldsymbol{\alpha}_1,\boldsymbol{\alpha}_2,\cdots,\boldsymbol{\alpha}_n$ 是矩阵 $\boldsymbol{A}$ 的属于特征值 $\lambda_1,\lambda_2,\cdots,\lambda_n$ 的线性无关的特征向量,则

$$\boldsymbol{A}\boldsymbol{\alpha}_i=\lambda_i\boldsymbol{\alpha}_i,\quad i=1,2,\cdots,n.$$

令 $\boldsymbol{P}=(\boldsymbol{\alpha}_1,\boldsymbol{\alpha}_2,\cdots,\boldsymbol{\alpha}_n)$,则有 $|\boldsymbol{P}|\neq 0$,$\boldsymbol{P}$ 可逆.

$$\begin{aligned}\boldsymbol{AP}&=\boldsymbol{A}(\boldsymbol{\alpha}_1,\boldsymbol{\alpha}_2,\cdots,\boldsymbol{\alpha}_n)=(\boldsymbol{A}\boldsymbol{\alpha}_1,\boldsymbol{A}\boldsymbol{\alpha}_2,\cdots,\boldsymbol{A}\boldsymbol{\alpha}_n)\\&=(\lambda_1\boldsymbol{\alpha}_1,\lambda_2\boldsymbol{\alpha}_2,\cdots,\lambda_n\boldsymbol{\alpha}_n)=(\boldsymbol{\alpha}_1,\boldsymbol{\alpha}_2,\cdots,\boldsymbol{\alpha}_n)\begin{pmatrix}\lambda_1 & & & \\ & \lambda_2 & & \\ & & \ddots & \\ & & & \lambda_n\end{pmatrix},\end{aligned}$$

上式两端分别左乘 $\boldsymbol{P}^{-1}$,得 $\boldsymbol{P}^{-1}\boldsymbol{AP}=\boldsymbol{D}$,即 $\boldsymbol{A}\sim\boldsymbol{D}$.

推论 若 n 阶矩阵 $\boldsymbol{A}$ 有 n 个不同的特征值,则 $\boldsymbol{A}$ 相似于对角矩阵.

显然,推论是 $\boldsymbol{A}$ 可对角化的充分条件而不是必要条件,如例 5.2 中,三阶矩阵 $\boldsymbol{A}$ 有两个不同的特征值 $\lambda_1=\lambda_2=-2,\lambda_3=4$,但有三个线性无关的特征向量

$$\boldsymbol{\alpha}_1=\begin{pmatrix}1\\1\\0\end{pmatrix},\quad \boldsymbol{\alpha}_2=\begin{pmatrix}-1\\0\\1\end{pmatrix},\quad \boldsymbol{\alpha}_3=\begin{pmatrix}1\\1\\2\end{pmatrix}.$$

令 $\boldsymbol{P}=(\boldsymbol{\alpha}_1,\boldsymbol{\alpha}_2,\boldsymbol{\alpha}_3)$,则有 $\boldsymbol{P}^{-1}\boldsymbol{AP}=\begin{pmatrix}-2 & & \\ & -2 & \\ & & 4\end{pmatrix}$,即 $\boldsymbol{A}$ 相似于对角矩阵.

定理 5.3 n 阶矩阵 $\boldsymbol{A}$ 与对角矩阵相似的充分必要条件是对于每一个 n_i($n_1+n_2+\cdots+n_s=n,1\leqslant i\leqslant s$)重特征根 λ_i，矩阵 $\lambda_i\boldsymbol{E}-\boldsymbol{A}$ 的秩是 $n-n_i$，换言之，每个特征值 λ_i 对应的线性无关的特征向量的个数等于它的重数 n_i.

证明 充分性，对于 n 阶矩阵 $\boldsymbol{A}$ 的每一个特征值 λ_i，其对应的线性无关的特征向量为 n_i 个，且 $n_1+n_2+\cdots+n_s=n$，从而矩阵 $\boldsymbol{A}$ 有 n 个线性无关的特征向量，因此与对角矩阵相似.

必要性，n 阶矩阵 $\boldsymbol{A}$ 与对角矩阵相似，则 $\boldsymbol{A}$ 有 n 个线性无关的特征向量，不妨设属于特征值 λ_i 的线性无关的特征向量有 n_i 个，则 λ_i 是 n_i 重特征根，其对应的齐次线性方程组 $(\lambda_i\boldsymbol{E}-\boldsymbol{A})\boldsymbol{x}=\boldsymbol{0}$ 的基础解系含有 n_i 个解向量，从而 $\mathrm{r}(\lambda_i\boldsymbol{E}-\boldsymbol{A})=n-n_i$，命题得证.

如例 5.2 中，三阶矩阵 $\boldsymbol{A}$ 有两个不同的特征值 $\lambda_1=\lambda_2=-2,\lambda_3=4$，特征根 -2 是 2 重根，且 -2 对应特征向量的个数为 2，特征根 4 是单根，对应特征向量的个数为 1，因此 $\boldsymbol{A}$ 可以对角化.

例 5.9 判断矩阵 $\boldsymbol{A}=\begin{pmatrix}4&1&1\\1&4&1\\1&1&4\end{pmatrix}$ 能否对角化，若可以对角化，求可逆矩阵 $\boldsymbol{P}$，使得 $\boldsymbol{P}^{-1}\boldsymbol{A}\boldsymbol{P}=\boldsymbol{D}$，$\boldsymbol{D}$ 为对角矩阵.

解 求矩阵 $\boldsymbol{A}$ 的特征值，令

$$|\lambda\boldsymbol{E}-\boldsymbol{A}|=\begin{vmatrix}\lambda-4&-1&-1\\-1&\lambda-4&-1\\-1&-1&\lambda-4\end{vmatrix}=\begin{vmatrix}\lambda-4&-1&-1\\-1&\lambda-4&-1\\0&3-\lambda&\lambda-3\end{vmatrix}=(\lambda-3)^2(\lambda-6)=0,$$

得特征值 $\lambda_1=\lambda_2=3,\lambda_3=6$.

当 $\lambda_1=\lambda_2=3$ 时，代入线性齐次方程组 $(\lambda\boldsymbol{E}-\boldsymbol{A})\boldsymbol{x}=\boldsymbol{0}$，得属于特征值 $\lambda_1=\lambda_2=3$ 的线性无关的特征向量为 $\boldsymbol{\alpha}_1=(-1,0,1)^{\mathrm{T}},\boldsymbol{\alpha}_2=(-1,1,0)^{\mathrm{T}}$.

同理，当 $\lambda_3=6$ 时，代入线性齐次方程组 $(\lambda\boldsymbol{E}-\boldsymbol{A})\boldsymbol{x}=\boldsymbol{0}$，得属于特征值 $\lambda_3=6$ 的线性无关的特征向量为 $\boldsymbol{\alpha}_3=(1,1,1)^{\mathrm{T}}$.

令 $\boldsymbol{P}=(\boldsymbol{\alpha}_1,\boldsymbol{\alpha}_2,\boldsymbol{\alpha}_3)=\begin{pmatrix}-1&-1&1\\0&1&1\\1&0&1\end{pmatrix}$，则 $\boldsymbol{P}$ 可逆，且 $\boldsymbol{P}^{-1}\boldsymbol{A}\boldsymbol{P}=\begin{pmatrix}3&&\\&3&\\&&6\end{pmatrix}=\boldsymbol{D}$.

在求矩阵高次幂的时候，直接求计算量很大，不易求出，一般通过相似对角化化为对角矩阵，再进行计算.

例 5.10 假设某网络公司高层工作人员是固定的，有 1000 人，公司总部在 A 城，某年决定在 B 城建立分部，经研究决定，60%的高层人员留在总部，40%的高层人员到 B 城开拓新公司，为了更好地学习发展，总部每年为分部提供 6%的人员支持，分部每年有 3%的人员去往总部任职，问 5 年后总部和分部的人员分配比例是多少？

解 令 x_5 表示 5 年后，总部和分部的人员数量，则由题意知 $\boldsymbol{x}_0=\begin{pmatrix}600\\400\end{pmatrix}$，$\boldsymbol{x}_1=\boldsymbol{A}\begin{pmatrix}600\\400\end{pmatrix}$，其中 $\boldsymbol{A}=\begin{pmatrix}0.94&0.03\\0.06&0.97\end{pmatrix}$，且

$$x_1=A\begin{pmatrix}600\\400\end{pmatrix}=\begin{pmatrix}0.94&0.03\\0.06&0.97\end{pmatrix}\begin{pmatrix}600\\400\end{pmatrix}=\begin{pmatrix}576\\424\end{pmatrix},$$

即表示一年后公司总部高层人数是 576 人，分部高层人数是 424 人，且有

$$x_1=Ax_0,\quad x_2=Ax_1=A^2x_0,\cdots,x_5=A^5x_0,\cdots,x_n=A^nx_0.$$

则 5 年后总部和分部的人数为 $x_5=A^5\begin{pmatrix}600\\400\end{pmatrix}$. 我们需要求 A^n，先将 A 对角化，令

$$|\lambda E-A|=\begin{vmatrix}\lambda-0.94&-0.03\\-0.06&\lambda-0.97\end{vmatrix}=(\lambda-1)(\lambda-0.91)=0,$$

得特征值 $\lambda_1=1,\lambda_2=0.91$.

当 $\lambda_1=1$ 时，代入线性齐次方程组 $(\lambda E-A)x=\mathbf{0}$，得属于特征值 $\lambda_1=1$ 的特征向量为 $\alpha_1=(1,2)^{\mathrm{T}}$.

当 $\lambda_2=0.91$ 时，代入线性齐次方程组 $(\lambda E-A)x=\mathbf{0}$，得属于特征值 $\lambda_2=0.91$ 的特征向量为 $\alpha_2=(1,-1)^{\mathrm{T}}$.

令 $P=(\alpha_1,\alpha_2)=\begin{pmatrix}1&1\\2&-1\end{pmatrix}$，则 P 可逆，且 $P^{-1}AP=\begin{pmatrix}1&0\\0&0.91\end{pmatrix}$，故 $A=P\begin{pmatrix}1&0\\0&0.91\end{pmatrix}P^{-1}$，其中 $P^{-1}=\frac{1}{3}\begin{pmatrix}1&1\\2&-1\end{pmatrix}$，于是 $A^n=P\begin{pmatrix}1&0\\0&(0.91)^n\end{pmatrix}P^{-1}$. 由此可得

$$\begin{aligned}x_5=A^5\begin{pmatrix}600\\400\end{pmatrix}&=P\begin{pmatrix}1&0\\0&(0.91)^5\end{pmatrix}P^{-1}\begin{pmatrix}600\\400\end{pmatrix}\\&=\frac{1}{3}\begin{pmatrix}1&1\\2&-1\end{pmatrix}\begin{pmatrix}1&0\\0&(0.91)^5\end{pmatrix}\begin{pmatrix}1&1\\2&-1\end{pmatrix}\begin{pmatrix}600\\400\end{pmatrix}\\&=\frac{1}{3}\begin{pmatrix}1&1\\2&-1\end{pmatrix}\begin{pmatrix}1&0\\0&0.6240321451\end{pmatrix}\begin{pmatrix}1&1\\2&-1\end{pmatrix}\begin{pmatrix}600\\400\end{pmatrix}\approx\begin{pmatrix}499\\500\end{pmatrix}.\end{aligned}$$

所以 5 年后总部和分部的人员分配比例大约是 499∶500.

例 5.11 某地产公司参与对某一地块竞价活动，当员工做出标的之后，为防止商业机密泄露，决定以两个相似矩阵的形式上报给上级部门，约定矩阵的行列式的展开值即为最终标的，若某次上报的矩阵(单位：亿)如下：

$$A=\begin{pmatrix}0&2&-3\\-1&3&-3\\1&-2&x\end{pmatrix},\quad B=\begin{pmatrix}1&-2&0\\0&y&0\\0&3&1\end{pmatrix}.$$

试求这次地产公司的最终标的是多少？

解 矩阵 $A\sim B$，根据相似矩阵的性质，相似矩阵有相同的特征值和迹，即 $|A|=|B|$，$\operatorname{tr}(A)=\operatorname{tr}(B)$，从而有

$$\begin{cases}\begin{vmatrix}0&2&-3\\-1&3&-3\\1&-2&x\end{vmatrix}=\begin{vmatrix}1&-2&0\\0&y&0\\0&3&1\end{vmatrix},\\3+x=2+y,\end{cases}$$

解得 $x=4,y=5$，于是

$$|\boldsymbol{B}|=\begin{vmatrix}1 & -2 & 0\\0 & 5 & 0\\0 & 3 & 1\end{vmatrix}=5,$$

所以,这次地产公司的最终标的是5亿.

利用矩阵相似的性质在信息传输方面有着很大的作用.

习题 5.2

1. 设矩阵 $\boldsymbol{A}=\begin{pmatrix}4 & 0 & 0\\0 & 4 & 1\\0 & 0 & 1\end{pmatrix}$,$\boldsymbol{B}=\begin{pmatrix}4 & 1 & 0\\0 & 4 & 0\\0 & 0 & 1\end{pmatrix}$,$\boldsymbol{C}=\begin{pmatrix}1 & 0 & 0\\0 & 4 & 0\\0 & 0 & 4\end{pmatrix}$,则下列结论正确的是(　　).

A. $\boldsymbol{A}$ 与 $\boldsymbol{C}$ 相似,$\boldsymbol{B}$ 与 $\boldsymbol{C}$ 相似　　B. $\boldsymbol{A}$ 与 $\boldsymbol{C}$ 相似,$\boldsymbol{B}$ 与 $\boldsymbol{C}$ 不相似

C. $\boldsymbol{A}$ 与 $\boldsymbol{C}$ 不相似,$\boldsymbol{B}$ 与 $\boldsymbol{C}$ 相似　　D. $\boldsymbol{A}$ 与 $\boldsymbol{C}$ 不相似,$\boldsymbol{B}$ 与 $\boldsymbol{C}$ 不相似

2. 将习题5.1第1题的矩阵对角化.

(1) $\boldsymbol{A}=\begin{pmatrix}1 & 0 & 0\\0 & 1 & 2\\0 & 2 & 1\end{pmatrix}$;　　(2) $\boldsymbol{A}=\begin{bmatrix}1 & 0 & 0 & -1\\0 & 1 & 0 & 0\\0 & 0 & 1 & 1\\-1 & 0 & 1 & 1\end{bmatrix}$.

3. 判断矩阵 $\boldsymbol{A}=\begin{pmatrix}2 & -1 & 2\\5 & -3 & 3\\-1 & 0 & -2\end{pmatrix}$ 能否对角化,若不能,说明原因,若能,写出对角矩阵.

4. 已知 $\boldsymbol{A}=\begin{pmatrix}1 & 0 & 0\\0 & 3 & 8\\0 & x & 3\end{pmatrix}$,$\boldsymbol{B}=\begin{pmatrix}1 & 0 & 0\\0 & y & 0\\0 & 0 & -1\end{pmatrix}$,且 $\boldsymbol{A}\sim\boldsymbol{B}$,求 x 和 y 的值.

5. 证明矩阵 $\boldsymbol{A}=\begin{pmatrix}1 & 1 & 1\\1 & 1 & 1\\1 & 1 & 1\end{pmatrix}$ 与矩阵 $\boldsymbol{B}=\begin{pmatrix}0 & 0 & 1\\0 & 0 & 2\\0 & 0 & 3\end{pmatrix}$ 相似.

5.3 实对称矩阵的对角化

由5.2节的讨论可以知道,并不是所有的矩阵都可以对角化,必须满足一定条件才可以对角化.但是,对于实对称矩阵一定可以对角化.

5.3.1 实对称矩阵特征值与特征向量的性质

定理 5.4　设 $\boldsymbol{A}$ 是 n 阶实对称矩阵,则 $\boldsymbol{A}$ 的特征值都是实数.

定理 5.5　实对称矩阵 $\boldsymbol{A}$ 的属于不同特征值的特征向量正交.

证明 设λ_1,λ_2是实对称矩阵$\boldsymbol{A}$的不同的特征值,对应的特征向量为$\boldsymbol{\alpha}_1,\boldsymbol{\alpha}_2$,则

$$\begin{aligned}\lambda_1\langle\boldsymbol{\alpha}_1,\boldsymbol{\alpha}_2\rangle&=\langle\lambda_1\boldsymbol{\alpha}_1,\boldsymbol{\alpha}_2\rangle=\langle\boldsymbol{A}\boldsymbol{\alpha}_1,\boldsymbol{\alpha}_2\rangle=(\boldsymbol{A}\boldsymbol{\alpha}_1)^{\mathrm{T}}\boldsymbol{\alpha}_2=\boldsymbol{\alpha}_1^{\mathrm{T}}\boldsymbol{A}^{\mathrm{T}}\boldsymbol{\alpha}_2=\boldsymbol{\alpha}_1^{\mathrm{T}}\boldsymbol{A}\boldsymbol{\alpha}_2\\&=\boldsymbol{\alpha}_1^{\mathrm{T}}\lambda_2\boldsymbol{\alpha}_2=\lambda_2\boldsymbol{\alpha}_1^{\mathrm{T}}\boldsymbol{\alpha}_2=\lambda_2\langle\boldsymbol{\alpha}_1,\boldsymbol{\alpha}_2\rangle,\end{aligned}$$

从而$(\lambda_1-\lambda_2)\langle\boldsymbol{\alpha}_1,\boldsymbol{\alpha}_2\rangle=0$,由于$\lambda_1\neq\lambda_2$,因此$\langle\boldsymbol{\alpha}_1,\boldsymbol{\alpha}_2\rangle=0$,即$\boldsymbol{\alpha}_1,\boldsymbol{\alpha}_2$正交.命题得证.

例 5.12 在例5.9中,实对称矩阵$\boldsymbol{A}=\begin{pmatrix}4&1&1\\1&4&1\\1&1&4\end{pmatrix}$,求得其特征值$\lambda_1=\lambda_2=3,\lambda_3=6$,向量$\boldsymbol{\alpha}_1=(-1,0,1)^{\mathrm{T}},\boldsymbol{\alpha}_2=(-1,1,0)^{\mathrm{T}}$是属于特征值3的特征向量,$\boldsymbol{\alpha}_3=(1,1,1)^{\mathrm{T}}$是属于特征值6的特征向量,显然有

$$\langle\boldsymbol{\alpha}_1,\boldsymbol{\alpha}_3\rangle=(-1)\times1+0\times1+1\times1=0,$$
$$\langle\boldsymbol{\alpha}_2,\boldsymbol{\alpha}_3\rangle=(-1)\times1+1\times1+0\times1=0,$$

即$\boldsymbol{\alpha}_1,\boldsymbol{\alpha}_3$正交,$\boldsymbol{\alpha}_2,\boldsymbol{\alpha}_3$正交,但$\boldsymbol{\alpha}_1,\boldsymbol{\alpha}_2$不正交.

5.3.2 实对称矩阵对角化

定理 5.6 设$\boldsymbol{A}$为n阶实对称矩阵,则必存在正交矩阵$\boldsymbol{T}$,使得$\boldsymbol{T}^{-1}\boldsymbol{A}\boldsymbol{T}=\boldsymbol{\Lambda}$,其中$\boldsymbol{\Lambda}$是以$\boldsymbol{A}$的特征值为主对角线上元素的对角矩阵.

证明 用数学归纳法证明,当$n=1$时,显然成立.

假设$\boldsymbol{A}$为$n-1$阶实对称矩阵时,命题成立,当$\boldsymbol{A}$为n阶时,设矩阵$\boldsymbol{A}$的互不相等的特征值为$\lambda_1,\lambda_2,\cdots,\lambda_s$,$\lambda_i(1\leqslant i\leqslant s)$是矩阵$\boldsymbol{A}$的$n_i$重特征值,且有$n_1+n_2+\cdots+n_s=n$,由定理5.3知,每一个$n_i$重特征值$\lambda_i(1\leqslant i\leqslant s)$有$n_i$个线性无关的实特征向量,由性质5.2得,$\boldsymbol{A}$有$n_1+n_2+\cdots+n_s=n$个线性无关的实特征向量,不妨设属于$\lambda_1,\lambda_2,\cdots,\lambda_s$的特征向量为$\boldsymbol{\alpha}_{11},\cdots,\boldsymbol{\alpha}_{1n_1},\boldsymbol{\alpha}_{21},\cdots,\boldsymbol{\alpha}_{2n_2},\cdots,\boldsymbol{\alpha}_{s1},\cdots,\boldsymbol{\alpha}_{sn_s}$,分别对向量组$\boldsymbol{\alpha}_{i1},\cdots,\boldsymbol{\alpha}_{in_i}$实施施密特正交化、单位化,得标准正交向量组$\boldsymbol{\eta}_{11},\cdots,\boldsymbol{\eta}_{1n_1},\boldsymbol{\eta}_{21},\cdots,\boldsymbol{\eta}_{2n_2},\cdots,\boldsymbol{\eta}_{s1},\cdots,\boldsymbol{\eta}_{sn_s}$,令

$$\boldsymbol{T}=(\boldsymbol{\eta}_{11},\cdots,\boldsymbol{\eta}_{1n_1},\boldsymbol{\eta}_{21},\cdots,\boldsymbol{\eta}_{2n_2},\cdots,\boldsymbol{\eta}_{s1},\cdots,\boldsymbol{\eta}_{sn_s}),$$

则$\boldsymbol{T}$为正交矩阵,且满足

$$\boldsymbol{T}^{-1}\boldsymbol{A}\boldsymbol{T}=\boldsymbol{T}^{\mathrm{T}}\boldsymbol{A}\boldsymbol{T}=\begin{pmatrix}\lambda_1&&&&&&&&\\&\ddots&&&&&&&\\&&\lambda_{n_1}&&&&&&\\&&&\lambda_2&&&&&\\&&&&\ddots&&&&\\&&&&&\lambda_{n_2}&&&\\&&&&&&\ddots&&\\&&&&&&&\lambda_s&\\&&&&&&&&\ddots&\\&&&&&&&&&\lambda_{n_s}\end{pmatrix}=\boldsymbol{\Lambda},$$

命题得证.

注意 矩阵$\boldsymbol{\Lambda}$对角线上特征值$\lambda_i(1\leqslant i\leqslant s)$的顺序必须和$\lambda_i$对应的特征向量$\boldsymbol{\eta}_{i1},\cdots,\boldsymbol{\eta}_{in_i}$的顺序保持一致.

实对称矩阵A对角化的步骤：

(1) 写出$\boldsymbol{A}$的特征多项式,并求出$\boldsymbol{A}$的全部不同的特征值$\lambda_1,\lambda_2,\cdots,\lambda_s$(可以相等).

(2) 对每一个n_i重特征值λ_i,求解齐次线性方程组$(\lambda_i\boldsymbol{E}-\boldsymbol{A})\boldsymbol{x}=\boldsymbol{0}$,求出其基础解系,得到属于特征值$\lambda_i$的$n_i$个线性无关的特征向量$\boldsymbol{\alpha}_{i1},\cdots,\boldsymbol{\alpha}_{in_i}$.

(3) 分别对向量组$\boldsymbol{\alpha}_{i1},\cdots,\boldsymbol{\alpha}_{in_i}$利用施密特正交化、单位化,将$\boldsymbol{\alpha}_{11},\cdots,\boldsymbol{\alpha}_{1n_1},\boldsymbol{\alpha}_{21},\cdots,\boldsymbol{\alpha}_{2n_2},\cdots,\boldsymbol{\alpha}_{s1},\cdots,\boldsymbol{\alpha}_{sn_s}$化为标准正交向量组$\boldsymbol{\eta}_{11},\cdots,\boldsymbol{\eta}_{1n_1},\boldsymbol{\eta}_{21},\cdots,\boldsymbol{\eta}_{2n_2},\cdots,\boldsymbol{\eta}_{s1},\cdots,\boldsymbol{\eta}_{sn_s}$.

(4) 令$\boldsymbol{T}=(\boldsymbol{\eta}_{11},\cdots,\boldsymbol{\eta}_{1n_1},\boldsymbol{\eta}_{21},\cdots,\boldsymbol{\eta}_{2n_2},\cdots,\boldsymbol{\eta}_{s1},\cdots,\boldsymbol{\eta}_{sn_s})$,则$\boldsymbol{T}$为正交矩阵,且满足$\boldsymbol{T}^{-1}\boldsymbol{A}\boldsymbol{T}$为对角矩阵,其对角线上元素为$\boldsymbol{A}$的全部实特征值,它们在对角线上的排列顺序,与其特征向量在$\boldsymbol{T}$中的排列顺序一致.

例 5.13 设有矩阵$\boldsymbol{A}=\begin{pmatrix}3&2&4\\2&0&2\\4&2&3\end{pmatrix}$,求正交矩阵$\boldsymbol{T}$,使得$\boldsymbol{T}^{-1}\boldsymbol{A}\boldsymbol{T}$为对角矩阵.

解 令特征多项式

$$|\lambda\boldsymbol{E}-\boldsymbol{A}|=\begin{vmatrix}\lambda-3&-2&-4\\-2&\lambda&-2\\-4&-2&\lambda-3\end{vmatrix}=\begin{vmatrix}\lambda-3&-2&-4\\-2&\lambda&-2\\0&-2\lambda-2&\lambda+1\end{vmatrix}$$

$$=(\lambda+1)\begin{vmatrix}\lambda-3&-2&-4\\-2&\lambda&-2\\0&-2&1\end{vmatrix}$$

$$=(\lambda+1)^2(\lambda-8)=0,$$

得特征值$\lambda_1=\lambda_2=-1,\lambda_3=8$.

当$\lambda_1=\lambda_2=-1$时,代入齐次线性方程组$(\lambda\boldsymbol{E}-\boldsymbol{A})\boldsymbol{x}=\boldsymbol{0}$,解得基础解系为

$$\boldsymbol{\alpha}_1=\begin{pmatrix}1\\0\\-1\end{pmatrix},\quad \boldsymbol{\alpha}_2=\begin{pmatrix}1\\-2\\0\end{pmatrix}.$$

当$\lambda_3=8$时,代入齐次线性方程组$(\lambda\boldsymbol{E}-\boldsymbol{A})\boldsymbol{x}=\boldsymbol{0}$,解得基础解系为

$$\boldsymbol{\alpha}_3=\begin{pmatrix}2\\1\\2\end{pmatrix}.$$

则$\boldsymbol{\alpha}_3$与$\boldsymbol{\alpha}_1,\boldsymbol{\alpha}_2$分别正交,我们只需把$\boldsymbol{\alpha}_1,\boldsymbol{\alpha}_2$施密特正交化,令

$$\boldsymbol{\beta}_1=\boldsymbol{\alpha}_1=\begin{pmatrix}1\\0\\-1\end{pmatrix},$$

$$\boldsymbol{\beta}_2=\boldsymbol{\alpha}_2-\frac{\langle\boldsymbol{\alpha}_2,\boldsymbol{\beta}_1\rangle}{\langle\boldsymbol{\beta}_1,\boldsymbol{\beta}_1\rangle}\boldsymbol{\beta}_1=\begin{pmatrix}1\\-2\\0\end{pmatrix}-\frac{1}{2}\begin{pmatrix}1\\0\\-1\end{pmatrix}=\frac{1}{2}\begin{pmatrix}1\\-4\\1\end{pmatrix},$$

单位化,令

$$\boldsymbol{\eta}_1=\frac{\boldsymbol{\beta}_1}{\|\boldsymbol{\beta}_1\|}=\frac{1}{\sqrt{2}}\begin{pmatrix}1\\0\\-1\end{pmatrix},\quad \boldsymbol{\eta}_2=\frac{\boldsymbol{\beta}_2}{\|\boldsymbol{\beta}_2\|}=\frac{\sqrt{2}}{3}\begin{pmatrix}1\\-4\\1\end{pmatrix},\quad \boldsymbol{\eta}_3=\frac{\boldsymbol{\alpha}_3}{\|\boldsymbol{\alpha}_3\|}=\frac{1}{3}\begin{pmatrix}2\\1\\2\end{pmatrix}.$$

令 $\boldsymbol{T}=(\boldsymbol{\eta}_1,\boldsymbol{\eta}_2,\boldsymbol{\eta}_3)=\begin{pmatrix}\frac{1}{\sqrt{2}} & \frac{\sqrt{2}}{3} & \frac{2}{3}\\ 0 & -\frac{4\sqrt{2}}{3} & \frac{1}{3}\\ -\frac{1}{\sqrt{2}} & \frac{\sqrt{2}}{3} & \frac{2}{3}\end{pmatrix}$,则有 $\boldsymbol{T}^{-1}\boldsymbol{AT}=\begin{pmatrix}-1&0&0\\0&-1&0\\0&0&8\end{pmatrix}$.

习题 5.3

1. 求正交矩阵 $\boldsymbol{T}$,使得 $\boldsymbol{T}^{-1}\boldsymbol{AT}$ 为对角矩阵.

(1) $\boldsymbol{A}=\begin{pmatrix}1&0&2\\0&4&0\\2&0&1\end{pmatrix}$;　　(2) $\boldsymbol{A}=\begin{pmatrix}0&-1&1\\-1&0&1\\1&1&0\end{pmatrix}$.

2. 设 $\boldsymbol{A}$ 是 n 阶实对称矩阵,且 $\boldsymbol{A}^2=\boldsymbol{A}$,证明:存在正交矩阵 $\boldsymbol{T}$,使得

$$\boldsymbol{T}^{-1}\boldsymbol{AT}=\begin{pmatrix}1&&&&&\\&\ddots&&&&\\&&1&&&\\&&&0&&\\&&&&\ddots&\\&&&&&0\end{pmatrix}$$

其中 1 的个数为矩阵 $\boldsymbol{A}$ 的秩.

3. 已知 $\lambda_1=6,\lambda_2=\lambda_3=3$ 是实对称矩阵 $\boldsymbol{A}$ 的特征值,且对应于 $\lambda_2=\lambda_3=3$ 的特征向量为 $\boldsymbol{\alpha}_2=(-1,0,1)^{\mathrm{T}},\boldsymbol{\alpha}_3=(1,-2,1)^{\mathrm{T}}$,求 $\boldsymbol{A}$ 对应于 $\lambda_1=6$ 的特征向量及矩阵 $\boldsymbol{A}$.

4. 证明:设 $\boldsymbol{A},\boldsymbol{B}$ 是两个 n 阶实对称矩阵,证明:存在正交矩阵 $\boldsymbol{T}$,使 $\boldsymbol{T}^{-1}\boldsymbol{AT}=\boldsymbol{B}$ 的充分必要条件是 $\boldsymbol{A},\boldsymbol{B}$ 具有相同的特征值.

第 5 章总复习题

一、选择题

1. 设三阶矩阵 $\boldsymbol{A}$ 的特征值为 0,1,3,则下列结论不正确的是(　　).

A. $\boldsymbol{A}$ 的属于特征值 1,3 的特征向量线性无关

B. 线性方程组 $\boldsymbol{Ax}=\boldsymbol{0}$ 有非零解

C. $\boldsymbol{A}$ 的主对角元素之和等于 0　　　　D. $\boldsymbol{A}$ 能相似对角化

2. 设 $\lambda=2$ 是可逆矩阵 $\boldsymbol{A}$ 的一个特征值，则矩阵 $\left(\frac{2}{7}\boldsymbol{A}^2\right)^{-1}$ 有一个特征值等于(　　).

A. $\frac{8}{7}$　　B. $\frac{7}{8}$　　C. $\frac{6}{7}$　　D. $\frac{7}{6}$

3. 已知 $\boldsymbol{A}$ 为三阶矩阵，下列是 $\boldsymbol{A}$ 可对角化的充分而非必要条件是(　　).

A. $\boldsymbol{A}$ 有 3 个不同的特征值　　B. $\boldsymbol{A}$ 有 3 个无关的特征向量

C. $\boldsymbol{A}$ 有 3 个两两无关的特征向量　　D. $\boldsymbol{A}$ 可逆

4. 设有二阶矩阵 $\boldsymbol{A},\boldsymbol{B}$，且 $\boldsymbol{AB}=\boldsymbol{BA}$，则"$\boldsymbol{A}$ 有两个不相等的特征值"是"$\boldsymbol{B}$ 可对角化"的(　　)

A. 充分必要条件　　B. 充分不必要条件

C. 必要不充分条件　　D. 既不充分也不必要条件

5. 下列矩阵不能相似于对角矩阵的是(　　).

A. $\begin{pmatrix}1&1&a\\0&2&2\\0&0&3\end{pmatrix}$　　B. $\begin{pmatrix}1&1&a\\1&2&0\\a&0&3\end{pmatrix}$　　C. $\begin{pmatrix}1&1&a\\0&2&0\\0&0&2\end{pmatrix}$　　D. $\begin{pmatrix}1&1&a\\0&2&2\\0&0&2\end{pmatrix}$

二、填空题

1. 已知矩阵 $\boldsymbol{A}=\begin{pmatrix}0&-2&a\\1&3&4\\0&0&1\end{pmatrix}$ 有 3 个线性无关的特征向量，则 $a=$________.

2. 设矩阵 $\boldsymbol{A}=\begin{pmatrix}4&1&-2\\1&2&a\\3&1&-1\end{pmatrix}$ 的一个特征向量为 $\boldsymbol{\alpha}=\begin{pmatrix}1\\1\\2\end{pmatrix}$，则 $a=$________.

3. 若 $\boldsymbol{\alpha}$ 为 $\boldsymbol{A}$ 的特征向量，则 $\boldsymbol{P}^{-1}\boldsymbol{AP}$ 的特征向量为________.

4. 设 $\boldsymbol{A}$ 为 n 阶实矩阵，满足 $\boldsymbol{AA}^{\mathrm{T}}=\boldsymbol{E}$，$|\boldsymbol{A}|<0$，$\boldsymbol{A}$ 的伴随矩阵 $\boldsymbol{A}^*$ 的一个特征值________.

5. 已知三阶矩阵 $\boldsymbol{A}$ 的特征值为 $1,-1,2$，矩阵 $\boldsymbol{B}=\boldsymbol{A}^3-5\boldsymbol{A}^2$，则 $\boldsymbol{B}$ 相似于对角矩阵________.

三、计算题

1. 已知 $\boldsymbol{A}$ 为三阶实对称矩阵，$\mathrm{r}(\boldsymbol{A})=2$，且 $\boldsymbol{A}\begin{pmatrix}1&1\\0&0\\-1&1\end{pmatrix}=\begin{pmatrix}-1&1\\0&0\\1&1\end{pmatrix}$. 求：

(1) $\boldsymbol{A}$ 的特征值与特征向量；(2) $\boldsymbol{A}$.

2. 设矩阵 $\boldsymbol{A}=\begin{pmatrix}0&2&-3\\-1&3&-3\\1&-2&a\end{pmatrix}$ 与矩阵 $\boldsymbol{B}=\begin{pmatrix}1&-2&0\\0&b&0\\0&3&1\end{pmatrix}$ 相似，求：

(1) a,b 的值；(2) 求可逆矩阵 $\boldsymbol{P}$，使得 $\boldsymbol{P}^{-1}\boldsymbol{AP}$ 为对角矩阵.

3. 设 $\boldsymbol{A},\boldsymbol{B}$ 为 4 阶方阵，满足 $\boldsymbol{A}^2+2\boldsymbol{B}=\boldsymbol{0}$，$\mathrm{r}(\boldsymbol{B})=2$，且 $|\boldsymbol{E}+\boldsymbol{A}|=|\boldsymbol{E}+2\boldsymbol{A}|=0$，求：

(1) $\boldsymbol{A}$ 的特征值；(2) 证明 $\boldsymbol{A}$ 可相似对角化；(3) 计算行列式 $|3\boldsymbol{E}+\boldsymbol{A}|$.

4. $\boldsymbol{A}=\begin{pmatrix}1 & a & \cdots & a\\ a & 1 & \cdots & a\\ \vdots & \vdots & \ddots & \vdots\\ a & a & \cdots & 1\end{pmatrix}$，$\boldsymbol{A}$ 为 n 阶矩阵，求 $\boldsymbol{A}$ 的特征值.

第 5 章综合提升题

一、选择题

1. 设三阶矩阵 $\boldsymbol{A}$，$\boldsymbol{\Lambda}=\begin{pmatrix}1 & 0 & 0\\ 0 & -1 & 0\\ 0 & 0 & 0\end{pmatrix}$，则 $\boldsymbol{A}$ 的特征值为 1，-1，0 的充分必要条件是（　　）.

A. 存在可逆矩阵 $\boldsymbol{P}$，$\boldsymbol{Q}$，使得 $\boldsymbol{A}=\boldsymbol{P\Lambda Q}$
B. 存在可逆矩阵 $\boldsymbol{P}$，使得 $\boldsymbol{A}=\boldsymbol{P\Lambda P}^{-1}$
C. 存在正交矩阵 $\boldsymbol{Q}$，使得 $\boldsymbol{A}=\boldsymbol{Q\Lambda Q}^{-1}$
D. 存在可逆矩阵 $\boldsymbol{P}$，使得 $\boldsymbol{A}=\boldsymbol{P\Lambda P}^{\mathrm{T}}$

2. 已知矩阵 $\boldsymbol{A}=\begin{pmatrix}1 & 0 & 1\\ 2 & -1 & 1\\ -1 & 2 & -5\end{pmatrix}$，若存在三角矩阵 $\boldsymbol{P}$ 和上三角矩阵 $\boldsymbol{Q}$，使得 $\boldsymbol{PAQ}$ 为对角矩阵，则 $\boldsymbol{P}$，$\boldsymbol{Q}$ 分别为（　　）.

A. $\begin{pmatrix}1 & 0 & 0\\ 0 & 1 & 0\\ 0 & 0 & 1\end{pmatrix}$，$\begin{pmatrix}1 & 0 & 1\\ 0 & 1 & 3\\ 0 & 0 & 1\end{pmatrix}$
B. $\begin{pmatrix}1 & 0 & 0\\ 2 & -1 & 0\\ -3 & 2 & 1\end{pmatrix}$，$\begin{pmatrix}1 & 0 & 0\\ 0 & 1 & 0\\ 0 & 0 & 1\end{pmatrix}$
C. $\begin{pmatrix}1 & 0 & 0\\ 2 & -1 & 0\\ -3 & 2 & 1\end{pmatrix}$，$\begin{pmatrix}1 & 0 & 1\\ 0 & 1 & 3\\ 0 & 0 & 1\end{pmatrix}$
D. $\begin{pmatrix}1 & 0 & 0\\ 0 & 1 & 0\\ 1 & 3 & 1\end{pmatrix}$，$\begin{pmatrix}1 & 2 & -3\\ 0 & -1 & 2\\ 0 & 0 & 1\end{pmatrix}$

3. 设三阶矩阵 $\boldsymbol{A}$ 的特征值为 -1，1，2，对应的特征向量分别为 $\boldsymbol{\alpha}_1$，$\boldsymbol{\alpha}_2$，$\boldsymbol{\alpha}_3$，若 $\boldsymbol{P}=(\boldsymbol{\alpha}_1,2\boldsymbol{\alpha}_3,-\boldsymbol{\alpha}_2)$，则 $\boldsymbol{P}^{-1}\boldsymbol{A}^*\boldsymbol{P}=$（　　）.

A. $\begin{pmatrix}2 & 0 & 0\\ 0 & -2 & 0\\ 0 & 0 & -1\end{pmatrix}$
B. $\begin{pmatrix}1 & 0 & 0\\ 0 & -2 & 0\\ 0 & 0 & 1\end{pmatrix}$
C. $\begin{pmatrix}2 & 0 & 0\\ 0 & -1 & 0\\ 0 & 0 & -2\end{pmatrix}$
D. $\begin{pmatrix}1 & 0 & 0\\ 0 & -2 & 0\\ 0 & 0 & -1\end{pmatrix}$

4 . 设 $\boldsymbol{A}$ 为三阶矩阵，$\boldsymbol{\alpha}_1$，$\boldsymbol{\alpha}_2$ 是 $\boldsymbol{A}$ 的属于特征值 1 的线性无关的特征向量，$\boldsymbol{\alpha}_3$ 也是 $\boldsymbol{A}$ 的属于特征值-1 的特征向量，则 $\boldsymbol{P}^{-1}\boldsymbol{AP}=\begin{pmatrix}1 & 0 & 0\\ 0 & -1 & 0\\ 0 & 0 & 1\end{pmatrix}$的可逆矩阵 $\boldsymbol{P}$ 为（　　）.

A. $(\boldsymbol{\alpha}_1+\boldsymbol{\alpha}_3,\boldsymbol{\alpha}_2,-\boldsymbol{\alpha}_3)$
B. $(\boldsymbol{\alpha}_1+\boldsymbol{\alpha}_2,\boldsymbol{\alpha}_2,-\boldsymbol{\alpha}_3)$
C. $(\boldsymbol{\alpha}_1+\boldsymbol{\alpha}_3,-\boldsymbol{\alpha}_3,\boldsymbol{\alpha}_2)$
D. $(\boldsymbol{\alpha}_1+\boldsymbol{\alpha}_2,-\boldsymbol{\alpha}_3,\boldsymbol{\alpha}_2)$

5. 设三阶矩阵 $\boldsymbol{A}$，$\mathrm{r}(\boldsymbol{A})=2$，$\boldsymbol{\alpha}$ 是满足 $\boldsymbol{A\alpha}=\boldsymbol{0}$ 的非零向量，若对满足 $\boldsymbol{\beta}^{\mathrm{T}}\boldsymbol{\alpha}=0$ 的三维列

向量$\boldsymbol{\beta}$，均有$\boldsymbol{A\beta}=\boldsymbol{\beta}$，则(　　).

A. $\boldsymbol{A}^3$的迹为2　　B. $\boldsymbol{A}^3$的迹为5　　C. $\boldsymbol{A}^2$的迹为8　　D. $\boldsymbol{A}^2$的迹为9

6. 实n阶矩阵$\boldsymbol{A}$，$\mathrm{r}(\boldsymbol{A})=n$，则(　　).

A. $\boldsymbol{A}$必有n个互不相同的特征值　　B. $\boldsymbol{A}$必有n个线性无关的特征向量

C. $\boldsymbol{A}$必相似于一个满秩的对角矩阵　　D. $\boldsymbol{A}$的特征值必不为零

二、填空题

1. 设$\boldsymbol{\alpha}=(1,1,1)^{\mathrm{T}}$，$\boldsymbol{\beta}=(1,0,k)^{\mathrm{T}}$，若$\boldsymbol{\alpha\beta}^{\mathrm{T}}$相似于$\begin{pmatrix}3&0&0\\0&0&0\\0&0&0\end{pmatrix}$，则$k=$________.

2. 已知$\boldsymbol{A}=\begin{pmatrix}1&x&2\\5&y&6\\-1&0&-1\end{pmatrix}$的特征值为1,1,1，则$x=$________，$y=$________.

3. 设$\boldsymbol{A}$为三阶矩阵，且满足$|\boldsymbol{A}-\boldsymbol{E}|=0$，$|\boldsymbol{A}+3\boldsymbol{E}|=0$，$|\boldsymbol{A}+5\boldsymbol{E}|=0$，矩阵$\boldsymbol{B}$与$\boldsymbol{A}$相似，则$\boldsymbol{B}$相似于对角矩阵________.

4. 设三阶矩阵$\boldsymbol{A}$，交换$\boldsymbol{A}$的第2行和第3行，再将第2列的-1倍加到第1列，得到矩阵$\begin{pmatrix}-2&1&-1\\1&-1&0\\-1&0&0\end{pmatrix}$，则$\boldsymbol{A}^{-1}$的迹$\mathrm{tr}(\boldsymbol{A}^{-1})=$________.

5. 设三阶矩阵$\boldsymbol{A}$，$\boldsymbol{A}^*$为$\boldsymbol{A}$的伴随矩阵，$\boldsymbol{E}$为三阶单位矩阵，若$\mathrm{r}(2\boldsymbol{E}-\boldsymbol{A})=2$，则$|\boldsymbol{A}^*|=$________.

三、计算题

1. 设矩阵$\boldsymbol{A}=\begin{pmatrix}a&-1&c\\5&b&3\\1-c&0&-a\end{pmatrix}$，其行列式$|\boldsymbol{A}|=-1$，又$\boldsymbol{A}$的伴随矩阵$\boldsymbol{A}^*$有一个特征值$\lambda$，属于$\lambda$的一个特征向量$\boldsymbol{\alpha}=(-1,-1,1)^{\mathrm{T}}$，求参数$a,b,c$和$\lambda$的值.

2. 设$\boldsymbol{\alpha}=(a_1,a_2,\cdots,a_n)^{\mathrm{T}}$，$\boldsymbol{\beta}=(b_1,b_2,\cdots,b_n)^{\mathrm{T}}$都是非零向量，且$\boldsymbol{\alpha}^{\mathrm{T}}\boldsymbol{\beta}\neq 0$，设$n$阶矩阵$\boldsymbol{A}=\boldsymbol{\alpha\beta}^{\mathrm{T}}$，试求矩阵$\boldsymbol{A}$的特征值及特征向量.

3. 已知矩阵$\boldsymbol{A}=\begin{pmatrix}0&-1&1\\2&-3&0\\0&0&0\end{pmatrix}$. 求：

(1) $\boldsymbol{A}^{99}$；

(2) 设三阶矩阵$\boldsymbol{B}=(\boldsymbol{\alpha}_1,\boldsymbol{\alpha}_2,\boldsymbol{\alpha}_3)$，满足$\boldsymbol{B}^2=\boldsymbol{BA}$，记$\boldsymbol{B}^{100}=(\boldsymbol{\beta}_1,\boldsymbol{\beta}_2,\boldsymbol{\beta}_3)$，将$\boldsymbol{\beta}_1,\boldsymbol{\beta}_2,\boldsymbol{\beta}_3$分别表示为$\boldsymbol{\alpha}_1,\boldsymbol{\alpha}_2,\boldsymbol{\alpha}_3$的线性组合.

四、证明题

证明n阶矩阵$\boldsymbol{A}=\begin{pmatrix}1&1&\cdots&1\\1&1&\cdots&1\\\vdots&\vdots&&\vdots\\1&1&\cdots&1\end{pmatrix}$与矩阵$\boldsymbol{B}=\begin{pmatrix}0&\cdots&0&1\\0&\cdots&0&2\\\vdots&&\vdots&\vdots\\0&\cdots&0&n\end{pmatrix}$相似.

第6章

二 次 型

6.1 二次型的矩阵表示

二次型的理论起源于解析几何学中二次曲线和二次曲面方程化为标准形问题的研究，它将二次函数与矩阵直观地联系起来，通过矩阵的表达与计算简化研究二次函数的过程，现在的二次型理论不仅在几何，而且在数学的其他分支、物理、力学、优化、概率图论统计、机器学习、信号处理等方面都有着广泛的应用. 拉格朗日的学生、法国大数学家柯西把关于矩阵的特征值和特征向量的研究成果用于二次型之中，用来给二次曲面分类.

首先看一个例子，对于一个简单的一元二次函数 $y=x^2-2mx+n$ 的图像，我们研究的时候通过配方法变成 $y=(x-m)^2+n-m^2$ 研究，且随着 m 和 n 的变化，函数图像只是随之发生平移，对称轴和顶点发生变化，函数的主要性质还是要看二次项 $y=x^2$ 的部分，将这个性质推广到 n 元二次函数，也可以通过研究二次函数二次项的部分来得到.

6.1.1 二次型的定义

定义 6.1 设 F 是一个数域，关于文字 $x_1,x_2,\cdots,x_n$ 一个二次齐次多项式

$$f(x_1,x_2,\cdots,x_n)=a_{11}x_1^2+2a_{12}x_1x_2+\cdots+2a_{1n}x_1x_n+ \\ a_{22}x_2^2+\cdots+2a_{2n}x_2x_n+\cdots+a_{nn}x_n^2, \quad (6.1)$$

其中 $a_{ij}\in F(i,j=1,2,\cdots,n)$，称为数域 F 上的一个 ***n* 元二次型**，简称**二次型**. 只含有平方项的二次型是最简单的二次型

$$f(x_1,x_2,\cdots,x_n)=a_{11}x_1^2+a_{22}x_2^2+\cdots+a_{nn}x_n^2$$

称为二次型的标准形.

一般地，若令 $a_{ij}=a_{ji}(i<j)$，则 $2a_{ij}x_ix_j=a_{ij}x_ix_j+a_{ji}x_ix_j$，于是(6.1)式可写作如下形式：

$$f(x_1,x_2,\cdots,x_n)=a_{11}x_1^2+a_{12}x_1x_2+\cdots+a_{1n}x_1x_n+a_{21}x_2x_1+a_{22}x_2^2+\cdots+ \\ a_{2n}x_2x_n+\cdots+a_{n1}x_nx_1+a_{n2}x_nx_2+\cdots+a_{nn}x_n^2$$

$$=(x_1,x_2,\cdots,x_n)\begin{pmatrix}a_{11}&a_{12}&\cdots&a_{1n}\\a_{21}&a_{22}&\cdots&a_{2n}\\\vdots&\vdots&&\vdots\\a_{n1}&a_{n2}&\cdots&a_{nn}\end{pmatrix}\begin{pmatrix}x_1\\x_2\\\vdots\\x_n\end{pmatrix}$$

$$=\sum_{i=1}^{n}\sum_{j=1}^{n}a_{ij}x_ix_j.$$

记 $\boldsymbol{x}=\begin{pmatrix}x_1\\x_2\\\vdots\\x_n\end{pmatrix}$，$\boldsymbol{A}=\begin{pmatrix}a_{11}&a_{12}&\cdots&a_{1n}\\a_{21}&a_{22}&\cdots&a_{2n}\\\vdots&\vdots&&\vdots\\a_{n1}&a_{n2}&\cdots&a_{nn}\end{pmatrix}$，则二次型可以用矩阵与向量相乘的形式来表达

$$f(x_1,x_2,\cdots,x_n)=\boldsymbol{x}^{\mathrm{T}}\boldsymbol{A}\boldsymbol{x}.$$

显然有 $\boldsymbol{A}^{\mathrm{T}}=\boldsymbol{A}$，我们称对称矩阵 $\boldsymbol{A}$ 为二次型 $f(x_1,x_2,\cdots,x_n)$ 的矩阵，矩阵 $\boldsymbol{A}$ 的秩 $\mathrm{r}(\boldsymbol{A})$ 称为二次型的**秩**，称 $f(x_1,x_2,\cdots,x_n)$ 为矩阵 $\boldsymbol{A}$ 对应的二次型.

二次型与其对应的矩阵是相互唯一确定的，且二次型的矩阵为对称矩阵.

例 6.1 写出二次型

$$f(x_1,x_2,x_3,x_4)=x_1^2+4x_1x_2+5x_2^2+x_3^2+4x_2x_3+3x_4^2+4x_2x_4$$

的矩阵表示形式，并求出二次型的秩.

解 二次型的矩阵为

$$\boldsymbol{A}=\begin{pmatrix}1&2&0&0\\2&5&2&2\\0&2&1&0\\0&2&0&3\end{pmatrix},$$

令 $\boldsymbol{x}=\begin{pmatrix}x_1\\x_2\\x_3\\x_4\end{pmatrix}$，二次型的矩阵表示形式为

$$f(x_1,x_2,x_3,x_4)=\boldsymbol{x}^{\mathrm{T}}\boldsymbol{A}\boldsymbol{x}=(x_1,x_2,x_3,x_4)\begin{pmatrix}1&2&0&0\\2&5&2&2\\0&2&1&0\\0&2&0&3\end{pmatrix}\begin{pmatrix}x_1\\x_2\\x_3\\x_4\end{pmatrix}.$$

由于

$$\boldsymbol{A}=\begin{pmatrix}1&2&0&0\\2&5&2&2\\0&2&1&0\\0&2&0&3\end{pmatrix}\to\begin{pmatrix}1&2&0&0\\0&1&2&2\\0&2&1&0\\0&2&0&3\end{pmatrix}\to\begin{pmatrix}1&2&0&0\\0&1&2&2\\0&0&-3&-4\\0&0&-1&3\end{pmatrix}\to\begin{pmatrix}1&2&0&0\\0&1&2&2\\0&0&1&-3\\0&0&0&13\end{pmatrix},$$

所以 $\mathrm{r}(\boldsymbol{A})=4$，所以二次型的秩为 4.

特别地，二次型的标准形 $f(x_1,x_2,\cdots,x_n)=a_{11}x_1^2+a_{22}x_2^2+\cdots+a_{nn}x_n^2$ 对应的矩阵

为对角矩阵

$$\boldsymbol{A}=\begin{pmatrix} a_{11} & & & \\ & a_{22} & & \\ & & \ddots & \\ & & & a_{nn} \end{pmatrix}.$$

将二次型与对称矩阵联系起来，主要是对二次型进行化简，为此首先引入合同矩阵的定义.

6.1.2 合同矩阵

定义 6.2 设 $x_1,x_2,\cdots,x_n,y_1,y_2,\cdots,y_n$ 是两组文字，$c_{ij}(i,j=1,2,\cdots,n)$是数域 F 中的一组数，若有

$$\begin{cases} x_1=c_{11}y_1+c_{12}y_2+\cdots+c_{1n}y_n, \\ x_2=c_{21}y_1+c_{22}y_2+\cdots+c_{2n}y_n, \\ \qquad\vdots \\ x_n=c_{n1}y_1+c_{n2}y_2+\cdots+c_{nn}y_n \end{cases} \tag{6.2}$$

成立，则称(6.2)式为由 $x_1,x_2,\cdots,x_n$ 到 $y_1,y_2,\cdots,y_n$ 的一个**线性替换**，令 $\boldsymbol{C}=(c_{ij})_{n\times n}$，若 $|\boldsymbol{C}|\neq 0$，则称线性替换(6.2)为非退化的或可逆的线性替换；若 $\boldsymbol{C}$ 是正交矩阵，则称线性替换(6.2)为**正交线性替换**.

令 $\boldsymbol{x}=\begin{pmatrix} x_1 \\ x_2 \\ \vdots \\ x_n \end{pmatrix}$，$\boldsymbol{C}=\begin{pmatrix} c_{11} & c_{12} & \cdots & c_{1n} \\ c_{21} & c_{22} & \cdots & c_{2n} \\ \vdots & \vdots & & \vdots \\ c_{n1} & c_{n2} & \cdots & c_{nn} \end{pmatrix}$，$\boldsymbol{y}=\begin{pmatrix} y_1 \\ y_2 \\ \vdots \\ y_n \end{pmatrix}$，则线性替换(6.2)可写为 $\boldsymbol{x}=\boldsymbol{C}\boldsymbol{y}$.

设二次型 $f(x_1,x_2,\cdots,x_n)=\boldsymbol{x}^{\mathrm{T}}\boldsymbol{A}\boldsymbol{x}$ 经过非退化线性替换 $\boldsymbol{x}=\boldsymbol{C}\boldsymbol{y}(|\boldsymbol{C}|\neq 0)$，得

$$f(x_1,x_2,\cdots,x_n)=(\boldsymbol{C}\boldsymbol{y})^{\mathrm{T}}\boldsymbol{A}(\boldsymbol{C}\boldsymbol{y})=\boldsymbol{y}^{\mathrm{T}}(\boldsymbol{C}^{\mathrm{T}}\boldsymbol{A}\boldsymbol{C})\boldsymbol{y}=\boldsymbol{y}^{\mathrm{T}}\boldsymbol{B}\boldsymbol{y},$$

其中 $\boldsymbol{B}=\boldsymbol{C}^{\mathrm{T}}\boldsymbol{A}\boldsymbol{C}$，于是得到一个关于变量 $y_1,y_2,\cdots,y_n$ 的新二次型 $f=\boldsymbol{y}^{\mathrm{T}}\boldsymbol{B}\boldsymbol{y}$.

定义 6.3 对于 n 阶矩阵 $\boldsymbol{A},\boldsymbol{B}$，如果存在可逆矩阵 $\boldsymbol{C}$，使得 $\boldsymbol{B}=\boldsymbol{C}^{\mathrm{T}}\boldsymbol{A}\boldsymbol{C}$，则称矩阵 $\boldsymbol{A}$ 与 $\boldsymbol{B}$ 合同. 记作 $\boldsymbol{A}\simeq\boldsymbol{B}$.

合同是矩阵之间的一种关系，具有如下性质：

(1) 反身性：$\boldsymbol{A}\simeq\boldsymbol{A}$. 实际上，$\boldsymbol{A}=\boldsymbol{E}^{\mathrm{T}}\boldsymbol{A}\boldsymbol{E}$.

(2) 对称性：若 $\boldsymbol{A}\simeq\boldsymbol{B}$，则 $\boldsymbol{B}\simeq\boldsymbol{A}$.

不妨设 $\boldsymbol{B}=\boldsymbol{C}^{\mathrm{T}}\boldsymbol{A}\boldsymbol{C}$，则 $\boldsymbol{A}=(\boldsymbol{C}^{-1})^{\mathrm{T}}\boldsymbol{B}\boldsymbol{C}^{-1}$，即 $\boldsymbol{B}\simeq\boldsymbol{A}$.

(3) 传递性：若 $\boldsymbol{A}\simeq\boldsymbol{B}$，$\boldsymbol{B}\simeq\boldsymbol{C}$，则 $\boldsymbol{A}\simeq\boldsymbol{C}$.

不妨设 $\boldsymbol{B}=\boldsymbol{C}_1^{\mathrm{T}}\boldsymbol{A}\boldsymbol{C}_1$，$\boldsymbol{C}=\boldsymbol{C}_2^{\mathrm{T}}\boldsymbol{B}\boldsymbol{C}_2$，则有

$$\boldsymbol{C}=\boldsymbol{C}_2^{\mathrm{T}}\boldsymbol{B}\boldsymbol{C}_2=\boldsymbol{C}_2^{\mathrm{T}}\boldsymbol{C}_1^{\mathrm{T}}\boldsymbol{A}\boldsymbol{C}_1\boldsymbol{C}_2=(\boldsymbol{C}_1\boldsymbol{C}_2)^{\mathrm{T}}\boldsymbol{A}(\boldsymbol{C}_1\boldsymbol{C}_2),\quad \text{即 } \boldsymbol{A}\simeq\boldsymbol{C}.$$

因此，二次型经过非退化线性替换，矩阵之间的关系是合同的，合同是矩阵之间的一种等价关系，这样我们就把二次型的变换通过矩阵的形式表示出来.

习题 6.1

1. 写出下列二次型的矩阵表达形式，并求出二次型的秩.

(1) $f(x_1,x_2,x_3)=x_1^2+4x_1x_2+2x_2^2+7x_3^2+2x_2x_3$；

(2) $f(x_1,x_2,x_3,x_4)=3x_1^2+2x_1x_2+x_2^2+x_3^2+4x_2x_3+x_4^2-4x_2x_4$；

(3) $f(x_1,x_2,x_3)=(x_1,x_2,x_3)\begin{pmatrix}1&1&2\\3&-1&-1\\0&5&2\end{pmatrix}\begin{pmatrix}x_1\\x_2\\x_3\end{pmatrix}$.

2. 写出下列矩阵对应的二次型：

(1) $\boldsymbol{A}=\begin{pmatrix}1&0&2\\0&4&5\\2&5&8\end{pmatrix}$；　　(2) $\boldsymbol{A}=\begin{pmatrix}3&1&2&0\\1&0&1&4\\2&1&2&0\\0&4&0&1\end{pmatrix}$.

3. 设 $\boldsymbol{A}=\begin{pmatrix}1&2\\2&1\end{pmatrix}$，则在实数域上与 $\boldsymbol{A}$ 合同的矩阵为(　　).

A. $\begin{pmatrix}-2&1\\1&-2\end{pmatrix}$　　B. $\begin{pmatrix}2&-1\\-1&2\end{pmatrix}$　　C. $\begin{pmatrix}2&1\\1&2\end{pmatrix}$　　D. $\begin{pmatrix}1&-2\\-2&1\end{pmatrix}$

4. 试说明两个 n 阶矩阵 $\boldsymbol{A}$ 与 $\boldsymbol{B}$ 合同与相似的区别与联系.

6.2 二次型的标准形

二次型中最简单的形式是只含有平方项的形式，即二次型的标准形，本节主要研究一般二次型转化为标准形的方法.

6.2.1 二次型标准化

定义 6.4 如果二次型 $f(x_1,x_2,\cdots,x_n)=\boldsymbol{x}^{\mathrm{T}}\boldsymbol{A}\boldsymbol{x}$ 经过非退化线性替换 $\boldsymbol{x}=\boldsymbol{C}\boldsymbol{y}$，具有下面的形式

$$d_1y_1^2+d_2y_2^2+\cdots+d_ny_n^2,$$

则称这个过程为二次型的**标准化**. 此时，二次型对应的矩阵为

$$\boldsymbol{D}=\begin{pmatrix}d_1&&&\\&d_2&&\\&&\ddots&\\&&&d_n\end{pmatrix},$$

即二次型的矩阵 $\boldsymbol{A}$ 合同于对角矩阵 $\boldsymbol{D}$.

注 我们在对二次型进行标准化时,要求必须是非退化的线性替换,这样我们也可以将变换后的二次型还原.

二次型标准化的过程实际上是实对称矩阵对角化的过程.

定理 6.1 数域 F 上任意二次型都可以经过非退化线性替换化为标准形,标准形中非零系数的平方项的个数与二次型的秩相等. 即数域 F 上任意二次型 $f=\boldsymbol{x}^{\mathrm{T}}\boldsymbol{A}\boldsymbol{x}$ 一定可以经过非退化线性替换 $\boldsymbol{x}=\boldsymbol{C}\boldsymbol{y}$,化成下面的形式:

$$d_1y_1^2+d_2y_2^2+\cdots+d_ry_r^2,\quad r=\mathrm{r}(\boldsymbol{A}).$$

证明略.

有了二次型的标准形,通过标准形来研究二次型的性质就会简单很多,我们主要通过三种方法化二次型为标准形.

6.2.2 配方法化二次型为标准形

例 6.2 作非退化线性替换化二次型为标准形,并写出对应的非退化线性替换,其中

$$f(x_1,x_2,x_3)=x_1^2+2x_1x_2+4x_2^2+4x_1x_3-2x_3^2-2x_2x_3.$$

解 使用配方法

$$\begin{aligned}f(x_1,x_2,x_3)&=x_1^2+2x_1x_2+4x_2^2+4x_1x_3-2x_3^2-2x_2x_3\\&=(x_1^2+2x_1x_2+x_2^2+4x_1x_3+4x_3^2)+3x_2^2-6x_3^2-2x_2x_3\\&=(x_1+x_2+2x_3)^2-4x_2x_3+3x_2^2-6x_3^2-2x_2x_3\\&=(x_1+x_2+2x_3)^2+3(x_2-x_3)^2-9x_3^2,\end{aligned}$$

令

$$\begin{cases}y_1=x_1+x_2+2x_3,\\y_2=\qquad x_2-\ x_3,\\y_3=\qquad\qquad x_3,\end{cases}$$

则 $f(x_1,x_2,x_3)=y_1^2+3y_2^2-9y_3^2$,所作的线性替换 $\boldsymbol{x}=\boldsymbol{C}\boldsymbol{y}$ 为

$$\begin{cases}x_1=y_1-y_2-3y_3,\\x_2=\qquad y_2+\ y_3,\\x_3=\qquad\qquad y_3,\end{cases}$$

且 $|\boldsymbol{C}|=\begin{vmatrix}1&-1&-3\\0&1&1\\0&0&1\end{vmatrix}=1\neq0$,因此所作的线性替换为非退化的.

例 6.3 作非退化线性替换化二次型为标准形,并写出对应的非退化线性替换,其中

$$f(x_1,x_2,x_3)=x_1x_2+4x_1x_3-2x_2x_3.$$

解 当多项式中不含平方项的时候,需要先做一个非退化线性替换 $\boldsymbol{x}=\boldsymbol{C}_1\boldsymbol{y}$,凑出平方项

$$\begin{cases}x_1=y_1+y_2,\\x_2=y_1-y_2,\\x_3=\qquad\ y_3,\end{cases}$$

其中

$$C_1=\begin{pmatrix}1&1&0\\1&-1&0\\0&0&1\end{pmatrix},$$

则

$$\begin{aligned}f(x_1,x_2,x_3)&=y_1^2-y_2^2+2y_1y_3+6y_2y_3\\&=(y_1+y_3)^2-y_2^2+6y_2y_3-y_3^2\\&=(y_1+y_3)^2-(y_2-3y_3)^2+8y_3^2.\end{aligned}$$

令

$$\begin{cases}z_1=y_1+y_3,\\z_2=y_2-3y_3,\\z_3=\qquad\quad y_3,\end{cases}$$

即经过非退化线性替换 $\boldsymbol{y}=\boldsymbol{C}_2\boldsymbol{z}$,即

$$\begin{cases}y_1=z_1-z_3,\\y_2=z_2+3z_3,\\y_3=\qquad\quad z_3,\end{cases}$$

其中

$$C_2=\begin{pmatrix}1&0&-1\\0&1&3\\0&0&1\end{pmatrix}.$$

则二次型 $f(x_1,x_2,x_3)=z_1^2-z_2^2+8z_3^2$,经过两次非退化线性替换 $\boldsymbol{x}=\boldsymbol{C}_1\boldsymbol{y}$ 和 $\boldsymbol{y}=\boldsymbol{C}_2\boldsymbol{z}$,相当于经过 $\boldsymbol{x}=(\boldsymbol{C}_1\boldsymbol{C}_2)\boldsymbol{z}$ 得

$$\begin{pmatrix}x_1\\x_2\\x_3\end{pmatrix}=\begin{pmatrix}1&1&0\\1&-1&0\\0&0&1\end{pmatrix}\begin{pmatrix}1&0&-1\\0&1&3\\0&0&1\end{pmatrix}\begin{pmatrix}z_1\\z_2\\z_3\end{pmatrix}=\begin{pmatrix}1&1&2\\1&-1&-4\\0&0&1\end{pmatrix}\begin{pmatrix}z_1\\z_2\\z_3\end{pmatrix}.$$

二次型 $f(x_1,x_2,\cdots,x_n)$ 配方法步骤,分两种情况:

第一种情况:若二次型含有某一 x_i^2 项,则

(1) 先归并含有 x_i 的乘积项,然后配方,做题过程中,最好从下角标最小的平方项开始进行,继续做下去,直到所有变量都配成平方项;

(2) 根据配方过程,写出对应的非退化线性变换,即得二次型的标准形.

第二种情况:若二次型不含有平方项,只含有变量的乘积形式 $a_{ij}x_ix_j(i\neq j)$,若 $a_{ij}\neq 0$,则

(1) 先做非退化线性替换 $\begin{cases}x_i=y_i+y_i,\\x_j=y_i-y_j,\\x_s=\qquad y_s\end{cases}$ $(s=1,2,\cdots,n,s\neq i,j)$,构造出平方项,这个过程最好从下角标之和最小的 $a_{ij}x_ix_j(i\neq j)$ 开始进行;

(2) 重复上面第一种情况的步骤.

6.2.3 初等变换法化二次型为标准形

从矩阵的角度阐述定理 6.1，即数域 F 上任意一个对称矩阵 $\boldsymbol{A}$，存在一个可逆矩阵 $\boldsymbol{C}$，使得 $\boldsymbol{C}^{\mathrm{T}}\boldsymbol{AC}$ 为对角形矩阵.

由于 $\boldsymbol{C}$ 为可逆矩阵，那么 $\boldsymbol{C}$ 可以写成一系列初等矩阵的连乘积的形式，不妨设 $\boldsymbol{C}=\boldsymbol{P}_1\boldsymbol{P}_2\cdots\boldsymbol{P}_s$，其中 $\boldsymbol{P}_i(i=1,2,\cdots,s)$ 是初等矩阵，则 $\boldsymbol{C}^{\mathrm{T}}\boldsymbol{AC}=\boldsymbol{P}_s^{\mathrm{T}}\boldsymbol{P}_{s-1}^{\mathrm{T}}\cdots\boldsymbol{P}_1^{\mathrm{T}}\boldsymbol{AP}_1\boldsymbol{P}_2\cdots\boldsymbol{P}_s$ 为对角矩阵，与此同时由 $\boldsymbol{C}=\boldsymbol{P}_1\boldsymbol{P}_2\cdots\boldsymbol{P}_s$ 可得，$\boldsymbol{EP}_1\boldsymbol{P}_2\cdots\boldsymbol{P}_s=\boldsymbol{C}$，即单位矩阵 $\boldsymbol{E}$ 经过一系列的初等列变换 $\boldsymbol{P}_1\boldsymbol{P}_2\cdots\boldsymbol{P}_s$ 变为 $\boldsymbol{C}$. 由此，我们引入化二次型为标准形的另一种方法——**初等变换法**.

对 $2n\times n$ 矩阵 $\begin{pmatrix}\boldsymbol{A}\\\boldsymbol{E}\end{pmatrix}$ 进行相当于右乘 $\boldsymbol{P}_1\boldsymbol{P}_2\cdots\boldsymbol{P}_s$ 的一系列初等列变换，再对 $\boldsymbol{A}$ 进行相当于左乘 $\boldsymbol{P}_s^{\mathrm{T}}\boldsymbol{P}_{s-1}^{\mathrm{T}}\cdots\boldsymbol{P}_1^{\mathrm{T}}$ 的一系列初等行变换，则 $\boldsymbol{A}$ 变为对角矩阵的同时，$\boldsymbol{E}$ 变为可逆矩阵 $\boldsymbol{C}$.

例 6.4 用初等变换法将二次型

$$f(x_1,x_2,x_3)=x_1^2+2x_1x_2+4x_2^2+4x_1x_3-2x_3^2-2x_2x_3$$

化为标准形，并写出相应的非退化线性替换.

解 二次型对应的矩阵为 $\boldsymbol{A}=\begin{pmatrix}1&1&2\\1&4&-1\\2&-1&-2\end{pmatrix}$，则

$$\begin{pmatrix}\boldsymbol{A}\\\boldsymbol{E}\end{pmatrix}=\begin{pmatrix}1&1&2\\1&4&-1\\2&-1&-2\\\hline 1&0&0\\0&1&0\\0&0&1\end{pmatrix}\xrightarrow[\substack{c_2-c_1\\c_3-2c_1}]{\substack{r_2-r_1\\r_3-2r_1}}\begin{pmatrix}1&0&0\\0&3&-3\\0&-3&-6\\\hline 1&-1&-2\\0&1&0\\0&0&1\end{pmatrix}\xrightarrow[c_3+c_2]{r_3+r_2}\begin{pmatrix}1&0&0\\0&3&0\\0&0&-9\\\hline 1&-1&-3\\0&1&1\\0&0&1\end{pmatrix},$$

因此二次型经过非退化线性替换 $\boldsymbol{x}=\boldsymbol{Cy}$，化为标准形 $f(x_1,x_2,x_3)=y_1^2+3y_2^2-9y_3^2$，其中 $\boldsymbol{C}=\begin{pmatrix}1&-1&-3\\0&1&1\\0&0&1\end{pmatrix}$，且满足 $\boldsymbol{C}^{\mathrm{T}}\boldsymbol{AC}=\begin{pmatrix}1&0&0\\0&3&0\\0&0&-9\end{pmatrix}$.

6.2.4 正交变换法化二次型为标准形

由于二次型的矩阵是实对称矩阵，而实对称矩阵必可对角化，于是有下面的结论.

定理 6.2 实数域 $\mathbb{R}$ 上的任意二次型 $f(x_1,x_2,\cdots,x_n)=\boldsymbol{x}^{\mathrm{T}}\boldsymbol{Ax}$，都存在正交变换 $\boldsymbol{x}=\boldsymbol{Cy}$，使 f 化为标准形

$$f=\lambda_1y_1^2+\lambda_2y_2^2+\cdots+\lambda_ny_n^2,$$

其中 $\lambda_1,\lambda_2,\cdots,\lambda_n$ 是二次型 f 的矩阵 $\boldsymbol{A}$ 的特征值.

证明 定理 6.2 是实对称矩阵对角化定理的等价说法.

例 6.5 求正交线性替换矩阵 $\boldsymbol{T}$，将二次型

$$f(x_1,x_2,x_3)=2x_1^2+4x_1x_2+5x_2^2-4x_1x_3+5x_3^2-8x_2x_3$$

化为标准形.

解 二次型对应的矩阵为$\boldsymbol{A}=\begin{pmatrix}2&2&-2\\2&5&-4\\-2&-4&5\end{pmatrix}$,先求$\boldsymbol{A}$的特征值.

$$|\lambda\boldsymbol{E}-\boldsymbol{A}|=\begin{vmatrix}\lambda-2&-2&2\\-2&\lambda-5&4\\2&4&\lambda-5\end{vmatrix}=(\lambda-1)^2(\lambda-10),$$

得特征值$\lambda_1=\lambda_2=1,\lambda_3=10$.

当$\lambda_1=\lambda_2=1$时,代入齐次线性方程组$(\lambda\boldsymbol{E}-\boldsymbol{A})\boldsymbol{x}=\boldsymbol{0}$,解得基础解系为

$$\boldsymbol{\alpha}_1=\begin{pmatrix}-2\\1\\0\end{pmatrix},\quad \boldsymbol{\alpha}_2=\begin{pmatrix}2\\0\\1\end{pmatrix}.$$

当$\lambda_3=10$时,代入齐次线性方程组$(\lambda\boldsymbol{E}-\boldsymbol{A})\boldsymbol{x}=\boldsymbol{0}$,解得基础解系为

$$\boldsymbol{\alpha}_3=\begin{pmatrix}-1\\-2\\2\end{pmatrix}.$$

则$\boldsymbol{\alpha}_3$与$\boldsymbol{\alpha}_1,\boldsymbol{\alpha}_2$分别正交,我们只需把$\boldsymbol{\alpha}_1,\boldsymbol{\alpha}_2$施密特正交化即可,令

$$\boldsymbol{\beta}_1=\boldsymbol{\alpha}_1=\begin{pmatrix}-2\\1\\0\end{pmatrix},$$

$$\boldsymbol{\beta}_2=\boldsymbol{\alpha}_2-\frac{\langle\boldsymbol{\alpha}_2,\boldsymbol{\beta}_1\rangle}{\langle\boldsymbol{\beta}_1,\boldsymbol{\beta}_1\rangle}\boldsymbol{\beta}_1=\begin{pmatrix}2\\0\\1\end{pmatrix}-\frac{-4}{5}\begin{pmatrix}-2\\1\\0\end{pmatrix}=\frac{1}{5}\begin{pmatrix}2\\4\\5\end{pmatrix}.$$

单位化,令

$$\boldsymbol{\eta}_1=\frac{\boldsymbol{\beta}_1}{\|\boldsymbol{\beta}_1\|}=\frac{1}{\sqrt{5}}\begin{pmatrix}-2\\1\\0\end{pmatrix},\quad \boldsymbol{\eta}_2=\frac{\boldsymbol{\beta}_2}{\|\boldsymbol{\beta}_2\|}=\frac{1}{3\sqrt{5}}\begin{pmatrix}2\\4\\5\end{pmatrix},\quad \boldsymbol{\eta}_3=\frac{\boldsymbol{\alpha}_3}{\|\boldsymbol{\alpha}_3\|}=\frac{1}{3}\begin{pmatrix}-1\\-2\\2\end{pmatrix}.$$

令$\boldsymbol{T}=(\boldsymbol{\eta}_1,\boldsymbol{\eta}_2,\boldsymbol{\eta}_3)=\begin{pmatrix}\frac{-2}{\sqrt{5}}&\frac{2}{3\sqrt{5}}&-\frac{1}{3}\\\frac{1}{\sqrt{5}}&\frac{4}{3\sqrt{5}}&-\frac{2}{3}\\0&\frac{\sqrt{5}}{3}&\frac{2}{3}\end{pmatrix}$,则有$\boldsymbol{T}^{-1}\boldsymbol{A}\boldsymbol{T}=\begin{pmatrix}1&0&0\\0&1&0\\0&0&10\end{pmatrix}$,经过正交线性替换

$\boldsymbol{x}=\boldsymbol{T}\boldsymbol{y}$,即$\begin{pmatrix}x_1\\x_2\\x_3\end{pmatrix}=\boldsymbol{T}\begin{pmatrix}y_1\\y_2\\y_3\end{pmatrix}$,得二次型的标准形$f=y_1^2+y_2^2+10y_3^2$.

6.2.5 二次型的规范形

对例6.5我们得到标准形$f=y_1^2+y_2^2+10y_3^2$,我们继续进行非退化线性替换

$$\begin{cases} z_1 = y_1, \\ z_2 = y_2, \\ z_3 = \sqrt{10}\, y_3, \end{cases}$$

又得到另一个标准形 $f = z_1^2 + z_2^2 + z_3^2$，通过上面二次型化标准形的方法知，二次型的标准形不唯一，与所进行的非退化线性替换有关，下面我们在实数域和复数域范围内讨论二次型的唯一性问题.

在复数域上，由定理 6.1，设复系数二次型 $f(x_1, x_2, \cdots, x_n)$ 对应矩阵为 $\boldsymbol{A}$，经过适当的非退化线性替换，化为

$$f(x_1, x_2, \cdots, x_n) = d_1 y_1^2 + d_2 y_2^2 + \cdots + d_r y_r^2, \quad d_i \neq 0, i = 1, 2, \cdots, r, r = \mathrm{r}(\boldsymbol{A}),$$

进一步，令

$$\begin{cases} z_1 = \sqrt{d_1}\, y_1, \\ \quad \vdots \\ z_r = \sqrt{d_r}\, y_r, \\ z_{r+1} = y_{r+1}, \\ \quad \vdots \\ z_n = y_n, \end{cases}$$

即经过非退化线性替换 $\boldsymbol{y} = \boldsymbol{C}\boldsymbol{z}$，其中 $\boldsymbol{C} = \begin{pmatrix} \frac{1}{\sqrt{d_1}} & & & & & \\ & \ddots & & & & \\ & & \frac{1}{\sqrt{d_r}} & & & \\ & & & 1 & & \\ & & & & \ddots & \\ & & & & & 1 \end{pmatrix}$，得

$$f = z_1^2 + z_2^2 + \cdots + z_r^2, \quad r = \mathrm{r}(\boldsymbol{A}) \tag{6.3}$$

(6.3)式称为二次型在复数范围内的规范形，显然，规范形完全由 $\boldsymbol{A}$ 的秩唯一决定.

定理 6.3 任意一个复系数的二次型，经过适当的非退化线性替换总可以变成规范形，且规范形是唯一的.

证明 上述说明过程即为证明过程.

定理 6.3 说明，在复数范围内，任一对称矩阵 $\boldsymbol{A}$ 都合同于对角矩阵 $\begin{pmatrix} \boldsymbol{E}_r & \boldsymbol{0} \\ \boldsymbol{0} & \boldsymbol{0} \end{pmatrix}$，$r = \mathrm{r}(\boldsymbol{A})$，即两个对称矩阵合同的充要条件是秩相等.

在实数域上，设实二次型 $f(x_1, x_2, \cdots, x_n)$ 经过适当的非退化线性替换，化为

$$f = d_1 y_1^2 + d_2 y_2^2 + \cdots + d_p y_p^2 - d_{p+1} y_{p+1}^2 - \cdots - d_r y_r^2,$$
$$d_i > 0, i = 1, 2, \cdots, r, r = \mathrm{r}(\boldsymbol{A}).$$

进一步，令

$$\begin{cases} z_1=\sqrt{d_1}\,y_1, \\ \quad\vdots \\ z_p=\sqrt{d_p}\,y_p, \\ z_{p+1}=\sqrt{d_{p+1}}\,y_{p+1}, \\ \quad\vdots \\ z_r=\sqrt{d_r}\,y_r, \\ z_{r+1}=y_{r+1}, \\ \quad\vdots \\ z_n=y_n, \end{cases}$$

即经过非退化线性替换 $\boldsymbol{y}=\boldsymbol{C}\boldsymbol{z}$，其中 $\boldsymbol{C}=\begin{pmatrix} \frac{1}{\sqrt{d_1}} & & & & & \\ & \ddots & & & & \\ & & \frac{1}{\sqrt{d_r}} & & & \\ & & & 1 & & \\ & & & & \ddots & \\ & & & & & 1 \end{pmatrix}$，得

$$f=z_1^2+z_2^2+\cdots+z_p^2-z_{p+1}^2-\cdots-z_r^2,\quad r=\mathrm{r}(\boldsymbol{A}), \tag{6.4}$$

(6.4)式称为二次型在实数范围内的规范形，显然，规范形完全由 r,p 决定.

定理 6.4(惯性定理) 任意一个实系数的二次型，经过适当的非退化线性替换总可以变成规范形，且规范形是唯一的.

定义 6.5 在实二次型的规范形中

$$f(x_1,x_2,\cdots,x_n)=z_1^2+z_2^2+\cdots+z_p^2-z_{p+1}^2-\cdots-z_r^2,$$

正平方项的个数 p 称为二次型的**正惯性指数**，负平方项的个数 $r-p$ 称为二次型的**负惯性指数**，它们的差 $p-(r-p)=2p-r$ 称为二次型的符号差.

如例 6.5 经过正交变换二次型的标准形为 $f=y_1^2+y_2^2+10y_3^2$，从而二次型的正惯性指数为 3，负惯性指数为 0，符号差为 3.

从矩阵的角度来叙述，我们有如下定理.

定理 6.5 任意复对称矩阵 $\boldsymbol{A}$ 都与矩阵 $\boldsymbol{B}=\begin{pmatrix}\boldsymbol{E}_r & \boldsymbol{0}\\ \boldsymbol{0} & \boldsymbol{0}\end{pmatrix}$ 合同，其中 r 为矩阵 $\boldsymbol{A}$ 的秩，即复数域上的合同矩阵具有相同的秩；任意实对称矩阵 $\boldsymbol{A}$ 都与矩阵 $\boldsymbol{C}=\begin{pmatrix}\boldsymbol{E}_p & \boldsymbol{0} & \boldsymbol{0}\\ \boldsymbol{0} & -\boldsymbol{E}_{r-p} & \boldsymbol{0}\\ \boldsymbol{0} & \boldsymbol{0} & \boldsymbol{0}\end{pmatrix}$ 合同，其中主对角线上 1 的个数 p 称为矩阵 $\boldsymbol{A}$ 的正惯性指数，-1 的个数 $r-p$ 称为矩阵 $\boldsymbol{A}$ 的负惯性指数，$p+(r-p)=r$ 为矩阵 $\boldsymbol{A}$ 的秩，即实数域上的合同矩阵具有相同的正惯性指数和秩.

例 6.6 求二次型 $f(x_1,x_2,x_3)=x_1^2+2x_2^2-3x_3^2+2x_1x_2+2x_1x_3+4x_2x_3$ 的正、负惯性指数.

解 配方法化二次型为标准形

$$\begin{aligned}f(x_1,x_2,x_3)&=x_1^2+2x_2^2-3x_3^2+2x_1x_2+2x_1x_3+4x_2x_3\\&=(x_1+x_2+x_3)^2+x_2^2-4x_3^2+2x_2x_3\\&=(x_1+x_2+x_3)^2+(x_2+x_3)^2-5x_3^2,\end{aligned}$$

作非退化线性替换

$$\begin{cases}y_1=x_1+x_2+x_3,\\y_2=\qquad x_2+x_3,\\y_3=\qquad\qquad x_3,\end{cases}$$

得标准形为 $f(x_1,x_2,x_3)=y_1^2+y_2^2-5y_3^2$,得二次型的正负惯性指数分别为 2,1.

实际做题中,求二次型标准形的时候,配方法、初等变换法、正交变换法都可以使用,正交变换法步骤比较复杂,一般没有特殊要求时,用配方法居多.

习题 6.2

1. 试用配方法化下列二次型为标准形,并写出对应复数域和实数域上的规范形.

(1) $f(x_1,x_2,x_3)=2x_1^2+6x_1x_2+2x_2^2+3x_3^2+4x_2x_3$;

(2) $f(x_1,x_2,x_3,x_4)=x_1^2+4x_1x_2+3x_2^2+x_3^2+2x_2x_3+x_4^2-4x_3x_4$.

2. 试用初等变换法化下列二次型为标准形.

(1) $f(x_1,x_2,x_3)=x_1^2+2x_1x_2+2x_2^2+5x_3^2+2x_2x_3$;

(2) $f(x_1,x_2,x_3)=x_1x_2+x_1x_3+x_2x_3$.

3. 试用正交变换法化下列二次型为标准形,并写出相应的正交变换矩阵 $\boldsymbol{T}$.

(1) $f(x_1,x_2,x_3)=x_1^2-2x_1x_3+2x_2^2+x_3^2$;

(2) $f(x_1,x_2,x_3)=2x_1^2-4x_1x_2+x_2^2-4x_2x_3$.

6.3 正定二次型

正定二次型是一种非常重要的二次型,常常出现在许多实际应用和理论研究中,在矩阵分析、控制理论、工程技术和优化等方面有广泛的应用,本节主要给出正定二次型及正定矩阵的相关性质和定理.

6.3.1 正定二次型的定义

定义 6.6 实二次型 $f(x_1,x_2,\cdots,x_n)=\boldsymbol{x}^{\mathrm{T}}\boldsymbol{A}\boldsymbol{x}$,如果对于任意的 n 维实向量$(c_1,c_2,\cdots,c_n)\neq\boldsymbol{0}$,都有 $f(c_1,c_2,\cdots,c_n)>0$(或<0),则称 $f(x_1,x_2,\cdots,x_n)=\boldsymbol{x}^{\mathrm{T}}\boldsymbol{A}\boldsymbol{x}$ 为**正定(负定)二次型**,对应的实对称矩阵 $\boldsymbol{A}$ 称为**正定(负定)矩阵**.

例 6.7 二次型 $f(x_1,x_2,\cdots,x_n)=x_1^2+2x_2^2+\cdots+nx_n^2$，显然对于任意的非零向量 $(c_1,c_2,\cdots,c_n)$，都有 $f(c_1,c_2,\cdots,c_n)>0$，根据定义 6.6 知这个二次型为正定二次型. 对应矩阵 $\boldsymbol{A}=\begin{pmatrix}1 & & & \\ & 2 & & \\ & & \ddots & \\ & & & n\end{pmatrix}$ 为正定矩阵.

$f(x_1,x_2,x_3)=-x_1^2-2x_2^2-x_3^2$ 是负定二次型；

$f(x_1,x_2,x_3)=x_1^2+x_3^2$ 既不是正定二次型，也不是负定二次型.

由此可见，判断二次型的标准形的正定性比较容易. 对于一个 n 元二次型的标准形，只要其 n 个变量平方项的系数都大于零，该标准形必为正定. 一般的二次型就不那么容易判断了，但下列命题成立.

定理 6.6 非退化线性替换不改变二次型的正定性.

证明 设 $f(x_1,x_2,\cdots,x_n)=\boldsymbol{x}^{\mathrm{T}}\boldsymbol{A}\boldsymbol{x}$ 是正定二次型，经过非退化线性替换 $\boldsymbol{x}=\boldsymbol{C}\boldsymbol{y}(|\boldsymbol{C}|\neq 0)$，二次型为

$$f(x_1,x_2,\cdots,x_n)=\boldsymbol{y}^{\mathrm{T}}(\boldsymbol{C}^{\mathrm{T}}\boldsymbol{A}\boldsymbol{C})\boldsymbol{y},$$

对于任意非零实向量 $\boldsymbol{y}$，有 $\boldsymbol{x}=\boldsymbol{C}\boldsymbol{y}\neq\boldsymbol{0}$，因此根据正定二次型的定义有

$$\boldsymbol{y}^{\mathrm{T}}(\boldsymbol{C}^{\mathrm{T}}\boldsymbol{A}\boldsymbol{C})\boldsymbol{y}=(\boldsymbol{C}\boldsymbol{y})^{\mathrm{T}}\boldsymbol{A}(\boldsymbol{C}\boldsymbol{y})=\boldsymbol{x}^{\mathrm{T}}\boldsymbol{A}\boldsymbol{x}>0,$$

从而 $f(x_1,x_2,\cdots,x_n)=\boldsymbol{y}^{\mathrm{T}}(\boldsymbol{C}^{\mathrm{T}}\boldsymbol{A}\boldsymbol{C})\boldsymbol{y}$ 依然是正定二次型. 即非退化线性替换不改变二次型的正定性.

推论 正定矩阵的合同矩阵依然是正定矩阵.

6.3.2 正定二次型的判定

定义 6.7 子式

$$A_k=\begin{vmatrix} a_{11} & a_{12} & \cdots & a_{1k} \\ a_{21} & a_{22} & \cdots & a_{2k} \\ \vdots & \vdots & & \vdots \\ a_{k1} & a_{k2} & \cdots & a_{kk}\end{vmatrix},\quad k=1,2,\cdots,n$$

称为矩阵 $\boldsymbol{A}=(a_{ij})_{n\times n}$ 的 k 阶顺序主子式.

我们知道，实二次型一定可以经过非退化线性替换化为如下标准形：

$$f(x_1,x_2,\cdots,x_n)=d_1y_1^2+d_2y_2^2+\cdots+d_ny_n^2.$$

于是有下面的结论.

定理 6.7 实二次型 $f(x_1,x_2,\cdots,x_n)=\boldsymbol{x}^{\mathrm{T}}\boldsymbol{A}\boldsymbol{x}$，则下列命题等价：

(1) $f(x_1,x_2,\cdots,x_n)=\boldsymbol{x}^{\mathrm{T}}\boldsymbol{A}\boldsymbol{x}$ 是正定二次型，即矩阵 $\boldsymbol{A}$ 是正定矩阵；

(2) $\boldsymbol{A}$ 的特征值均为正；

(3) $f(x_1,x_2,\cdots,x_n)=\boldsymbol{x}^{\mathrm{T}}\boldsymbol{A}\boldsymbol{x}$ 的标准形的 n 个系数均为正；

(4) $f(x_1,x_2,\cdots,x_n)=\boldsymbol{x}^{\mathrm{T}}\boldsymbol{A}\boldsymbol{x}$ 的正惯性指数为 n；

(5) 矩阵 $\boldsymbol{A}$ 与单位矩阵 $\boldsymbol{E}$ 合同；

(6) 存在可逆矩阵 $\boldsymbol{P}$,使 $\boldsymbol{A}=\boldsymbol{P}^{\mathrm{T}}\boldsymbol{P}$；

(7) $\boldsymbol{A}$ 的各阶顺序主子式都为正,即

$$a_{11}>0,\quad \begin{vmatrix} a_{11} & a_{12} \\ a_{21} & a_{22} \end{vmatrix}>0,\quad \cdots,\quad \begin{vmatrix} a_{11} & \cdots & a_{1n} \\ \vdots & & \vdots \\ a_{n1} & \cdots & a_{nn} \end{vmatrix}>0.$$

证明 (1) ⇒(2)：设 λ 为矩阵 $\boldsymbol{A}$ 的任一特征值,$\boldsymbol{\alpha}$ 为对应的实特征向量,则 $\boldsymbol{A\alpha}=\lambda\boldsymbol{\alpha}$，且 $\boldsymbol{\alpha}\neq\boldsymbol{0}$,由于 $f=\boldsymbol{x}^{\mathrm{T}}\boldsymbol{Ax}$ 为正定二次型,可得 $\boldsymbol{\alpha}^{\mathrm{T}}\boldsymbol{A\alpha}=\boldsymbol{\alpha}^{\mathrm{T}}\lambda\boldsymbol{\alpha}>0$. 又因为 $\boldsymbol{\alpha}^{\mathrm{T}}\lambda\boldsymbol{\alpha}=\lambda\boldsymbol{\alpha}^{\mathrm{T}}\boldsymbol{\alpha}$，则 $\boldsymbol{\alpha}^{\mathrm{T}}\boldsymbol{\alpha}=\|\boldsymbol{\alpha}\|^2>\boldsymbol{0}$,所以可得 $\lambda=\dfrac{\boldsymbol{\alpha}^{\mathrm{T}}\boldsymbol{A}\boldsymbol{\alpha}}{\boldsymbol{\alpha}^{\mathrm{T}}\boldsymbol{\alpha}}>0$.

(2) ⇒(3) ⇒(4) ⇒(5) 显然成立.

(5) ⇒(6) ：矩阵 $\boldsymbol{A}$ 与单位矩阵 $\boldsymbol{E}$ 合同,故存在可逆矩阵 $\boldsymbol{C}$,使得

$$\boldsymbol{C}^{\mathrm{T}}\boldsymbol{AC}=\boldsymbol{E}.$$

从而矩阵 $\boldsymbol{A}=(\boldsymbol{C}^{-1})^{\mathrm{T}}\boldsymbol{EC}^{-1}=(\boldsymbol{C}^{-1})^{\mathrm{T}}\boldsymbol{C}^{-1}$. 取 $\boldsymbol{P}=\boldsymbol{C}^{-1}$ 即得.

(6) ⇒(1)：对于任意 n 维非零向量 $\boldsymbol{x}$,矩阵 $\boldsymbol{P}$ 是可逆的,所以 $\boldsymbol{Px}\neq\boldsymbol{0}$,于是

$$\boldsymbol{x}^{\mathrm{T}}\boldsymbol{Ax}=\boldsymbol{x}^{\mathrm{T}}\boldsymbol{P}^{\mathrm{T}}\boldsymbol{Px}=(\boldsymbol{Px})^{\mathrm{T}}(\boldsymbol{Px})=\|\boldsymbol{Px}\|^2>0,$$

故 $f(x_1,x_2,\cdots,x_n)=\boldsymbol{x}^{\mathrm{T}}\boldsymbol{Ax}$ 是正定二次型.

等价条件(7)在此不予证明.

例 6.8 判定二次型 $f(x_1,x_2,x_3)=x_1^2+2x_2^2+5x_3^2+2x_1x_2+2x_1x_3+2x_2x_3$ 的正定性.

解 二次型对应的矩阵为

$$\boldsymbol{A}=\begin{pmatrix} 1 & 1 & 1 \\ 1 & 2 & 1 \\ 1 & 1 & 5 \end{pmatrix},$$

$\boldsymbol{A}$ 的各阶顺序主子式

$$A_1=1>0,\quad A_2=\begin{vmatrix} 1 & 1 \\ 1 & 2 \end{vmatrix}=1>0,\quad A_3=\begin{vmatrix} 1 & 1 & 1 \\ 1 & 2 & 1 \\ 1 & 1 & 5 \end{vmatrix}=4>0,$$

因此二次型 $f(x_1,x_2,x_3)$是正定的.

例 6.9 如果 $\boldsymbol{A}$ 是 n 阶正定矩阵,则 $\boldsymbol{A}^{-1},\boldsymbol{A}^*,\boldsymbol{A}^m(m\in\mathbb{N}^+)$也是正定矩阵.

证明 因为 $\boldsymbol{A}$ 是正定矩阵,故 $|\boldsymbol{A}|>0$,由定理 6.7 知,矩阵 $\boldsymbol{A}$ 的特征值 $\lambda_i(i=1,2,\cdots,n)$全大于零,由例 5.4 知,$\dfrac{1}{\lambda_i}>0(i=1,2,\cdots,n)$是 $\boldsymbol{A}^{-1}$ 的全部特征值,再次根据定理 6.7 知 $\boldsymbol{A}^{-1}$ 是正定矩阵.

同理 $\dfrac{|\boldsymbol{A}|}{\lambda_i}>0,\lambda_i^m>0(i=1,2,\cdots,n)$分别是 $\boldsymbol{A}^*$ 和 $\boldsymbol{A}^m(m\in\mathbb{N}^+)$的全部特征值,从而 $\boldsymbol{A}^*,\boldsymbol{A}^m(m\in\mathbb{N}^+)$也是正定矩阵.

与正定性类似,我们还有其他定义.

定义 6.8 实二次型 $f(x_1,x_2,\cdots,x_n)=\boldsymbol{x}^{\mathrm{T}}\boldsymbol{A}\boldsymbol{x}$,如果对于任意的 n 维实向量 $(c_1,c_2,\cdots,c_n)\neq\boldsymbol{0}$,

(1) 都有 $f(c_1,c_2,\cdots,c_n)\geqslant 0$,则称 $f(x_1,x_2,\cdots,x_n)=\boldsymbol{x}^{\mathrm{T}}\boldsymbol{A}\boldsymbol{x}$ 为半正定二次型,相应地,实对称矩阵 $\boldsymbol{A}$ 称为半正定矩阵;

(2) 都有 $f(c_1,c_2,\cdots,c_n)\leqslant 0$,则称 $f(x_1,x_2,\cdots,x_n)=\boldsymbol{x}^{\mathrm{T}}\boldsymbol{A}\boldsymbol{x}$ 为半负定二次型,相应地,实对称矩阵 $\boldsymbol{A}$ 称为半负定矩阵;

(3) $f(c_1,c_2,\cdots,c_n)$的符号不确定,则称 $f(x_1,x_2,\cdots,x_n)=\boldsymbol{x}^{\mathrm{T}}\boldsymbol{A}\boldsymbol{x}$ 为不定二次型,相应地,实对称矩阵 $\boldsymbol{A}$ 称为不定矩阵.

习题 6.3

1. n 阶实对称矩阵 $\boldsymbol{A}$ 正定的充要条件是(　　).

A. $|\boldsymbol{A}|>0$　　　　B. $\boldsymbol{A}$ 的所有特征值非负

C. $\boldsymbol{A}^{-1}$ 为正定矩阵　　　　D. $\boldsymbol{A}$ 可逆

2. 判别下列二次型的类型.

(1) $f(x_1,x_2,x_3)=x_1^2+2x_1x_2+2x_2^2+5x_3^2+4x_2x_3$;

(2) $f(x_1,x_2,x_3,x_4)=2x_1^2+2x_1x_2+3x_2^2+x_3^2+2x_2x_3+6x_4^2+4x_3x_4$;

(3) $f(x_1,x_2,x_3)=-x_1^2+2x_1x_2+2x_2^2+3x_3^2+2x_2x_3$;

(4) $f(x_1,x_2,x_3)=x_1^2+6x_1x_2+2x_2^2-x_3^2+4x_2x_3$.

3. 若下列二次型为正定的,试求 a 的取值范围.

(1) $f(x_1,x_2,x_3)=x_1^2+6x_1x_2+10x_2^2+2ax_2x_3+x_3^2$;

(2) $f(x_1,x_2,x_3)=x_1^2+ax_1x_2+ax_1x_3+x_2x_3+2x_2^2+3x_3^2$.

4. 证明:若 $\boldsymbol{A},\boldsymbol{B}$ 为正定矩阵,证明 $k\boldsymbol{A}+l\boldsymbol{B}(k,l>0)$为正定矩阵.

第 6 章总复习题

一、填空题

1. 二次型 $f(x_1,x_2,x_3)=x_1^2+2x_2^2+3x_3^2+4x_1x_2+2x_2x_3$ 的矩阵为________.

2. 矩阵 $\boldsymbol{A}=\begin{pmatrix}1&1&2\\3&2&-1\\6&-1&3\end{pmatrix}$对应的二次型是________.

3. 二次型 $f(x_1,x_2,x_3)=x_1^2+4x_2^2+2x_3^2+2tx_1x_2+2x_1x_3$ 是正定的,那么 t 应满足不等式________.

4. 设 n 阶实对称矩阵 $\boldsymbol{A}$ 的特征值分别为 $1,2,\cdots,n$,则当 t ________时,$t\boldsymbol{E}-\boldsymbol{A}$ 为正定矩阵.

二、选择题

1. 设 $\boldsymbol{A},\boldsymbol{B}$ 都是 n 阶矩阵，且都正定，则 $\boldsymbol{AB}$ 是(　　).

A. 实对称矩阵　　B. 正定矩阵　　C. 可逆矩阵　　D. 正交矩阵

2. 实二次型 $f(x_1,x_2,x_3,x_4)=x_1^2+tx_2^2+3x_3^2+2x_1x_2$，当 $t=$(　　)时，其秩为 2.

A. 0　　B. 1　　C. 2　　D. 3

3. 实二次型 $f(x_1,x_2,\cdots,x_n)=\boldsymbol{x}^{\mathrm{T}}\boldsymbol{Ax}$ 为正定的充分必要条件是(　　).

A. $|\boldsymbol{A}|>0$　　B. 存在 n 阶可逆矩阵 $\boldsymbol{C}$，使 $\boldsymbol{A}=\boldsymbol{C}^{\mathrm{T}}\boldsymbol{C}$

C. 负惯性指数为零

D. 对于某一 $\boldsymbol{x}=(x_1,x_2,\cdots,x_n)^{\mathrm{T}}\neq\boldsymbol{0}$，$\boldsymbol{x}^{\mathrm{T}}\boldsymbol{Ax}>0$.

4．设 $\boldsymbol{A},\boldsymbol{B}$ 是 n 阶正定矩阵，则(　　)是正定矩阵.

A. $\boldsymbol{A}^*+\boldsymbol{B}^*$　　B. $\boldsymbol{A}^*-\boldsymbol{B}^*$　　C. $\boldsymbol{A}^*\boldsymbol{B}^*$　　D. $k_1\boldsymbol{A}^*+k_2\boldsymbol{B}^*$

三、计算题

1. 设 $\boldsymbol{A}=\begin{pmatrix}0&-1&4\\-1&3&a\\4&a&0\end{pmatrix}$，存在正交矩阵 $\boldsymbol{Q}$ 使得 $\boldsymbol{Q}^{\mathrm{T}}\boldsymbol{AQ}$ 为对角矩阵，且 $\boldsymbol{Q}$ 第一列为 $\dfrac{\sqrt{6}}{6}(1,2,1)^{\mathrm{T}}$，求 a 和 $\boldsymbol{Q}$.

2. 若实对称矩阵 $\boldsymbol{A}$ 与 $\boldsymbol{B}=\begin{pmatrix}2&0&0\\0&1&-1\\0&-1&2\end{pmatrix}$ 合同，试求二次型 $f=\boldsymbol{x}^{\mathrm{T}}\boldsymbol{Ax}$ 在实数域上的规范形和正负惯性指数.

3. 已知二次型 $f=\boldsymbol{x}^{\mathrm{T}}\boldsymbol{Ax}=x_1^2+x_2^2+x_3^2+2ax_1x_2+2bx_2x_3$，$(0,1,-1)^{\mathrm{T}}$ 是 $\boldsymbol{A}$ 的属于特征值 $\lambda=-1$ 的一个特征向量，试用正交变换法求二次型在实数域上的标准形.

第 6 章综合提升题

一、选择题

1. 设二次型 $f(x_1,x_2,x_3)=\boldsymbol{x}^{\mathrm{T}}\boldsymbol{Ax}$ 的规范形为 $f(x_1,x_2,x_3)=y_1^2-y_2^2-y_3^2$，其中 $\boldsymbol{A}$ 为三阶实对称矩阵，则下面结论中正确的个数是(　　).

① $\boldsymbol{A}$ 的特征值必为 $1,-1,-1$；② $\boldsymbol{A}$ 的秩为 3；③ $\boldsymbol{A}$ 的行列式小于 0；④ $\boldsymbol{A}$ 相似于对角矩阵 $\begin{pmatrix}1&&\\&-1&\\&&-1\end{pmatrix}$；⑤ $\boldsymbol{A}$ 合同于对角矩阵 $\begin{pmatrix}1&&\\&-1&\\&&-1\end{pmatrix}$.

A. 1 个　　B. 2 个　　C. 3 个　　D. 4 个

2. 设二次型 $f(x_1,x_2,x_3)=a(x_1^2+x_2^2+x_3^2)+2x_1x_2+2x_1x_3+2x_2x_3$ 的正、负惯性指数分别为 1,2，则(　　).

A. $a>1$　　B. $a<-2$

C. $-2<a<1$　　D. $a=1$ 或者 $a=-2$

3. n 阶实对称矩阵 $\boldsymbol{A}$ 合同于矩阵 $\boldsymbol{B}$ 的充分必要条件是(　　).

A. $\mathrm{r}(\boldsymbol{A})=\mathrm{r}(\boldsymbol{B})$　　B. $\boldsymbol{A}$ 与 $\boldsymbol{B}$ 的正、负惯性指数分别相等

C. $\boldsymbol{A}$ 与 $\boldsymbol{B}$ 是正交矩阵　　D. $\boldsymbol{A}$ 与 $\boldsymbol{B}$ 是正定矩阵

4. 设 $\boldsymbol{A}$ 为 4 阶实对称矩阵，且 $\boldsymbol{A}^2-4\boldsymbol{A}-5\boldsymbol{E}=\boldsymbol{0}$，若 $\mathrm{r}(\boldsymbol{A}+\boldsymbol{E})=1$，则二次型 $\boldsymbol{x}^{\mathrm{T}}\boldsymbol{A}\boldsymbol{x}$ 在正交变换下的标准形为(　　).

A. $y_1^2-y_2^2-y_3^2-y_4^2$　　B. $y_1^2-y_2^2+y_3^2-5y_4^2$

C. $y_1^2+y_2^2-5y_3^2-5y_4^2$　　D. $-y_1^2-y_2^2-y_3^2+5y_4^2$

5. 设 $\boldsymbol{A}=\begin{pmatrix}2&-1&-1\\-1&2&-1\\-1&-1&2\end{pmatrix}$，$\boldsymbol{B}=\begin{pmatrix}1&0&0\\0&1&0\\0&0&0\end{pmatrix}$，则 $\boldsymbol{A}$ 与 $\boldsymbol{B}$ 为(　　).

A. 合同，且相似　　B. 合同，但不相似

C. 不合同，但相似　　D. 既不合同，也不相似

6. 设 $\boldsymbol{A}$ 为 $m\times n$ 矩阵，且 $\mathrm{r}(\boldsymbol{A})=m$，则下列命题中正确的个数为(　　).

①$|\boldsymbol{A}\boldsymbol{A}^{\mathrm{T}}|\neq 0$；②$\boldsymbol{A}\boldsymbol{A}^{\mathrm{T}}$ 与单位矩阵 $\boldsymbol{E}_m$ 等价；③$\boldsymbol{A}\boldsymbol{A}^{\mathrm{T}}$ 与对角矩阵相似；④$\boldsymbol{A}\boldsymbol{A}^{\mathrm{T}}$ 与单位矩阵合同.

A. 1 个　　B. 2 个　　C. 3 个　　D. 4 个

7. 设二次型 $f(x_1,x_2,x_3)=\boldsymbol{x}^{\mathrm{T}}\boldsymbol{A}\boldsymbol{x}$ 在正交变换下可化成 $y_1^2-2y_2^2+3y_3^2$，则二次型 f 的矩阵 $\boldsymbol{A}$ 的行列式与迹分别为(　　).

A. $-6,-2$　　B. $6,-2$　　C. $-6,2$　　D. $6,2$

8. 二次型 $f(x_1,x_2,x_3)=(x_1+x_2)^2+(x_2+x_3)^2-(x_3-x_1)^2$ 的正惯性指数和负惯性指数依次是(　　).

A. $2,0$　　B. $1,1$　　C. $2,1$　　D. $1,2$

9. 二次型 $f(x_1,x_2,x_3)=(x_1+x_2)^2+(x_1+x_3)^2-4(x_2-x_3)^2$ 的规范形是(　　).

A. $y_1^2+y_2^2$　　B. $y_1^2-y_2^2$　　C. $y_1^2+y_2^2-4y_3^2$　　D. $y_1^2+y_2^2-y_3^2$

二、填空题

1. 设实对称矩阵 $\boldsymbol{A}$ 与矩阵 $\boldsymbol{B}=\begin{pmatrix}0&3&0\\3&0&0\\0&0&2\end{pmatrix}$ 合同，则二次型 $\boldsymbol{x}^{\mathrm{T}}\boldsymbol{A}\boldsymbol{x}$ 的规范形为________.

2. 设二次型 $f(x_1,x_2,x_3)=\boldsymbol{x}^{\mathrm{T}}\boldsymbol{A}\boldsymbol{x}$ 的秩为 1，$\boldsymbol{A}$ 的各行元素之和为 3，则 f 在正交变换 $\boldsymbol{x}=\boldsymbol{Q}\boldsymbol{y}$ 下的标准形为________.

3. 设实矩阵 $\boldsymbol{A}=\begin{pmatrix}a+1&a\\a&a\end{pmatrix}$，若对任意实向量 $\boldsymbol{\alpha}=\begin{pmatrix}x_1\\x_2\end{pmatrix}$，$\boldsymbol{\beta}=\begin{pmatrix}y_1\\y_2\end{pmatrix}$，$(\boldsymbol{\alpha}^{\mathrm{T}}\boldsymbol{A}\boldsymbol{\beta})\leqslant\boldsymbol{\alpha}^{\mathrm{T}}\boldsymbol{A}\boldsymbol{\alpha}\cdot\boldsymbol{\beta}^{\mathrm{T}}\boldsymbol{A}\boldsymbol{\beta}$ 都成立，则 a 的取值范围为________.

三、计算题

1. 设二次型 $f(x_1,x_2,x_3)=(x_1-x_2+x_3)^2+(x_2+x_3)^2+(x_1+ax_3)^2$，其中 a 是参数. 求：

(1) $f(x_1,x_2,x_3)=0$ 的解；　　(2) $f(x_1,x_2,x_3)$ 的规范形.

2. 设二次型 $f(x_1,x_2,x_3)=ax_1^2+ax_2^2+(a-1)x_3^2+2x_1x_3-2x_2x_3$，求：

(1) 二次型 f 的矩阵的所有特征值；(2) 二次型 f 的规范形为 $y_1^2+y_2^2$，求 a 的值.

3. 已知二次型 $f(x_1,x_2,x_3)=3x_1^2+4x_2^2+3x_3^2+2x_1x_3$，

(1) 求正交变换 $\boldsymbol{x}=\boldsymbol{Q}\boldsymbol{y}$ 将 f 化为标准形；

(2) 证明：$\min\limits_{\boldsymbol{x}\neq\boldsymbol{0}}\dfrac{f(\boldsymbol{x})}{\boldsymbol{x}^{\mathrm{T}}\boldsymbol{x}}=2$.

4. 判断 n 元二次型 $\sum\limits_{i=1}^{n}x_i^2+\sum\limits_{1\leqslant i<j\leqslant n}x_ix_j$ 的正定性.

四、证明题

1. $\boldsymbol{A}$ 是 n 阶实对称矩阵，$\boldsymbol{AB}+\boldsymbol{B}^{\mathrm{T}}\boldsymbol{A}$ 是正定的，证明：$\boldsymbol{A}$ 可逆.

2. 设二次型 $f(x_1,x_2,x_3)=2(a_1x_1+a_2x_2+a_3x_3)^2+(b_1x_1+b_2x_2+b_3x_3)^2$.

记 $\boldsymbol{\alpha}=\begin{pmatrix}a_1\\a_2\\a_3\end{pmatrix}$，$\boldsymbol{\beta}=\begin{pmatrix}b_1\\b_2\\b_3\end{pmatrix}$.

(1) 证明二次型 f 对应的矩阵为 $2\boldsymbol{\alpha}\boldsymbol{\alpha}^{\mathrm{T}}+\boldsymbol{\beta}\boldsymbol{\beta}^{\mathrm{T}}$；

(2) 若 $\boldsymbol{\alpha}$，$\boldsymbol{\beta}$ 正交且为单位向量，证明 f 在正交变换下的标准形为 $2y_1^2+y_2^2$.

参考答案

第1章习题答案

习题1.1

一、改变,不改变

二、1. A.　2. A.

三、1. 23.　2. $\dfrac{n(n-1)}{2}$.　3. $\dfrac{n(n-1)}{2}$.

习题1.2

一、1. $\begin{vmatrix} 2 & 5 \\ 3 & -1 \end{vmatrix}$；$-17$.　2. 负.　3. $a_{11}a_{23}a_{34}a_{42}$.　4. 0.

二、1. C.　2. C.

三、1. $D=0$.　2. $D=1+a^2+b^2+c^2$.　3. 2025!.

四、略.

习题1.3

一、1. $2D$.　2. $-18D$.　3. -160.

二、1. B.　2. D.

三、1. 21.　2. $D=(a+(n-1)b)(a-b)^{n-1}$.　3. $-\dfrac{13}{12}$.　4. $b_1b_2\cdots b_n$.　5. $2^{n-2}(3-n^2)$.　6. $D=0$.

习题1.4

一、1. 0.　2. -9.　3. 0.　4. ① $-\dfrac{7}{2}$；② $\dfrac{21}{2}$.

二、1. D.　2. C.　3. D.　4. B.

三、1. $(\lambda+2)(\lambda-7)^2$.　2. $(2x+2y)(xy-x^2-y^2)$.　3. $D=a+b+d$.

4. $D=x^n+(-1)^{n+1}y^n$.　5. 288.　6. $(-1)^n(n+1)a_1a_2\cdots a_n$.

习题1.5

一、$x_1=\dfrac{D_1}{D}=\dfrac{3}{2}, x_2=\dfrac{D_2}{D}=0, x_3=\dfrac{D_3}{D}=-\dfrac{1}{2}$.

二、$x_1=\dfrac{D_1}{D}=0, x_2=\dfrac{D_2}{D}=0, x_3=\dfrac{D_3}{D}=0$.

三、当 $\lambda\neq 2$ 时,有唯一解：$x_1=\dfrac{D_1}{D}=\dfrac{3\lambda}{\lambda-2}, x_2=\dfrac{D_2}{D}=\dfrac{\lambda-4}{\lambda-2}, x_3=\dfrac{D_3}{D}=\dfrac{\lambda}{\lambda-2}$.

四、当 $k\neq 3$ 且 $k\neq 2$ 时,有唯一零解；当 $k=3$ 或 $k=2$ 时,有无穷多解.

第 1 章总复习题

一、1. 3,5.　2. -2.　3. 0,0.　4. $(n-2)!$.　5. 0.　6. 0.　7. 0,0.

8. $-1,\dfrac{1}{a}$.

二、1. A.　2. D.　3. C.　4. B.　5. C.

三、1. x^3.　2. $-(a+b+c+d)(d-c)(d-b)(d-a)(c-b)(c-a)(b-c)$.　3. $-2(n-2)!$.

四、$x_1=\dfrac{D_1}{D}=2,x_2=\dfrac{D_2}{D}=-1,x_3=\dfrac{D_3}{D}=-1$.

五、当 $b\neq 0$ 且 $a\neq 1$ 时,方程组只有零解;当 $b=0$ 或 $a=1$ 时,方程组有非零解.

六、$A_{41}+A_{42}=12,A_{43}+A_{44}=-9$.

第 1 章综合提升题

1. B.　2. 3.　3. $\lambda^4+\lambda^3+2\lambda^2+3\lambda+4$.　4. $a^2(a^2-4)$.　5. $2^{n+1}-2$.

6. -2.94×10^7.　7. 当 $a\neq -\dfrac{b}{4}$ 且 $a\neq b$ 时,此方程组只有零解.

第 2 章习题答案

习题 2.1

1. $a=3,b=2,c=4,d=3$.　2. 略.

习题 2.2

一、1. $2^{k-1}\begin{pmatrix}1&0&1\\0&0&0\\1&0&1\end{pmatrix}$.　2. $-m^6$.　3. $\mathbf{0}$.　4. 54.

二、1. D.　2. C.　3. A.

三、1. $\begin{pmatrix}-1&-1&5&-7\\23&-3&-9&-13\\-5&-11&2&9\end{pmatrix}$;$\dfrac{1}{2}\begin{pmatrix}3&-4&5&-8\\12&10&-11&-2\\-2&1&4&1\end{pmatrix}$.

2. (1) $\begin{pmatrix}10&4&-1\\4&-3&-1\end{pmatrix}$;(2) $\begin{pmatrix}1&0&0\\0&2^k&0\\0&0&3^k\end{pmatrix}$.

3. $\begin{pmatrix}-13&-3\\3&-5\end{pmatrix}$;$\begin{pmatrix}5&8&11\\-6&-8&-2\\-3&-6&-15\end{pmatrix}$;$\begin{pmatrix}10&14&8\\14&20&14\\8&14&26\end{pmatrix}$.

4. $\begin{pmatrix}4&4&4\\9&-3&-10\\-3&5&6\end{pmatrix}$.

习题 2.3

一、1. $\dfrac{1}{3}\boldsymbol{A}^{-1}$.　2. $\boldsymbol{A}$ 与 $\boldsymbol{B}$ 至少有一个不可逆.　3. $\boldsymbol{A}$.　4. $-\dfrac{32}{5}$.

二、1. B.　2. D.　3. C.　4. C.

三、1. $\begin{pmatrix}1 & -4 & -3\\1 & -5 & -3\\-1 & 6 & 4\end{pmatrix}$.　　2. $\begin{pmatrix}4 & -1 & -1\\0 & 2 & -1\\-1 & -1 & 1\end{pmatrix}$.

四、1. 由 $\boldsymbol{A}^2-2\boldsymbol{A}+\boldsymbol{E}=\boldsymbol{0}$ 得 $2\boldsymbol{A}-\boldsymbol{A}^2=\boldsymbol{E}$，即 $\boldsymbol{A}(2\boldsymbol{E}-\boldsymbol{A})=\boldsymbol{E}$，所以 $\boldsymbol{A}$ 可逆，且 $\boldsymbol{A}^{-1}=(2\boldsymbol{E}-\boldsymbol{A})$.

2. 由 $\boldsymbol{A}^2=\boldsymbol{A}$，得 $\boldsymbol{A}-\boldsymbol{A}^2+\boldsymbol{E}=\boldsymbol{E}$，有 $\boldsymbol{A}-\frac{1}{2}\boldsymbol{A}^2+\boldsymbol{E}-\frac{1}{2}\boldsymbol{A}^2=\boldsymbol{E}$，进一步有

$$\boldsymbol{A}\left(\boldsymbol{E}-\frac{1}{2}\boldsymbol{A}\right)+\boldsymbol{E}-\frac{1}{2}\boldsymbol{A}=\boldsymbol{E}\text{，即}(\boldsymbol{E}+\boldsymbol{A})\left(\boldsymbol{E}-\frac{1}{2}\boldsymbol{A}\right)=\boldsymbol{E}，$$

所以 $\boldsymbol{E}+\boldsymbol{A}$ 可逆，且 $(\boldsymbol{E}+\boldsymbol{A})^{-1}=\left(\boldsymbol{E}-\frac{1}{2}\boldsymbol{A}\right)$.

3. 由 $\boldsymbol{A}+\boldsymbol{B}=\boldsymbol{AB}$，得 $\boldsymbol{AB}-\boldsymbol{A}-\boldsymbol{B}=\boldsymbol{0}$，故有 $\boldsymbol{AB}-\boldsymbol{A}-\boldsymbol{B}+\boldsymbol{E}=\boldsymbol{E}$，即 $(\boldsymbol{A}-\boldsymbol{E})(\boldsymbol{B}-\boldsymbol{E})=\boldsymbol{E}$，所以 $\boldsymbol{A}-\boldsymbol{E}$ 为可逆矩阵，且 $(\boldsymbol{A}-\boldsymbol{E})^{-1}=\boldsymbol{B}-\boldsymbol{E}$.

4. 由矩阵 $\boldsymbol{A}$ 可逆知 $|\boldsymbol{A}|\neq\boldsymbol{0}$，而 $\boldsymbol{AA}^*=|\boldsymbol{A}|\boldsymbol{E}$，故 $|\boldsymbol{A}||\boldsymbol{A}^*|=|\boldsymbol{A}|^n$，因此 $|\boldsymbol{A}^*|=|\boldsymbol{A}|^{n-1}\neq 0$，所以 $\boldsymbol{A}$ 的伴随矩阵 $\boldsymbol{A}^*$ 可逆.

习题 2.4

一、1. a^2b^2.　　2. -10.　　3. $\boldsymbol{A}$.

二、1. $\begin{pmatrix}3 & 0 & 7 & 2\\1 & 2 & 0 & 3\\0 & 0 & 2 & 0\\0 & 0 & 0 & 2\end{pmatrix}$.　　2. $\begin{pmatrix}1 & 1 & -2 & -1\\0 & 1 & 0 & -1\\0 & 0 & 1 & 0\\0 & 0 & 0 & 1\end{pmatrix}$.

习题 2.5

一、$\boldsymbol{P}(3,2(2))$，$\boldsymbol{P}(2,3(4))$.

二、1. A.　　2. D.　　3. D.

三、1. $\begin{pmatrix}1 & 3 & -2\\-\frac{3}{2} & -3 & \frac{5}{2}\\1 & 1 & -1\end{pmatrix}$.　　2. $\begin{pmatrix}1 & -1 & 0\\0 & 1 & -1\\0 & 0 & 1\end{pmatrix}$.

四、1. $\begin{pmatrix}-1 & 2 & 1\\1 & 7 & 3\\4 & 5 & 0\end{pmatrix}$.　　2. $\begin{pmatrix}15 & -\frac{19}{3}\\5 & -\frac{5}{3}\\-7 & 3\end{pmatrix}$.　　3. $\begin{pmatrix}-2 & 2 & 6\\2 & 0 & -3\\2 & -1 & -3\end{pmatrix}$.　　4. $\frac{1}{4}\begin{pmatrix}1 & 1 & 0\\0 & 1 & 1\\1 & 0 & 1\end{pmatrix}$.

习题 2.6

一、$k=1$.

二、1. 4.　　2. 3.

第 2 章总复习题

一、1. 1600.　　2. $\begin{pmatrix}1 & \frac{1}{2} & 0\\-\frac{1}{2} & 1 & 0\\0 & 0 & 2\end{pmatrix}$.　　3. ± 1.　　4. $-\frac{16}{27}$.　　5. -100.

二、1. D.　2. C.　3. A.

三、1. $\begin{pmatrix} \frac{4}{3} & -\frac{1}{6} & -\frac{5}{6} \\ \frac{1}{3} & -\frac{1}{6} & \frac{1}{6} \\ -1 & \frac{1}{2} & \frac{1}{2} \end{pmatrix}$.　2. $\begin{pmatrix} \frac{3}{25} & \frac{4}{25} & 0 & 0 \\ \frac{4}{25} & -\frac{3}{25} & 0 & 0 \\ 0 & 0 & \frac{1}{2} & 0 \\ 0 & 0 & -\frac{1}{2} & \frac{1}{2} \end{pmatrix}$，$10^{16}$，$\begin{pmatrix} 625 & 0 & 0 & 0 \\ 0 & 625 & 0 & 0 \\ 0 & 0 & 16 & 0 \\ 0 & 0 & 64 & 16 \end{pmatrix}$.

3. 当 $\lambda=1$ 时，$r(\boldsymbol{A})=1$；当 $\lambda=-2$ 时，$r(\boldsymbol{A})=2$；当 $\lambda\neq1$ 且 $\lambda\neq-2$ 时，$r(\boldsymbol{A})=3$.

四、1. 由于$(\boldsymbol{E}-\boldsymbol{A})(\boldsymbol{E}+\boldsymbol{A}+\boldsymbol{A}^2+\cdots+\boldsymbol{A}^{k-1})=\boldsymbol{E}-\boldsymbol{A}^k=\boldsymbol{E}-\boldsymbol{0}=\boldsymbol{E}$，故$(\boldsymbol{E}-\boldsymbol{A})^{-1}=\boldsymbol{E}+\boldsymbol{A}+\boldsymbol{A}^2+\cdots+\boldsymbol{A}^{k-1}$.

2. (1) 由于 $\boldsymbol{A}$ 为可逆矩阵，故$|\boldsymbol{A}|\neq0$，所以$|\boldsymbol{A}^*|=|\boldsymbol{A}|^{n-1}\neq0$，即 $\boldsymbol{A}^*$ 可逆. 而 $\boldsymbol{A}\boldsymbol{A}^*=|\boldsymbol{A}|\boldsymbol{E}$，所以$\left(\frac{1}{|\boldsymbol{A}|}\boldsymbol{A}\right)\boldsymbol{A}^*=\boldsymbol{E}$，因此$(\boldsymbol{A}^*)^{-1}=\frac{1}{|\boldsymbol{A}|}\boldsymbol{A}$.

(2) 由于 $\boldsymbol{A}^{-1}(\boldsymbol{A}^{-1})^*=|\boldsymbol{A}^{-1}|\boldsymbol{E}$，故$(\boldsymbol{A}^{-1})^*=|\boldsymbol{A}^{-1}|\boldsymbol{A}=\frac{1}{|\boldsymbol{A}|}\boldsymbol{A}$，所以 $(\boldsymbol{A}^{-1})^*=(\boldsymbol{A}^*)^{-1}$.

第 2 章综合提升题

一、1. 3.　2. -27.　3. -1.　4. -4.　5. $\begin{pmatrix} 1 & 2025 \\ 0 & 1 \end{pmatrix}$.　6. $\frac{3}{2}$

二、1. B.　2. D.　3. C.　4. D.　5. B.　6. D.　7. C.　8. D.

三、1. 当 $a=-1, b=0$ 时，$\boldsymbol{C}=\begin{pmatrix} 1+k_1+k_2 & -k_1 \\ k_1 & k_2 \end{pmatrix}$，其中 k_1, k_2 为任意常数.

2. $6\begin{pmatrix} 1 & 0 & 0 & 0 \\ 0 & 1 & 0 & 0 \\ -1 & 0 & 1 & 0 \\ 0 & 3 & 0 & -6 \end{pmatrix}^{-1}=\begin{pmatrix} 6 & 0 & 0 & 0 \\ 0 & 6 & 0 & 0 \\ 6 & 0 & 6 & 0 \\ 0 & 3 & 0 & -1 \end{pmatrix}$.

3. (1) $a=0$；(2) $\begin{pmatrix} 3 & 1 & -2 \\ 1 & 1 & -1 \\ 2 & 1 & -1 \end{pmatrix}$.

第 3 章习题答案

习题 3.1

1. (1) $\begin{cases} x_1=1, \\ x_2=1, \\ x_3=1; \end{cases}$　(2) 无解；　(3) $\begin{cases} x_1=-\frac{1}{3}-\frac{2}{3}k \\ x_2=\frac{1}{3}-\frac{1}{3}k, \\ x_3=-k, \\ x_4=k, \end{cases}$ k 为任意常数；

(4) $\begin{cases} x_1=5k_1+k_2, \\ x_2=4k_1, \\ x_3=k_1, \\ x_4=k_2, \end{cases}$ k_1, k_2 为任意常数；(5) $\begin{cases} x_1=0, \\ x_2=0, \\ x_3=0. \end{cases}$

2. $\lambda=1$ 或 $\lambda=-\frac{4}{5}$.

即“$\lambda\neq-1$”.

3. 当 $\lambda\neq-1$ 时,有唯一解；当 $\lambda=-1$ 时,无解.

4. 当 $a\neq2$ 或 $b\neq3$ 时,无解；当 $a=2$ 且 $b=3$ 时,有解,其解为

$$\begin{cases} x_1=-2+k_1+k_2+5k_3, \\ x_2=3-2k_1-2k_2-6k_3, \\ x_3=k_1, \\ x_4=k_2, \\ x_5=k_3, \end{cases} \quad k_1,k_2,k_3 \text{ 为任意常数.}$$

习题 3.2

1. (1) $(8,-12,6)^{\mathrm{T}}$；　(2) $(7,-4,-2)^{\mathrm{T}}$.

2. $x=-1,y=-11,z=2$.

3. $(12,6,-1,-1)$.

习题 3.3

1. $\boldsymbol{\beta}=\frac{58}{7}\boldsymbol{\alpha}_1-\frac{13}{7}\boldsymbol{\alpha}_2$.

2. $\boldsymbol{\beta}=2\boldsymbol{\alpha}_1+2\boldsymbol{\alpha}_3$.

3. (1) 线性无关；(2) 线性相关.

4. (1) 当 $t=5$ 时,线性相关；(2) 当 $t\neq5$ 时,线性无关；(3) $\boldsymbol{\alpha}_3=-\boldsymbol{\alpha}_1+2\boldsymbol{\alpha}_2$.

5. 略.

习题 3.4

1. (1) 秩为 3,极大无关组为 $\boldsymbol{\alpha}_1,\boldsymbol{\alpha}_2,\boldsymbol{\alpha}_4$ 或 $\boldsymbol{\alpha}_1,\boldsymbol{\alpha}_3,\boldsymbol{\alpha}_4$ 或 $\boldsymbol{\alpha}_1,\boldsymbol{\alpha}_4,\boldsymbol{\alpha}_5$；

(2) 秩为 4,极大无关组为本身.

2. (1) 一个极大无关组为 $\boldsymbol{\alpha}_1,\boldsymbol{\alpha}_2,\boldsymbol{\alpha}_4$,且 $\boldsymbol{\alpha}_3=2\boldsymbol{\alpha}_1-\boldsymbol{\alpha}_2+0\boldsymbol{\alpha}_4$；

(2) 一个极大无关组为 $\boldsymbol{\alpha}_1,\boldsymbol{\alpha}_2,\boldsymbol{\alpha}_3$,且 $\boldsymbol{\alpha}_4=0\boldsymbol{\alpha}_1+\boldsymbol{\alpha}_2+\boldsymbol{\alpha}_3$.

3～4. 略.

习题 3.5

1. (1) 一个基础解系为 $\begin{pmatrix}1\\1\\0\\0\end{pmatrix},\begin{pmatrix}-2\\0\\-3\\1\end{pmatrix}$,通解为 $k_1\begin{pmatrix}1\\1\\0\\0\end{pmatrix}+k_2\begin{pmatrix}-2\\0\\-3\\1\end{pmatrix}$,$k_1,k_2$ 为任意常数；

(2) 一个基础解系为 $\begin{pmatrix}-3\\7\\2\\0\end{pmatrix},\begin{pmatrix}-1\\-2\\0\\1\end{pmatrix}$,通解为 $k_1\begin{pmatrix}-3\\7\\2\\0\end{pmatrix}+k_2\begin{pmatrix}-1\\-2\\0\\1\end{pmatrix}$,$k_1,k_2$ 为任意常数.

2. (1) 通解为 $\begin{pmatrix}-2\\5\\0\\0\end{pmatrix}+k_1\begin{pmatrix}-1\\2\\1\\0\end{pmatrix}+k_2\begin{pmatrix}5\\-7\\0\\1\end{pmatrix}$,$k_1k_2$ 为任意常数.

(2) 通解为$\begin{pmatrix}0\\0\\-1\\2\end{pmatrix}+k\begin{pmatrix}2\\1\\0\\0\end{pmatrix}$，$k$ 为任意常数；

(3) 通解为$\begin{pmatrix}2\\1\\0\\0\end{pmatrix}+k_1\begin{pmatrix}-1\\-2\\1\\0\end{pmatrix}+k_2\begin{pmatrix}-2\\-1\\0\\1\end{pmatrix}$，$k_1,k_2$ 为任意常数.

3. 当 $a=0$ 且 $b=2$ 时，有解，通解为$\begin{pmatrix}-2\\3\\0\\0\\0\end{pmatrix}+k_1\begin{pmatrix}1\\-2\\1\\0\\0\end{pmatrix}+k_2\begin{pmatrix}1\\-2\\0\\1\\0\end{pmatrix}+k_3\begin{pmatrix}5\\-6\\0\\0\\1\end{pmatrix}$，$k_1,k_2,k_3$ 为任意常数.

第 3 章总复习题

一、1. $\lambda=0$ 或 $\lambda=4$ 或 $\lambda=9$；$\lambda\neq0$ 且 $\lambda\neq4$ 且 $\lambda\neq9$.　2. 无关.　3. 无关.　4. 只有零解.　5. 无解.　6. 有唯一解.　7. $k(1,1,\cdots,1)^{\mathrm{T}}$.

二、1. A.　2. C.　3. D.　4. B.　5. D.　6. B.　7. D.　8. D.

三、1. $\boldsymbol{\beta}=\frac{5}{4}\boldsymbol{\alpha}_1+\frac{1}{4}\boldsymbol{\alpha}_2-\frac{1}{4}\boldsymbol{\alpha}_3-\frac{1}{4}\boldsymbol{\alpha}_4$.

2. (1) 秩为 3，一个极大线性无关组为$\boldsymbol{\alpha}_1,\boldsymbol{\alpha}_2,\boldsymbol{\alpha}_4$；

(2) $\boldsymbol{\alpha}_1=\boldsymbol{\alpha}_1+0\boldsymbol{\alpha}_2+0\boldsymbol{\alpha}_4$，$\boldsymbol{\alpha}_2=0\boldsymbol{\alpha}_1+\boldsymbol{\alpha}_2+0\boldsymbol{\alpha}_4$，$\boldsymbol{\alpha}_3=\boldsymbol{\alpha}_1+2\boldsymbol{\alpha}_2+0\boldsymbol{\alpha}_4$，$\boldsymbol{\alpha}_4=0\boldsymbol{\alpha}_1+0\boldsymbol{\alpha}_2+\boldsymbol{\alpha}_4$，$\boldsymbol{\alpha}_5=4\boldsymbol{\alpha}_1+2\boldsymbol{\alpha}_2-\boldsymbol{\alpha}_4$.

3. 通解为$\begin{pmatrix}-5\\0\\0\\4\\0\end{pmatrix}+k_1\begin{pmatrix}-3\\1\\0\\0\\0\end{pmatrix}+k_2\begin{pmatrix}7\\0\\1\\5\\0\end{pmatrix}+k_3\begin{pmatrix}3\\0\\0\\2\\1\end{pmatrix}$，$k_1,k_2,k_3$，为任意常数.

第 3 章综合提升题

一、1. B.　2. D.　3. C.　4. C.　5. D.　6. D.　7. C.　8. C.

二、1. -4；　2. 8.

三、(1) 略.　(2) $a=1$.

第 4 章习题答案

习题 4.1

1. 一组基是$\boldsymbol{\alpha}_1=\begin{pmatrix}-1\\1\\0\\\vdots\\0\end{pmatrix}$，$\boldsymbol{\alpha}_2=\begin{pmatrix}-1\\0\\1\\\vdots\\0\end{pmatrix}$，$\cdots$，$\boldsymbol{\alpha}_{n-1}=\begin{pmatrix}-1\\0\\0\\\vdots\\1\end{pmatrix}$，且 $\dim V=n-1$.

2. $2\boldsymbol{A}-\boldsymbol{B}$.

3. (1) $\begin{pmatrix} -2 & -\frac{3}{2} & \frac{3}{2} \\ 1 & \frac{3}{2} & \frac{3}{2} \\ 1 & \frac{1}{2} & -\frac{5}{2} \end{pmatrix}$； (2) $\begin{pmatrix} 1 \\ 0 \\ 1 \end{pmatrix}$.

习题 4.2

1. (1) $\boldsymbol{\eta}_1=\frac{\sqrt{6}}{6}\begin{pmatrix} 1 \\ 2 \\ -1 \end{pmatrix}$, $\boldsymbol{\eta}_2=\frac{\sqrt{3}}{3}\begin{pmatrix} -1 \\ 1 \\ 1 \end{pmatrix}$, $\boldsymbol{\eta}_3=\frac{\sqrt{2}}{2}\begin{pmatrix} 1 \\ 0 \\ 1 \end{pmatrix}$;

(2) $\boldsymbol{\eta}_1=\frac{\sqrt{3}}{3}\begin{pmatrix} 1 \\ 0 \\ -1 \\ 1 \end{pmatrix}$, $\boldsymbol{\eta}_2=\frac{\sqrt{15}}{15}\begin{pmatrix} 1 \\ -3 \\ 2 \\ 1 \end{pmatrix}$, $\boldsymbol{\eta}_3=\frac{\sqrt{35}}{35}\begin{pmatrix} -1 \\ 3 \\ 3 \\ 4 \end{pmatrix}$.

2. $\boldsymbol{\alpha}_3=(0,-1,1,0)^{\mathrm{T}}, \boldsymbol{\alpha}_4=(1,-1,-1,1)^{\mathrm{T}}$.

3. $\boldsymbol{\eta}_1=\frac{\sqrt{5}}{5}\begin{pmatrix} -2 \\ 1 \\ 0 \end{pmatrix}$, $\boldsymbol{\eta}_2=\frac{\sqrt{30}}{30}\begin{pmatrix} 1 \\ 2 \\ 5 \end{pmatrix}$.

4. 略

第 4 章总复习题

一、1. C.　2. B.　3. C.　4. D.　5. B.　6. D.

二、1. $\left(\frac{1}{2},-\frac{1}{2},\frac{1}{2},-\frac{1}{2}\right)^{\mathrm{T}}$.　2. $\pm\frac{6}{7}$.　3. $(-1,0,2)$.

4. $\pm\left(\frac{1}{\sqrt{7}},-\frac{1}{\sqrt{7}},\frac{2}{\sqrt{7}},-\frac{1}{\sqrt{7}}\right)$.　5. 1.　6. $\begin{pmatrix} -\frac{1}{2} & \frac{7}{2} \\ \frac{1}{2} & -\frac{3}{2} \end{pmatrix}$.　7. -7.

三、1. $\boldsymbol{\eta}_1=\frac{\sqrt{26}}{26}\begin{pmatrix} 3 \\ -4 \\ 1 \\ 0 \end{pmatrix}$, $\boldsymbol{\eta}_2=\frac{1}{13\sqrt{442}}\begin{pmatrix} -4 \\ 1 \\ 16 \\ 13 \end{pmatrix}$.

2. $\boldsymbol{\eta}_1=\frac{\sqrt{2}}{2}(0,1,1)^{\mathrm{T}}$, $\boldsymbol{\eta}_2=\frac{\sqrt{6}}{6}(2,-1,1)^{\mathrm{T}}$, $\boldsymbol{\eta}_3=\frac{\sqrt{3}}{3}(1,1,-1)^{\mathrm{T}}$.

3. $\boldsymbol{\alpha}_3=\left(\frac{1}{2},-\frac{1}{2},1,0\right)$, $\boldsymbol{\alpha}_4=\left(-\frac{1}{2},-\frac{1}{2},0,1\right)$.

四、略

第 4 章综合提升题

一、1. A.　2. D.

二、1. 11/9; 2. $\begin{pmatrix} 1 & 0 & 1 \\ 2 & 2 & 0 \\ 0 & 3 & 3 \end{pmatrix}$.

三、1. $\mathbf{R}^5$ 的一组基为

$$\boldsymbol{\alpha}_1,\boldsymbol{\alpha}_2,\boldsymbol{\varepsilon}_3=(0,0,1,0,0)^{\mathrm{T}},\quad \boldsymbol{\varepsilon}_4=(0,0,0,1,0)^{\mathrm{T}},\quad \boldsymbol{\varepsilon}_5=(0,0,0,0,1)^{\mathrm{T}};$$

标准正交基为$\boldsymbol{\eta}_1=\boldsymbol{\beta}_1=\boldsymbol{\varepsilon}_3,\boldsymbol{\eta}_2=\boldsymbol{\beta}_2=\boldsymbol{\varepsilon}_4,\boldsymbol{\eta}_3=\boldsymbol{\beta}_3=\boldsymbol{\varepsilon}_5$,其中

$$\boldsymbol{\eta}_4=\left(\frac{\sqrt{2}}{2},-\frac{\sqrt{2}}{2},0,0,0\right)^{\mathrm{T}},\quad \boldsymbol{\eta}_5=\left(\frac{\sqrt{2}}{2},\frac{\sqrt{2}}{2},0,0,0\right)^{\mathrm{T}}.$$

2. 略.　　3. 略.　　4. 略.

第 5 章习题答案

习题 5.1

1. (1) 特征值 $\lambda_1=-1,\lambda_2=1,\lambda_3=3$；对应于$-1,1,3$的特征向量分别为

$$k_1\begin{pmatrix}0\\-1\\1\end{pmatrix}(k_1\neq 0),\quad k_2\begin{pmatrix}1\\0\\0\end{pmatrix}(k_2\neq 0),\quad k_3\begin{pmatrix}0\\1\\1\end{pmatrix}(k_3\neq 0).$$

(2) 特征值 $\lambda_1=\lambda_2=1,\lambda_3=1-\sqrt{2},\lambda_4=1+\sqrt{2}$；对应于特征值 $1,1-\sqrt{2},1+\sqrt{2}$的特征向量分别为

$$k_1\begin{pmatrix}1\\0\\1\\0\end{pmatrix}+k_2\begin{pmatrix}0\\1\\0\\0\end{pmatrix}(k_1,k_2\text{ 为不全为零}),k_3\begin{pmatrix}1\\0\\-1\\\sqrt{2}\end{pmatrix}(k_3\neq 0),k_4\begin{pmatrix}-1\\0\\1\\\sqrt{2}\end{pmatrix}(k_4\neq 0).$$

2. (1) $-3,-3,\frac{11}{3}$；　(2) 8,8,16；　(3) $-\frac{4}{3},-\frac{4}{3},-\frac{8}{9}$.

3. 8,9,36,17.

4. (1) 19；　(2) 128；　(3) $\frac{27}{2}$.

习题 5.2

1. B.

2. (1) $\begin{pmatrix}0&1&0\\-1&0&1\\1&0&1\end{pmatrix}^{-1}\boldsymbol{A}\begin{pmatrix}1&1&0\\-1&0&1\\1&0&1\end{pmatrix}=\begin{pmatrix}-1&0&0\\0&1&0\\0&0&3\end{pmatrix}$；

(2) $\begin{pmatrix}1&0&1&-1\\0&1&0&0\\1&0&-1&1\\0&0&\sqrt{2}&\sqrt{2}\end{pmatrix}^{-1}\boldsymbol{A}\begin{pmatrix}1&0&1&-1\\0&1&0&0\\1&0&-1&1\\0&0&\sqrt{2}&\sqrt{2}\end{pmatrix}=\begin{pmatrix}1&0&0&0\\0&1&0&0\\0&0&1-\sqrt{2}&0\\0&0&0&1+\sqrt{2}\end{pmatrix}$.

3. 不能,$\mathrm{r}(\boldsymbol{A})=2$.

4. $x=2,y=7$.

5. 略.

习题 5.3

1. (1) $\begin{pmatrix}1/\sqrt{2}&1/\sqrt{2}&0\\0&0&1/\sqrt{2}\\-1/\sqrt{2}&1/\sqrt{2}&0\end{pmatrix}$；　(2) $\begin{pmatrix}-1/\sqrt{3}&-1/\sqrt{2}&1/\sqrt{6}\\-1/\sqrt{3}&1/\sqrt{2}&1/\sqrt{6}\\1/\sqrt{3}&0&2/\sqrt{6}\end{pmatrix}$

2. 提示：$\boldsymbol{A}$ 的特征值为 1 和 0.

3. 对应于 6 的特征向量为 $k(0\quad -1\quad 1)^{\mathrm{T}}(k\neq 0)$,$\begin{pmatrix}4&1&1\\1&4&1\\1&1&4\end{pmatrix}$.

4. 略.

第 5 章总复习题

一、1. C.　2. B.　3. A.　4. B.　5. D.

二、1. -4.　2. -1.　3. $\boldsymbol{P}^{-1}\boldsymbol{\alpha}$.　4. 1.　5. $\begin{pmatrix}-4&0&0\\0&-6&0\\0&0&-12\end{pmatrix}$.

三、1. (1) 特征值为 $\lambda_1=-1,\lambda_2=1,\lambda_3=0$,对应于 $-1,1,0$ 的特征向量分别为 $k_1\begin{pmatrix}1\\0\\-1\end{pmatrix}(k_1\neq 0)$,$k_2\begin{pmatrix}1\\0\\1\end{pmatrix}(k_2\neq 0)$,$k_3\begin{pmatrix}0\\1\\0\end{pmatrix}(k_3\neq 0)$.　(2) $\begin{pmatrix}0&0&1\\0&0&0\\1&0&0\end{pmatrix}$.

2. (1) $a=4,b=5$,　(2) $\begin{pmatrix}2&-3&-1\\1&0&-1\\0&1&1\end{pmatrix}$.

3. (1) $\boldsymbol{A}$ 的特征值为 $\lambda_1=-1,\lambda_2=\lambda_3=-\frac{1}{2},\lambda_4=0$;(2) 提示:$\boldsymbol{A}$ 有 4 个线性无关的特征向量,所以可以相似对角化;(3) $|3\boldsymbol{E}+\boldsymbol{A}|=6$.

4. $\boldsymbol{A}$ 的特征值为 $\lambda_1=(n-1)a+1,\lambda_2=\lambda_3=\cdots=\lambda_n=1-a$.

第 5 章综合提升题

一、1. B.　2. D.　3. A.　4. C.　5. A.　6. D.

二、1. 2.　2. $x=\frac{2}{3},y=-\frac{1}{3}$,　3. $\begin{pmatrix}1&0&0\\0&-3&0\\0&0&-5\end{pmatrix}$,　4. -1.　5. 16.

三、1. $a=c=2,b=-3,\lambda=1$.

2. $\boldsymbol{A}$ 的特征值 $\lambda_1=0$,对应的特征向量为

$$k_1\begin{pmatrix}-b_2\\b_1\\0\\\vdots\\0\end{pmatrix}+k_2\begin{pmatrix}-b_3\\0\\b_1\\\vdots\\0\end{pmatrix}+\cdots+k_{n-1}\begin{pmatrix}-b_n\\0\\0\\\vdots\\b_1\end{pmatrix},\quad k_1,k_2,\cdots,k_{n-1}\text{ 不全为零;}$$

特征值 $\lambda_2=\boldsymbol{\alpha}^{\mathrm{T}}\boldsymbol{\beta}$,对应的特征向量 $k\boldsymbol{\alpha}$,$k\neq 0$.($\boldsymbol{A\alpha}=(\boldsymbol{\alpha\beta}^{\mathrm{T}})\boldsymbol{\alpha}=\boldsymbol{\alpha}(\boldsymbol{\beta}^{\mathrm{T}}\boldsymbol{\alpha})=(\boldsymbol{\beta}^{\mathrm{T}}\boldsymbol{\alpha})\boldsymbol{\alpha}$)

3. (1) $\boldsymbol{A}^{99}=\begin{pmatrix}2^{99}-2&1-2^{99}&2-2^{98}\\2^{100}-2&1-2^{100}&2-2^{99}\\0&0&0\end{pmatrix}$;(2) $\begin{cases}\boldsymbol{\beta}_1=(2^{99}-2)\boldsymbol{\alpha}_1+(2^{100}-2)\boldsymbol{\alpha}_2,\\\boldsymbol{\beta}_2=(1-2^{99})\boldsymbol{\alpha}_1+(1-2^{100})\boldsymbol{\alpha}_2,\\\boldsymbol{\beta}_3=(2-2^{98})\boldsymbol{\alpha}_1+(2-2^{99})\boldsymbol{\alpha}_2.\end{cases}$

四、提示:利用特征值相等.

第 6 章习题答案

习题 6.1

1. (1) $(x_1,x_2,x_3)\begin{pmatrix}1&2&0\\2&2&1\\0&1&7\end{pmatrix}\begin{pmatrix}x_1\\x_2\\x_3\end{pmatrix}$,秩为 3;

(2) $(x_1,x_2,x_3,x_4)\begin{pmatrix}3&1&0&0\\1&1&2&-2\\0&2&1&0\\0&-2&0&1\end{pmatrix}\begin{pmatrix}x_1\\x_2\\x_3\\x_4\end{pmatrix}$，秩为 4；

(3) $f(x_1,x_2,x_3)=(x_1,x_2,x_3)\begin{pmatrix}1&2&1\\2&-1&2\\1&2&2\end{pmatrix}\begin{pmatrix}x_1\\x_2\\x_3\end{pmatrix}$，秩为 3.

2. (1) $f(x_1,x_2,x_3)=x_1^2+4x_1x_3+4x_2^2+8x_3^2+10x_2x_3$；

(2) $f(x_1,x_2,x_3,x_4)=3x_1^2+2x_1x_2+2x_3^2+4x_1x_3+x_4^2+8x_2x_4$.

3. D.　　4. 略.

习题 6.2

1. (1) $f(x_1,x_2,x_3)=2y_1^2-\frac{5}{2}y_2^2+\frac{23}{5}y_3^2$，实数域上的规范形 $f(x_1,x_2,x_3)=z_1^2-z_2^2+z_3^2$，复数域上的规范形 $f(x_1,x_2,x_3)=z_1^2+z_2^2+z_3^2$；

(2) $f(x_1,x_2,x_3)=y_1^2-y_2^2+2y_3^2-2y_4^2$，实数域上的规范形 $f=y_1^2-y_2^2+y_3^2-y_4^2$，复数域上的规范形 $f=z_1^2+z_2^2+z_3^2+z_4^2$.

2. (1) 标准形 $f(x_1,x_2,x_3)=y_1^2+y_2^2+4y_3^2$；(2) 标准形 $f(x_1,x_2,x_3)=y_1^2-\frac{1}{4}y_2^2-y_3^2$.

3. (1) 标准形 $f(x_1,x_2,x_3)=2y_1^2+2y_2^2$，$\begin{pmatrix}0&-\frac{1}{\sqrt{2}}&\frac{1}{\sqrt{2}}\\1&0&0\\0&\frac{1}{\sqrt{2}}&\frac{1}{\sqrt{2}}\end{pmatrix}$；

(2) 标准形 $f(x_1,x_2,x_3)=y_1^2-2y_2^2+4y_3^2$，$\begin{pmatrix}-\frac{2}{3}&\frac{1}{3}&\frac{2}{3}\\-\frac{1}{3}&\frac{2}{3}&-\frac{2}{3}\\\frac{2}{3}&\frac{2}{3}&\frac{1}{3}\end{pmatrix}$.

习题 6.3

1. C.

2. (1) 正定二次型；(2) 不定二次型；(3) 正定二次型；(4) 不定二次型.

3. (1) $-1<a<1$；(2) $-2\sqrt{2}<a<2\sqrt{2}$.

4. 提示：利用正交矩阵定义证明.

第 6 章总复习题

一、1. $\begin{pmatrix}1&2&0\\2&2&1\\0&1&3\end{pmatrix}$.　　2. $x_1^2+2x_2^2+3x_3^2+4x_1x_2+8x_1x_3-2x_2x_3$.　　3. $-\sqrt{2}<t<\sqrt{2}$.　　4. $>n$.

二、1. C.　　2. B.　　3. B.　　4. A.

三、1. $a=-1, \boldsymbol{Q}=\begin{pmatrix} \frac{\sqrt{6}}{6} & -\frac{\sqrt{2}}{2} & \frac{\sqrt{3}}{3} \\ \frac{\sqrt{6}}{3} & 0 & -\frac{\sqrt{3}}{3} \\ \frac{\sqrt{6}}{6} & \frac{\sqrt{2}}{2} & \frac{\sqrt{3}}{3} \end{pmatrix}$.

2. f 在正交变换下的规范形为 $y_1^2+y_2^2+y_3^2$. 正负惯性指数分别是 3,0.

3. f 在正交变换下的标准形为 $-y_1^2+y_2^2+3y_3^2$,正交变换对应的矩阵 $\boldsymbol{Q}=\begin{pmatrix} 0 & 1 & 0 \\ \frac{1}{\sqrt{2}} & 0 & \frac{1}{\sqrt{2}} \\ -\frac{1}{\sqrt{2}} & 0 & \frac{1}{\sqrt{2}} \end{pmatrix}$.

第 6 章综合提升题

一、1. B.　2. C.　3. B.　4. D.　5. B.　6. D.　7. C.　8. D.　9. B.

二、1. $y_1^2+y_2^2-y_3^2$.　2. $3y_1^2$.　3. $[0,+\infty)$.

三、1. (1) 当 $a\neq 2$ 时, $f(x_1,x_2,x_3)=0$ 只有零解 $\boldsymbol{x}=(0,0,0)^{\mathrm{T}}$.

当 $a=2$ 时, $\boldsymbol{A}\to\begin{pmatrix} 1 & 0 & 2 \\ 0 & 1 & 1 \\ 0 & 0 & 0 \end{pmatrix}$, $f(x_1,x_2,x_3)=0$ 有非零解 $\boldsymbol{x}=k(-2,-1,1)^{\mathrm{T}}$, k 为任意常数.

(2) 当 $a\neq 2$ 时,若 x_1,x_2,x_3 不全为 0,则二次型 $f(x_1,x_2,x_3)$ 恒大于 0, $f(x_1,x_2,x_3)$ 为正定二次型,其规范形为 $f(y_1,y_2,y_3)=y_1^2+y_2^2+y_3^2$;

当 $a=2$ 时,二次型的规范形为 $f(z_1,z_2,z_3)=z_1^2+z_2^2$.

2. (1) 特征值 $\lambda_1=a, \lambda_2=a-2, \lambda_3=a+1$; (2) $a=2$.

3. (1) 正交矩阵 $\boldsymbol{Q}=\begin{pmatrix} 0 & \frac{1}{\sqrt{2}} & -\frac{1}{\sqrt{2}} \\ 1 & 0 & 0 \\ 0 & \frac{1}{\sqrt{2}} & \frac{1}{\sqrt{2}} \end{pmatrix}$; (2) 2.

4. 正定矩阵,顺序主子式或特征值判断.

四、1. 由于 $\boldsymbol{AB}+\boldsymbol{B}^{\mathrm{T}}\boldsymbol{A}$ 是正定矩阵,所以 $\forall\, \boldsymbol{x}\neq\boldsymbol{0}, \boldsymbol{x}^{\mathrm{T}}(\boldsymbol{AB}+\boldsymbol{B}^{\mathrm{T}}\boldsymbol{A})\boldsymbol{x}>0$,即

$$\boldsymbol{x}^{\mathrm{T}}\boldsymbol{ABx}+\boldsymbol{x}^{\mathrm{T}}\boldsymbol{B}^{\mathrm{T}}\boldsymbol{Ax}=(\boldsymbol{Ax})^{\mathrm{T}}\boldsymbol{Bx}+(\boldsymbol{Bx})^{\mathrm{T}}(\boldsymbol{Ax})>0.$$

从而可推之 $\forall\, \boldsymbol{x}\neq\boldsymbol{0}$,有 $\boldsymbol{Ax}\neq\boldsymbol{0}$, $\boldsymbol{A}$ 是可逆矩阵.

2. (1)

$$\begin{aligned} f(x_1,x_2,x_3) &= 2(a_1x_1+a_2x_2+a_3x_3)^2+(b_1x_1+b_2x_2+b_3x_3)^2 \\ &= 2(x_1,x_2,x_3)\begin{pmatrix} a_1 \\ a_2 \\ a_3 \end{pmatrix}(a_1,a_2,a_3)\begin{pmatrix} x_1 \\ x_2 \\ x_3 \end{pmatrix}+(x_1,x_2,x_3)\begin{pmatrix} b_1 \\ b_2 \\ b_3 \end{pmatrix}(b_1,b_2,b_3)\begin{pmatrix} x_1 \\ x_2 \\ x_3 \end{pmatrix} \\ &= (x_1,x_2,x_3)(2\boldsymbol{\alpha\alpha}^{\mathrm{T}})\begin{pmatrix} x_1 \\ x_2 \\ x_3 \end{pmatrix}+(x_1,x_2,x_3)(\boldsymbol{\beta\beta}^{\mathrm{T}})\begin{pmatrix} x_1 \\ x_2 \\ x_3 \end{pmatrix} \\ &= (x_1,x_2,x_3)(2\boldsymbol{\alpha\alpha}^{\mathrm{T}}+\boldsymbol{\beta\beta}^{\mathrm{T}})\begin{pmatrix} x_1 \\ x_2 \\ x_3 \end{pmatrix}; \end{aligned}$$

(2) 设 $\boldsymbol{A}=2\boldsymbol{\alpha\alpha}^{\mathrm{T}}+\boldsymbol{\beta\beta}^{\mathrm{T}}$,由于 $\|\boldsymbol{\alpha}\|=1, \boldsymbol{\beta}^{\mathrm{T}}\boldsymbol{\alpha}=0$,则 $\boldsymbol{A\alpha}=(2\boldsymbol{\alpha\alpha}^{\mathrm{T}}+\boldsymbol{\beta\beta}^{\mathrm{T}})\boldsymbol{\alpha}=2\boldsymbol{\alpha}\|\boldsymbol{\alpha}\|^2+\boldsymbol{\beta\beta}^{\mathrm{T}}\boldsymbol{\alpha}=2\boldsymbol{\alpha}$,所以 $\boldsymbol{\alpha}$ 为矩阵对应特征值 $\lambda_1=2$ 的特征向量.

参考文献

[1] 张天德，王玮．线性代数(慕课版)[M]．北京：人民邮电出版社，2020.

[2] 蒋诗泉，叶飞，钟志水．线性代数及其应用 [M]．北京：人民邮电出版社，2019.

[3] 冯永平，邵任翔，段渊．简明线性代数[M]．北京：北京大学出版社，2020.

[4] 郭文艳．线性代数应用案例分析[M]．北京：科学出版社，2019.

[5] 吴赣昌．线性代数(经管类)[M]．5 版．北京：中国人民大学出版社，2017.

[6] 张从军，时洪波，鲍远圣，等．线性代数[M]．北京：科学出版社，2015.

[7] 陈卫星，崔书英．线性代数[M]．北京：清华大学出版社，2014.

[8] 宋书尼，阎家斌，陆小军．线性代数及其应用[M]．北京：高等教育出版社，2014.

[9] 任广千，谢聪，胡翠芳．线性代数的几何意义[M]．西安：西安电子科技大学出版社，2015.

[10] David C. Lay．线性代数及其应用(第三版)[M]．刘深泉，等译．北京：机械工业出版社，2005.